"十三五"国家重点出版物出版规划项目
"十二五"普通高等教育本科国家级规划教材
普通高等教育"十一五"国家级规划教材
教育部普通高等教育精品教材
现代机械工程系列精品教材

# 工业设计人机工程

## 第 3 版

阮宝湘　刘永翔　董明明　编著

机械工业出版社

本书为"十三五"国家重点出版物出版规划项目，是普通高等教育"十二五""十一五"国家级规划教材、教育部普通高等教育精品教材，主要针对高校本科工业设计专业编著，除人机学的基本理论、基本方法外，内容侧重在工业设计的三个领域，即产品设计、视觉传达设计、室内设计中的人机工程问题。继第 2 版中增加"人机工程 CAD 软件及应用简介"一章外，第 3 版中新增了"手机设计中的人机学"一节。书中融入了编著者多年从事人机学研究和教学的部分成果，重视人文层面设计伦理的阐释，同时以丰富的典型案例揭示学科的思想本质和方法要义。在附录"课程设计与课程论文题目"里，列出一百多个供选择的题目，引导学生进行本课程的自我钻研和应用实践。

本书也可选作建筑、轻工、机械、劳动与管理、环境工程等专业本科生、硕士生选修课的教材或参考用书。

**图书在版编目（CIP）数据**

工业设计人机工程/阮宝湘编著 .—3 版. —北京：机械工业出版社，2016.12（2023.1 重印）

"十二五"普通高等教育本科国家级规划教材 "十三五"国家重点出版物出版规划项目 普通高等教育"十一五"国家级规划教材

ISBN 978-7-111-55159-1

Ⅰ.①工… Ⅱ.①阮… Ⅲ.①人-机系统-应用-工业设计-高等学校-教材 Ⅳ.①TB47

中国版本图书馆 CIP 数据核字（2016）第 248084 号

机械工业出版社（北京市百万庄大街 22 号 邮政编码 100037）
策划编辑：冯春生 责任编辑：冯春生 武 晋 责任校对：刘怡丹
封面设计：张 静 责任印制：张 博
保定市中画美凯印刷有限公司印刷
2023 年 1 月第 3 版第 8 次印刷
210mm×285mm · 17.25 印张 · 512 千字
标准书号：ISBN 978-7-111-55159-1
定价：45.00 元

凡购本书，如有缺页、倒页、脱页，由本社发行部调换
电话服务　　　　　　　　　　　网络服务
服务咨询热线：010-88379833　　机 工 官 网：www.cmpbook.com
读者购书热线：010-88379649　　机 工 官 博：weibo.com/cmp1952
　　　　　　　　　　　　　　　　教育服务网：www.cmpedu.com
**封面无防伪标均为盗版**　　　　金 书 网：www.golden-book.com

# 第3版前言

本书第2版于2011年被教育部评为普通高等教育精品教材，2014年入选"十二五"普通高等教育本科国家级规划教材，2016年又获评"十三五"国家重点出版物出版规划项目，2010—2016年共印刷7次。据我们所知，选用该书的高校不少于七八十所。

在这种情况下修订，尤感责任之重。人机工程不同于体系完整、结构稳定的基础学科，它侧重应用，除基本理论以外，教材还必须紧密结合当今科技、经济、生产与生活实际。如"公共电话亭的人机学改进设计"这样的问题，十年前编进教材很自然，但如今中国平均两人就有一部手机，上述问题还适合于留在教材里吗？走进国内各大型电商商场，新型家用电器琳琅满目；来到大型超市，洁具、厨具等日用品目不暇接。所有这些新产品的开发设计都有人机学因素的参与；同时，用人机学审视它们，所有产品也都仍然存在改进、升级的空间。面对这样的现实，我们深感人机学教材要做到"与时俱进"非常不容易。本次修订就是在这样的认知和情况下勉力而为的，力求比第2版有确确实实的提高。

本次修订工作主要体现在以下几个方面：

1）剔除过时的"应用示例"，更新、增补了20多个新示例。用典型案例阐明学科思想和应用方法，生动而且启发性强，为本书所一直专注。对应用示例"吐故纳新"，是第3版力求跟上时代的努力之一。但经典案例得到了保留，不仅因为它们在人机学发展史上具有重要意义，更在于它们的启发性不会"过时"。

2）增加了第六章第二节"手机设计中的人机学"。在数码科技时代、"互联网+"时代，人机交互设计的重要性大大提升。手机，尤其是苹果公司的iPhone手机的移动操作系统iOS中，蕴含着丰富而优秀的人机交互元素，可供各设计领域人员处理人机交互问题时学习借鉴。这是第3版力求跟上时代的另一个努力。

3）在对第十章内容进行修订的同时，还对74个插图全部改画或做了图像处理，因为第2版中这一章的灰度图不够清晰。此外，还改画了其他章节中的十几个插图。对全书文本再次清理"瘦身"，以求简洁清朗。

4）较大幅度地删减了第2版中有关光、声、热等科技方面较深的内容，删减了一些资料性质的图表。

第3版总篇幅大体与第2版持平。

刘永翔负责手机设计中的人机学一节的编写和插图的改画，并提供了部分新的应用示例；研究生王赞、龙云飞、都思佳参与了其中部分工作。董明明负责第十章的修订；研究生赵艳辉参与了其中部分工作。阮宝湘制订修订规划，统筹定稿全书新增、修改、删减的内容，并依据第3版更新相应课件。

感谢选用本书师生们的信任，诚望第3版能得到业内同仁、读者更多的批评指正。

阮宝湘<br>于北京

# 第 2 版前言

本书于 2005 年 5 月发行第 1 版，至 2008 年 3 月第 3 次印刷，累计印刷 14000 册。2008 年以本书第 2 版申报教育部"普通高等教育'十一五'国家级规划教材"，获准入选后，按规定完成了修订工作。对比第 1 版，第 2 版主要有以下三方面的改进：

1）增加了"第十章　人机工程 CAD 软件及应用简介"。

计算机辅助设计方法在人机工程领域的应用相对略显滞后，但近年国际上商用人机工程 CAD 软件的问世加速，预示着 CAD 方法在本领域正方兴未艾，本科教学理应及时跟进。第十章的内容有：人机工程 CAD 软件的发展现况；以 CATIA V5 中的"人机工程设计和分析"模块为例，简介其 4 个分模块的功能及操作方法；中国成年人人体模型的初步创建；人机工程 CAD 软件的一个应用实例。这样，就在有限篇幅里，给学生展示了人机工程 CAD 软件及其应用方法的概貌。

2）删减了过于艰深的部分，如光环境、声音环境、热环境中的一些物理学概念与参量；精简了较为繁复或渐趋过时的内容，如部分人机工程国家标准的具体内容、二维人体模板的细节介绍等。

3）示例以新替旧，行文修枝剪蔓。

这样，虽然增加了第十章，但第 2 版的篇幅仍然大体与第 1 版持平。

第 2 版的第十章为董明明所编写，研究生张少静参与了部分工作。全书由阮宝湘、邵祥华进行修订，阮宝湘统稿。

几年来，编著者感受到一些读者对本书的善意关注，也看到了出现在互联网上的赞许与鼓励。编著者怀着谢意进行了这次修订，力求有所提高，并期望第 2 版能得到业内同仁、读者更多的批评指正。

**阮宝湘**
于北京

# 第1版前言

## 一、本书的选材范围和专业适用性

人机工程学是文理渗透型的边缘学科，涉及面广，应用领域宽。本书主要针对高校工业设计专业本科的教学需要，适当照顾相关的专业。决定选材时的几点考虑如下：

1）第一章人机工程学概论、第二章人体尺寸及其应用方法、第十章第一节设计心理学概要、第十章第二节人机学与新产品的创意开发，大体是人机学的基本理论及其在某些方面的延伸，是教材的基础部分。

2）第三、四、五章桌椅设计、显示装置设计和操纵装置设计，是人机学的传统内容。这三章还提供了人机工程研究方法的经典范例，即在设计中如何考虑解剖学、生理学、心理学等人的因素，从而达到安全、舒适、高效的目标。学生学习人机学的研究和应用方法，这部分内容是教材中不可舍弃的。

3）第六、七、八三章分别针对工业设计的三个领域展开：产品设计、视觉传达设计和室内设计，体现了本教材的工业设计专业适用性。

4）第九章工作空间与工作岗位设计，对劳动与管理、机械制造等专业较重要，各校工业设计专业，可根据本校专业特色决定课堂讲授中对它的取舍。

5）人机学中其他与工业设计不直接相关的内容，本书予以简略或省略。

全面考察本书的选材构成可知，将本书选作建筑、轻工、机械、劳动与管理、环境工程等专业本科生、硕士生选修课的教材或参考用书，也是适宜的。

## 二、关于本课程教学方法及本书使用的几点思考

多年来，编著者曾受聘在北京等地7所院校为工业设计专业的学生开设人机工程学课程。在这些院校中，有的教师反映说："人机学教材里数据资料占的比例大，学生们觉得听课比较枯燥；这门课不好教"。借本书出版之机，编著者想就此谈一些看法，与同行们讨论研究，不恰当、不正确之处在所难免，诚心地欢迎给予批评指正。

**1. 人机工程学课程的特点与课堂讲授**

在下面的表格里，通过对比，指出了人机学课程的特性，提出了教学方法、教学安排的一些参考意见，包括课堂讲授、作业练习和考核评分等几方面。

| 课程举例 | 课程类别与特性 | 课堂讲授 | 作业、练习 | 考核方式 |
|---|---|---|---|---|
| 数学、物理 | 科学类<br>阶梯形知识结构、严谨、系统性强<br>关键是"学懂"。懂与不懂界限分明<br>前面没学懂，后面无法学 | 系统讲授占据大部分课时 | 几乎每堂课后要做习题 | 闭卷考试为主 |
| 素描、效果图 | 艺术类<br>关键是感悟，并非"学懂知识"；重在感受，重在技巧、技艺 | 只占很少课时 | 在教师点拨下，靠不断练习积累提高 | 测评作品的水平 |
| 机械设计基础 | 工程技术类<br>与先修课构成知识链，严格、细致，先要学懂，还要认真细致才能用好 | 占较大比例的课时 | 复习掌握知识，做习题巩固，两者并重 | 闭卷考试、课程设计 |
| 人机工程学 | 文理渗透的交叉学科<br>①基本理论很容易懂，人人都能接受。贵在思路的开阔和敏锐<br>②以基本理论为核心，其他的知识是"散点式"而不是"阶梯式"的，涉及面广，但互相间没有紧密关系，多学点少学点均无不可；先学哪部分后学哪部分，也无大碍<br>③每一部分深入下去都是无底洞，教学中不宜过分追求深度<br>④基本理论不复杂，但要靠精彩、丰富、典型的示例去深刻阐释<br>⑤贴近生活、贴近专业，抓住结合实际这个纲，纲举目张，学生的兴趣、钻研潜能都能激发出来<br>⑥应重视熏陶人文素质、端正设计伦理，对学生未来发展影响深远 | 课堂讲授可占总课时的 60% 左右<br>基本理论典型案例要精讲，讲深讲透<br>叙述性内容和资料学生自己看得懂，忌讳在课堂上全讲、细讲，只对其中要点做精彩点拨 | 不赞成每章出几个问答题让大学生去抄书答题<br>建议：全课程设置两个作业。小作业是读书报告，讲授结束时交，不占课内学时。大作业是课程设计、课程论文，占用 40% 左右的课内课时。详细建议见本书的附录 | 建议：以大作业（课程设计、课程论文）为主要考核方式，小作业次之，酌情考虑平时的表现。具体建议见下面的"考核与评分" |

**2. 课时及其分配的建议**

高校工业设计专业通常把人机工程学列为必修课，一般为 3 个学分，48 个课时（3×16 = 48）或 51 个课时（3×17 = 51）。在这样的条件下，对课内学时分配的参考建议如下：

课堂讲授　　　　　　　　　　　　　　　　　　　　　　　　　　　　28 课时

课程设计、课程论文及答辩　　　　　　　　　　　　　　　　　　　　20 课时

　　其中　完成课程设计或课程论文　　　　　　　　　　　　　　　　16 课时

　　　　　答辩（即设计或论文的课堂交流）　　　　　　　　　　　　 4 课时

**3. 课堂讲授章节选择的建议**

教师宜选基本和主要的内容在课堂进行讲授，教材中其他部分留给学生自学阅读。对于工业设计专业，供参考的建议如下：

① 应讲章节（约需 22 课时）

第一章　　　　　　　　　　　　　　　　第二章（不含第五节）

第三章（不含第六节）　　　　　　　　　第四章（资料性内容点到为止、不细讲）

第五章（资料性内容点到为止、不细讲）　第六章第一节

第七章第一节　　　　　　　　　　　　　第十章第一、二节

以上应讲章节的篇幅不足本书总篇幅的 60%。

② 根据各校情况，教师可酌情选讲少量其他章节或补充其他内容（可安排 6 课时）。

**4. 小作业读书报告与大作业课程设计、课程论文**

引导学生完成好作业（尤其是大作业课程设计、课程论文），是提高教学质量的有效环节。希望教师下工夫抓好这一教学环节。本书附录中有关于两个作业的详细说明，此处不再赘述。

配合本书的出版发行，机械工业出版社还同时出版发行教学参考书《人机工程学课程设计/课程论文选编》，可供使用本书的师生选购参考。

5. 考核与评分

建议考核评分采用以下分配比例：

| | |
|---|---|
| 大作业（课程设计或课程论文） | 70% |
| 小作业（读书报告） | 30% |

若学校有"平时表现"占评分10%的传统，可将小作业评分降至20%。

编著者在几个院校开设人机学课程时曾经几次被告知，说在该校人机学是一门"考试课"，应该按闭卷考试的方式考核评分。但人机学是不宜闭卷考试的，理由如下：第一，人机学的基本理论人人都能接受，一般不存在"懂不懂"的问题；背诵默写定义或结论对学习本课程并无意义。第二，人机学的知识和结论虽不难理解，但涉及面却很广，记忆了多少无关紧要，不应该引导学生去记忆这些东西；关键是培养开阔的思路，对现实存在的问题有敏锐的观察力。第三，学生在这门课程中应该学会的，是应用人机学的理论和技术资料解决实际问题。通过作业（读书报告、课程设计、课程论文）让学生学习应用、经历解决问题的锻炼，是本课程的关键性教学环节；而作业完成的质量如何，才是衡量学生学习成绩准确可靠的标尺。简而言之就是：闭卷考试对提高教学质量不能起什么正面作用，却可能对学生造成误导；而认真完成作业（主要是课程设计、课程论文），则是一个发挥学生主动性、学习好本课程的有效教学环节。

本书由北京理工大学阮宝湘、邵祥华编著。书中融入了编著者从事人机学研究和教学多年的部分成果。由于受聘到多个院校去开设人机学课程，编著者才有机会多年来不断地积累教学资料，使本书得以成编。在此也向这几所院校的同行教师致以由衷的谢意。

最后，诚挚期盼同行、使用本书的师生们对书中的错误和不当给予批评指正。

编著者
于北京

# 目 录

# 第一章 人机工程学概论

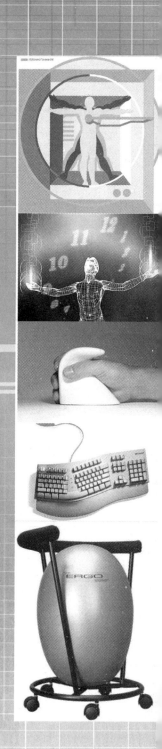

## 第一节　人机学的研究对象和目的

### 一、引例——人机学的思想萌芽源远流长

花和尚鲁智深在五台山吃酒醉打山门之后，下得山来找到铁匠，要打一条一百斤的禅杖……铁匠对他说："师父，肥了，不好看，也不中使。依着小人，好生打一条六十二斤的水磨禅杖与师父。使不得，休怪小人……"

禅杖作为兵器，其使用功能集中体现在月牙形铲头上。值得注意的是：铁匠和鲁智深却没有讨论铲头的形状、尺寸、材料、锋利程度之类，更不谈彩穗装饰等造型美的问题，而是首先讨论禅杖该多重才"中使"。——这实际是一个"器物与人的体能是否相适应"的问题。

从这里可以体味到，古代工匠（设计）制作器物时，优先考虑和把握的是哪些因素。《水浒传》里没有再接下去细说什么，但可以相信，铁匠也能把鲁智深禅杖的粗细和长短处理得大体合适：既不至于太粗了握不住、太细了抓不紧，也不至于太长了耍动不灵、太短了施展不开。——这些便是器物应该与人体尺寸相适应的原则。

器物要和人（使用者）的各种因素相适宜。——这，就是现代人机工程学的基本思想和学术理论的简洁表述。

器物设计与制作的上述基本原则不仅简单、朴素，而且也是很自然、很本能的要求。试看考古发掘所见的器物，譬如我国西安半坡遗址中的石桌、石凳、陶土餐饮具之类，找不出哪一件是与"人的因素"严重背离的，没有一个石凳会高得出奇、难以坐上去，或低得离谱、起坐很费劲；也没有一个陶土水杯会大得惊人、双手捧饮困难，或小得怪异、盛不下一两口水。即使走出森林之前的原始人，狩猎所用的棍棒、石块或投枪，其尺寸、重量、形状，也大体与原始人的生理条件是适应的。

可见，人机学基本思想的萌芽，在人类历史上是源远流长的。一定程度上它属于人们"自发的思维倾向，本能的行为方式"。

《三国演义》里说猛张飞"身高八尺"，惯使一条"丈八蛇矛"，能在"百万军中直取上将咽喉"。古典小说难免要掺进一些"戏说"成分，恰到好处的神奇与夸张，是它的魅力所在，本不必细加深究。不过既然讲器物要与人的因素相适应，不妨从人机工程学方面来对此略加"戏究"。算一算《三国演义》中张飞的蛇矛长度和他身高的比例：18/8 = 2.25。——蛇矛是张飞身高的 2.25 倍！于是得出"戏究"的结论：这不可能，蛇矛太长了，张飞肯定耍不开！若不信，只要考察考察京剧舞台，或翻看翻看《三国演义》连环画小人书，就很容易证实这一点。在京剧舞台或连环画小人书里，张飞的蛇矛通常就跟他身高差不多长，甚至还短一些。请看图 1-1，如果在图上试把蛇矛画成张飞身高的 2.25 倍，不是一眼就能看出太过离谱吗？长达身高 2.25 倍的道具，没有一个演员能带上舞台去摆弄。——这番"戏究"表明，与人的因素相适应，的确应该是器物设计和制作中最基本的原则之一。

图 1-1　张飞和他的蛇矛

关于"人的因素"，上面只提到人体尺寸、体能、体力等生理条件。但并不仅限于这些，还应包括人的感知、认知、情感、精神、心理、社会等更多、更深的方面。在工业设计的所有领域——产品设计、视觉传达设计、室内设计中，应该怎样分析和处理"人的因素"很重要，这便是本教材将展开讲述的内容。

## 二、人机工程学的概念和学科名称

### 1. 人机工程学的基本概念和定义

在人机工程学发展的不同历史时期，不同的学者提出过多种人机工程学的定义，分别反映了当时人机学学科思想的侧重点，这些将在下一节中加以简介。这里先介绍国际人机工程学学会（International Ergonomics Association，IEA）在 20 世纪 60 年代对人机工程学所下的定义。这个定义反映了人机工程学相对成熟时期的学科思想，也被各国多数学者所认同。该定义如下：

人机工程学研究人在工作环境中的解剖学、生理学和心理学等方面的因素；研究人、机器及环境的相互作用；是研究工作、生活与闲暇时人的健康、安全、舒适和工作效率的学科。

这个定义的三句话，分别阐明了人机学的研究对象、研究内容和研究目的。

第一句话指出人机学的研究对象，是工作环境中的解剖学、生理学、心理学等方面的因素。这些因素除了工业设计以外，还与管理工程、劳动科学、安全工程、环境工程等领域有关。单就工业设计的三类设计而言，产品是给人用的、视觉传达是供人看的、室内是为人在其间生活、工作的，当然三类设计都涉及人的解剖学、生理学、心理学因素，它们便是人机学的研究对象。

第二句话指出人机学的研究内容，是人-机-环境的最佳匹配、人-机-环境系统的优化。

第三句话指出人机学的研究目的，就是设计一切器物都要考虑人们生活、工作的安全、舒适、高效。

2008 年 8 月，IEA 发布了新的人机工程学定义：

人机工程学是研究系统中人与其他组成部分的交互关系的学科，运用其理论、数据和方法进行设计，应达致系统工效优化及人的健康、舒适之目的。

新定义除了概略、简洁的特点以外，还强调了系统中人与其他因素交互作用的观念。

但必须注意：设计总有多方面的约束条件，又有多种因时、因地而异的目标；好的设计，在于针对具体对象，在多种约束和多重目标之间恰当地把握住平衡。人机工程学设计要求的"安全、舒适、高效"是重要的，但也要受到其他条件的约束、其他目标的制衡，不是唯一的，也未必总是优先的。例如，把我国火车硬卧车厢的三层铺改为两层铺，安全、舒适方面就可大为改善，岂不简单？但是现在并没有这么做，因为还有其他种种条件的约束。可见实际的人机工程设计，目标往往并非达到最理想的"安全、舒适、高效"，而是在限定条件下提高"安全、舒适、高效"的程度。例如，同样是三层铺的硬卧车厢，同样是那么多乘客的硬座车厢，怎样改进空间布局，改进各种设施、器具与服务，使安全性和舒适性得以提高。

人机工程学里面所说的"机"或"机器"是广义的，泛指一切人造器物：大到飞机、轮船、火车、生产设备，小到一把钳子、一支笔、一个水杯；也包括室内外人工建筑、环境及其中的设施等。

### 2. 人机工程学的多种学科名称

人机工程学是多种传统学科综合而成的交叉学科，应用领域较广，因此，在学科的形成过程中，各国学者从不同的角度给学科定了多个不同的名称，沿用至今，未曾统一。本学科常见的名称如下：

**（1）人类工效学，或简称工效学，英文 Ergonomics**　这个名称出现最早，欧洲各国和世界其他地区根据这个名称翻译为本国文字的较多，因此这个名称在世界上应用最广。

（2）**人的因素（学），英文 Human Factors** 这是美国一直沿用的名称。由于美国在该学科的影响力，某些东南亚国家和我国台湾也采用这个名称。由这个名称派生出来的名称还有人因工程（学），英文 Human Factors Engineering。

（3）**人类工程学，英文 Human Engineering** 类似的名称有**人体工程学**。

（4）**工程心理学，英文 Engineering Psychology** 有人认为在这个名称下的学科研究更专注于心理学方面，因而与其他名称多少有点差异。

（5）**其他名称** 人-机-环境系统工程学、**宜人性设计**（人机工程设计）等，其研究内容相同或相近。在日本，该学科的日文汉字是"人间工学"。

最后来说本教材的名称"人机工程学"，简称"人机学"。其实我国引进本学科之初，是根据"Ergonomics"直接译为"人类工效学"的。我国与 IEA 对应的国家一级学会，正式名称也是"中国人类工效学学会"。所以，现在沿用并主张统一采用"人类工效学"名称的学者仍然大有人在。另一方面，近 30 年来，人机工程学这个名称在我国流传日广，目前采用这个名称的已经占了多数。本教材采用这个名称是为了顺应多数人的习惯。人机工程学的英文用"Man-Machine Engineering"，固然不能说错，但还是用"Ergonomics"更为恰当。近年来，在我国产品宣传广告和产品说明中，喜用"人体工程（学）"的趋势甚为明显。

科技名词（包括学科名称）不统一会给工作带来种种麻烦。本课程的名称是典型的例子之一。此事已引起国家有关部门的重视并正在研究解决办法。

### 三、日常生活中人机学问题的巡视

日常生活中，时时处处都存在着人机学问题，有合理的也有不合理的。在全面学习本课程之前，环视、巡察、指点一番，概略地了解到，原来有这么多人机工程设计应该关注和解决的问题，心中有数，对学习课程很有好处。下面随意列举一些，简单地把问题点出来，不多解说。进一步的分析、研讨将在以后各章陆续展开。

**例 1** 有的大沙发豪华气派，可是坐不多久腰部就难受酸疼了，要在腰后面垫上"腰靠"。为什么？大沙发座面进深太大，坐上去腰椎后面总是空着，使腰椎向后的弯曲度加大，造成不正常的腰椎形态，不符合坐姿解剖学要求。这是产品设计中的解剖学问题。

**例 2** 一些"上档次"的宾馆里，单人床常配有两个同样的枕头。本意是让习惯低枕头的人用一个枕头，习惯高枕头的人两个枕头摞起来用。但这真是一个愚不可及的"高招""损招"！一般人们对枕头高度要求的差别哪有一倍之多呢？其结果是：大多数人用一个枕头嫌低，而两个摞起来又嫌高，于是很少有人能获得"正常待遇"。其实只要采用一个稍许高一点的"主枕头"，再配一个较薄的"附枕头"，岂不就满足多数人的需要了吗？并不难解决。问题出在哪里？缺乏"产品应与生理条件相适应"的深入考究。

**例 3** 草坪上石板路的石板间距应与中等身材者的休闲步距大体相符。图 1-2a 所示为某社区的一条石板路，石板间距超过 0.7m，正是一步嫌大两步嫌小的距离。居民要么费劲"跨大步"，一步一个石板，要么到此"碎步"前行，有一脚不得不踏在草地上，见图 1-2b。尤其老年居民，至此每每皱眉"吐槽"，常年如此。一项随意而为的差设计，给很多居民长时间里添堵，类似问题在不少公园里也存在。

**例 4** 地铁刷卡入口通道的刷卡机窗口在本通道右侧，一一对应。乘客右手刷卡进站畅通无阻；但背着或提着包裹行李的乘客，匆忙中往往左手持卡，刷一次，进不去，再刷一次，还进不去，本人着急，现场添乱，见图 1-3a。问题在哪里？——通道左右均有刷卡窗口，且形式相同又是对称的，未加标识，乘客在哪个窗口刷卡应该无"对""错"可言。这种正是错在设计的粗糙疏漏。其实解决这个问题的方案较多也较简单，如将平置的刷卡窗口（图 1-3b）改为

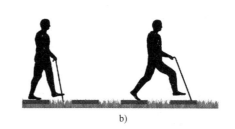

a)                                    b)

图 1-2 草坪石板路的石板间距过大

a）社区里间距过大的石板路 b）居民行走不便

向对应通道一侧略略倾斜即可（图 1-3c）。读者试提几个解决问题的其他"高招"吧！

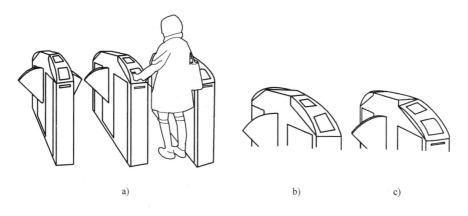

a)                    b)            c)

图 1-3 地铁刷卡入口通道和刷卡窗口

a）左手刷卡，进不去 b）平置的刷卡窗口 c）刷卡窗口向对应通道倾斜

例 5 公共卫生间里，蹲坑大解时，需小腿前倾、上身躯干和大小腿折曲紧贴，体胖之人与老人难以自如达到足够程度，人体重心垂足落在脚跟附近，由于不够稳定，全身肌肉紧张，吃力，见图 1-4a，当衣着较厚或在火车上的摇晃环境下，更难坚持。如果把蹲坑的双脚踩踏台面改为略略前倾，如前倾 1/5 左右（倾角约为 12°），则重心垂足前移到接近脚掌中部，体胖之人与老人的蹲便困难可大为缓解，年轻人也同样更感安适，见图 1-4b。

重心垂足                          重心垂足

a)                                    b)

图 1-4 脚踏台面略有前倾，缓解老年人蹲便困难

a）重心偏后，全身紧张 b）重心前移，放松安稳

这是一个易行、不增加成本却足以惠及亿万人群的设计倡议，其社会效益远超好些价值千万的"专利"。

例 6 现在的中小学生几乎全用双肩背书包了，几十年前多为单肩挎或手提书包。背双肩背书包时，人的脊柱两侧受力均衡，能保持正直形态（图 1-5a）；而单肩斜挎或手提书包，人的脊柱都因单侧受力而形成侧向弯曲（图1-5b、c），使椎间盘受压变得不均匀，消耗的体能更多，这是解剖学、生理学方面的问题。用双肩背书包，两手无负担，行动自由灵便，也适合中小学生活泼好动的天性，这是心理学方面的问题。由于符合解剖学、生理学、心理学要求，双肩背书包现在已为男女老幼各类人群普遍接受和喜爱。

宜人性设计的价值和意义，在双肩背书包这个日用品上体现得淋漓尽致。为了满足不同人群、不同用途、不同环境下的使用要求，双肩背书包的大小、样式、构造、材质、色彩、价位等千差万别，品种成百上千，见图1-6。

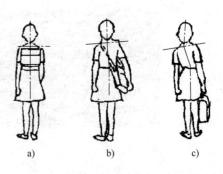

图1-5　书包提挎方式与人的脊柱形态

图1-6　双肩背书包的品种成百上千

例7　图1-7a所示为1.5L坛装和4L坛装的绍兴花雕酒，必须双手才能捧起酒坛，往酒杯里斟酒甚为不便，斟酒量也难掌控，且即使小心翼翼，还是常会将酒洒出坛身、杯外，令人不爽。图1-7b所示为日本2L纸质方罐装的梅酒，对比之下，有三个优势：第一，斟酒方便，不会外洒；第二，节省储运空间；第三，材料环保。——绍兴老酒，国粹名品，它的包装应该体现中国传统文化内涵，更要长期保证酒的储存品质，但在此前提下，改善宜人性、体现环保的绿色设计，也是当今时代无可回避的要求。

　　　　a)　　　　　　　　　　　b)

图1-7　酒品包装应宜人、环保并体现文化传统
a）坛装绍兴花雕酒　b）纸质方罐装梅酒

例8 学校的图书馆阅览室里，座位安排在长条形桌案相对着的两侧。师生们低头阅读或伏案书写时倒也无事，但长时间低头脖子会累，阅读中也难免要停下来略事思索，于是把头抬了起来，倘若正巧此时对座的那位也抬起了头，不经意间互相目光交接，双方都觉得尴尬，赶紧把目光避开。倘若正巧对坐着的是一男一女两位同学，瓜田李下之嫌，尴尬尤甚。这就是设计心理学方面的问题。随着社会文明程度的提高，设计心理学问题将愈益凸显其重要性。

例9 银灰色或蓝色发亮的小塑料袋里装着药片，药片的服用量、服用方法都用小字印在包装袋上，包装袋闪闪发光，文字和底色的对比度又弱，想看清上面的说明确实费劲。一家大银行，近年的存款单居然是白纸上印着橙黄色的字，真是跟人们的眼睛找别扭！这些对视觉掌握失当的问题，也属于人机学的范围。

例10 剪刀的被剪对象有大有小，有硬有软，有的要剪复杂的形状且要求特别精细，有的要伸入孔洞或拐进尖角去施剪……除了剪纸、剪布的普通剪刀外，还有理发剪、铁皮剪等专用剪刀，以及形形色色的外科手术剪。要适应各种不同的使用条件，达到"安全、舒适、高效"的目标，剪刀刃片、把手的形状和尺寸，有很多的解剖学、生理学问题需要考究。图1-8展示了部分功能形态各异的剪刀。

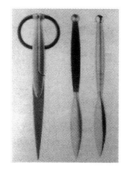

图 1-8 功能形态各异的剪刀

例11 手机对老年人同样很需要。但不断翻新"升级"的"高端"手机，因操作复杂而使老年人望而生畏，其中很多功能老年人也用不着。老年人手机的基本要求是：操作简单易记、屏幕大、按键大、字体清晰、听筒音量足够。再进一步还有：手写输入、短信语音朗读、短信防火墙（过滤短信打扰）、一键紧急呼叫、时间和吃药语音提示等。图1-9所示为斩获德国iF设计大奖的Arcci老人手机。不仅手机，怎样开发适合老年人的相机、便携收音机，

图 1-9 斩获德国 iF 设计大奖的 Arcci 老人手机

同样值得研究。我国老龄人口于2013年9月已达2亿，预测2025年将突破3亿，对总人口的占比约为18%，开发老年人用品是社会的重大课题。

例12 关于机械设备操作的宜人性，某国人机工程专家调研时发现，有一种型号的车床，其各操作部件的位置与尺寸，挺适合于身高1370mm、肩宽640mm、两臂平展达2000mm以上的"畸形人"使用，正常人操作起来不但费力，而且效率也低，见图1-10。这是早期人机学专著中的一个经典案例。

图1-11则表示一个合理的人机学设计：带电动机的螺钉旋具（螺丝刀）比较重，提拿着

使用劳累而困难，在生产线上用弹性绳索把它挂着，使用时只要移过来对准螺钉头轻轻压住，拇指一按即可，安全、轻松、高效。

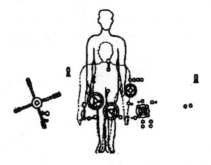

图 1-10　适合矮宽"畸形人"操作的车床

图 1-11　生产线上弹性悬挂的螺钉旋具（螺丝刀）

**例 13**　火车上和一些大医院里设有"电热开水机"，水龙头上有红、绿两个指示灯，但它常使想喝热开水的人产生困惑：绿灯表示安全、通行，但也表示凉（温度低）；红色表示热，但也表示禁止、不安全。到底哪个灯亮表示是热开水呢？还有指示灯上标有"电源"二字，灯亮着，红色，这是表示"正在烧水"，还是表示"水已烧开"呢？这种情况下应该附加表意确切的文字说明。

**例 14**　图 1-12 所示漫画，反映了人机学中认知心理学的一个小实例。[⊖]

图 1-12　同学，引路标牌这么写更好

**例 15**　一只手接洗手液或洗发膏，需要另一只手拿起、扶着、再放下，有时会带来种种不便。水龙头上装洗手液的一款设计见图 1-13a（获 2010 年德国红点设计奖），单手拇指轻压接取洗手液，方便易控制。另一款洗发膏瓶罐的改进设计见图 1-13b（获 2012 年德国红点设计奖），解决了淋浴中的一个小纠结。

**例 16**　在船上或河边、湖畔活动，穿着臃肿救生衣嫌麻烦不便；不穿，又怕万一发生意外。怎么办？获 2013 年日本消费产品设计 G-Mark 大奖的一款救生夹克（图 1-14）可以应对这个问题。该夹克大体类似普通夹克，穿着方便，不影响活动；遇到紧急意外状况时，两侧肩胛部位的长条形气囊可迅速充气，足以规避落水时的不幸。

类似上面这样的例子不胜枚举，人机学问题广泛存在，学习本课程的必要性没有疑义。希望通过这些例子的引导，使学生们在学习每章每节的内容时，随时随地留意自己日常生活

---

⊖　本教材中的漫画为北京信息科技大学（原北京机械工业学院）工业设计专业 0001 班学生杨佳所创作。

a)                                    b)

图 1-13 可单手接取洗手液、洗发膏的设计
a）水龙头上装洗手液的设计　b）洗发膏瓶罐的改进设计

中的所见、所遇，从中发现和思考人机学问题。这
对学好这门实践性强的课程很有好处。大学生生活
环境中的人机学问题也比比皆是：床柜、桌椅、寝
室、水房、浴室、餐厅、超市、网吧、实习工厂、
银行、邮局、学习文具、计算机、手机、实验室、
图书馆、运动场、公交车……无处不在。在日常生
活中发现和思考人机学问题的深广度，是检验本课
程学习效果的标准之一。

图 1-14 穿着活动自如的救生夹克

## 第二节　人机学的形成和发展　学科思想的演进

### 一、中国古籍中的卓越论述

中国古代工匠对器物的宜人性，已经有一些深入、精到的把握。《考工记》和《天工开
物》这两部著作中，有部分记录和反映。

《考工记》是我国最古老的一部科技汇编名著，出现于 2400 多年前的战国初期。它的历
史与科学价值闻名中外，联合国教科文组织已决定将《考工记》译成其他 5 种联合国的工作
文字（英、法、俄、西班牙、阿拉伯文），以促进其广泛流传与研究。书中对一些器物的宜
人性考究深入精彩，现选摘有关兵器的两小段论述来欣赏一下，见图 1-15（摘自《考工记》
简体字印本）。

无已，又以害人。故攻国之兵欲短，守国之兵欲长。攻国之人众，
行地远，食饮饥，且涉山林之阻，是故兵欲短。守国之人寡，食饮
饱，行地不远，且不涉山林之阻，是故兵欲长。凡兵，句兵欲无弹②，
刺兵欲无蜎③，是故句兵椑，刺兵抟，毂兵同强，举围欲细，细则校。
刺兵同强，举围欲重，重欲傅人，傅人则密，是故侵之。凡为殳，五

凡为弓，各因其君之躬志虑血气。丰肉而短，宽缓以荼，若是
者为之危弓，危弓为之安矢。骨直以立，忿埶以奔，若是者为之安
弓，安弓为之危矢。其人安，其弓安，其矢安，则莫能以速中，且不
深。其人危，其弓危，其矢危，则莫能以愿中。往体多，来体寡，谓

图 1-15 《考工记》中涉及兵器宜人性的两小段论述

　　图 1-15 中第一段的大意如下：……进攻方的兵器要短，防守方的兵器要长。攻方人员行军路途远，饮食缺乏，需跋山涉水，所以兵器要短……用于劈杀的兵器，如大刀、剑戟，使用中有方向性，应该避免容易转动的弊病，因此它的握柄截面应该做成椭圆形，使用中凭手握柄杆所感知的信息，无须眼看，便可掌握刀刃、钩头的方向。用于刺杀的兵器，如枪矛，使用中没有方向性，为避免握柄在某一扁薄方向容易挠曲，它的截面应该做成圆形……

　　图 1-15 中第二段的大意如下：要根据弓箭手的脾性、气质配给不同性能的弓箭。性情温和、行动迟缓的人，要配置强劲急疾的硬弓；而刚毅果敢、暴躁性急、行动快猛的人，则要配置较为柔韧的软弓。假若慢人用软弓，易延误时间，箭行的速度快不了，自然不易命中目标，即使射中了也无力深入敌体。急人用硬弓，则因过于急促，也影响命中率……

　　第一段中关于不同兵器应采用不同截面握柄的见解，深入到如何不依赖视觉进行信息传递的层面，已经叫人赞叹；第二段里关于不同性格的人应配以不同性能弓箭的论述，可列为设计心理学应用的经典范例，更加令人称绝。有关专家指出，上述论述对现代射箭运动员的心理素质训练和弓箭选择，确有参考价值。《考工记》还记述了一些农具、车辆制作的宜人性要求，不再在此引录。

　　明代科学家宋应星所著《天工开物》，以插图丰富著称。翻检这些插图，会产生一个深刻的印象，就是那么多生产作业场景中，人们的工作、劳动姿态总是那么自然、舒展，难见图上有工作姿势扭曲不当的劳动动作。作业姿势自然舒展，表示劳动工具、生产设备与人体尺寸的适应性好。请看图 1-16，这是取自《天工开物》的两幅插图。图 1-16a 所示为"分金炉清锈清底"的工作，操作者坐着干活，情态放松自得。而能够以这样舒适的姿态工作，来自于"分金炉"相关部分高度设计得非常合理，图上画着的这个操作高度是砌了 5 层砖达到的。再看图中的风箱，风箱把手的高度大体与人的胸、肘部位平齐，而这正是立姿下推拉施力的最适宜高度。图 1-16b 中也有风箱，风箱把手的高度也是如此宜人，而风箱下面还有个底盘，有了底盘才使风箱把手达到这个高度，足以说明这是"刻意设计"的结果，绝非"碰巧"得来。图 1-16b 中有两处画着两个人抬着一个铸钟、铸鼎的化铜炉（或化铁炉）。由于炉子下面有脚，使得抬炉人只要稍稍弯腰便可把炉抬起，不会很费劲。抬着化铜炉的时候抬炉人直着腰，作业姿势合理，此时炉脚离地面有半尺多的距离，抬炉人行走方便，上下台阶也没有困难。倘若有人怀疑对这两幅插图的上述"解说"存在"演绎"的成分，那么，请去翻一翻《天工开物》原书，多看一些里面的插图，怀疑大概就会消除，因为能够做类似"解说"的插图如此普遍，那是很难用"碰巧"来解释的。

a)　　　　　　　　　　　　　　　　　　b)

图 1-16　《天工开物》插图选

a）分金炉清锈清底　　b）铸钟、铸鼎

《考工记》和《天工开物》中所记载的，只是我们祖先创造成果中的一部分而已。在北京中国农业展览馆里，还有一个"中国传统农具展览馆"，展出的多种传统农具宜人性非常优良。实践出智慧、需求促灵感，这些优秀传统农具都是来自实践、来自需求的卓越创造。

## 二、人机学的形成、发展和学科思想的演进

现代的某些科学理论，在古代曾经有过孕育和萌芽，但并不能说古代已经有了这些理论。人机学也一样，古代纵有令人赞叹的器物、堪称精辟的论述，但与建立起这门完整的学科完全是两回事。

例如，古籍中阐述了弓箭性能与人性格的关系，那么，怎么处理其他千百种器物与人性格的关系呢？古籍中说明了几种兵器握杆的形制，那么，农具的握杆又该如何呢……既然古籍没有回答所有这些更一般性的问题，自然不能对器物制作具有普遍的指导意义。我国古籍中有如此精辟的论述，足令炎黄子孙感到自豪，但那与现代人机工程学的创立并无关联，终究是不应相提并论的。

下面分 4 个阶段，讲述人机学的发展简史和学科思想的演进，从中可以看到：

① 原本属于"自发思维倾向、本能行为方式"的朴素人机学思想萌芽在什么样的历史条件下，因为什么原因而迷失、而被抛弃了？

② 误入歧途后造成了怎样的后果？这种后果怎样促成了人们的反省，从而建立了现代人机学理论，完成一种思想观念从自发到自觉的历史飞跃？

③ 学科理论怎样在历史中逐步演进？

④ 人机学进行了哪些系统的研究？确立了哪些原则？积累了哪些数据资料？

**1. 对劳动工效的苛刻追求——人机学的孕育**

美国工程师 F. W. 泰勒（Frederick W. Toylor，1856—1915，图 1-17）在 1898 年进行了著名的"铁锹作业实验"。该实验包含若干专题，专题之一是用每锹分别能铲煤 6lb[⊖]、10lb、17lb 和 30lb 的 4 种大小不同的铁锹，交给操作工使用，比较他们在每个班次 8h 里的工作效率。结果表明工效有明显差距，其中以使用 10lb 铁锹的工效为最高。这是关于体能合理利用的最早科学实验。另一个专题是对比各种不同的操作方法、操作动作的工作效率，这是关于合理作业姿势的最早科学研究。其中更重要的专题是关于作业时间方面的：每挥锹一次需要多少时间？一个"一流工人"每个班次能完成多少工作量？在其后 20 世纪初的若干年里，泰勒等人发展了他们的研究，并将这些研究统称为"时间与动作研究"（Time and Motion Study）。其中包括吉尔布雷斯夫妇（Frank and Lillian Gilbreth）的"砌砖作业实验"等多项研究。砌砖作业实验是用当时问世不久的能连续拍摄的摄影机，把建筑工人的砌砖作业过程拍摄下来，进行详细分解分析，精简掉所有非必要动作，并规定严格的操作

图 1-17　F. W. 泰勒

程序和操作动作路线，让工人像机器一样刻板"规范"地连续作业，效率大为提高，每小时砌砖数从 140 块跃升到 350 块。布氏夫妇的研究延伸到了设备布置和工作场所的设计等方面，他们合著的《疲劳研究》（1919 年出版）更被认为是美国"人的因素"方面研究的先驱。

1914 年，美国哈佛大学心理学教授闵斯特伯格（Minsterberg），把心理学与泰勒等人的上述研究综合起来，出版了《心理学与工业效率》一书。1915 年英国成立了军火工人保健委员会，研究生产工人的疲劳问题；1919 年此组织更名为"工业保健研究部"，展开有关工效问题的广泛研究，内容包括作业姿势、负担限度、男女工体能、工间休息、工作场所光照、环

---

⊖ 1lb = 0.45359237kg。

境温湿度以及工作中播放音乐的效果等。

上述研究成果，已经是日后人机学知识体系中的重要组成部分。这一阶段工作的重要意义在于，提高工效的观念从此不再是一种自发的思维倾向，它已开始建立在科学实验的基础上，具有了现代科学的形态。正因为如此，人机学的历史常从这一阶段谈起。但是应该指出，这一时期的研究虽然也包含有改善工作条件、减轻作业疲劳的内容，但其核心是最大限度地提高人的操作效率，从对待人机关系这个基本方面考察，总体来看是要求人适应于机器，即以机器为中心进行设计；研究的主要目的是选拔与培训操作人员。因此，在基本学术理论、指导思想上，与现代人机学是南辕北辙、存在对立的。

看过卓别林（Chaplin，1889—1977，图1-18a）影片《摩登时代》的人，都记得主人公在生产线上连续不断地拧螺钉（图1-18b），经过整整一天紧张的劳动，下班离开机器以后全身肌肉还止不住重复着拧螺钉的动作。艺术大师卓别林讽刺的背景就是上述那段研究历史：产业革命极大地提升了机器的性能，生产线工人的操作能否跟得上机器的速度，成为提高工效的关键。通过当时泰勒等人的研究，测出了各种操作动作（包括拧螺钉）所能达到的最快速度，然后以此为依据来调整机器，使操作工人发挥出最大效能去适应这样的机器。卓别林通过影片揭示了其中的非人道因素。

因此，应该把这段时期看作是人机学产生前的孕育期。

**2. 第二次世界大战中尖锐的军械问题——人机学的诞生**

20世纪的两次世界大战期间，制空权是交战各国必争的焦点之一。飞行员在高空复杂多变的气象条件下控制飞行，本来就不轻松。驾驶战斗机与敌机格斗，要高度警觉地搜索、识别、跟踪和攻击敌机，躲避与摆脱对方的威胁，短短几十秒内，在警视窗外敌情的同时，还要巡视、认读各种仪表，立即做出判断，完成多个飞行与作战操作，更是不易。从第一次世界大战到第二次世界大战，随着科技进步，飞机逐渐实现了飞得更快更高、机动性更优的技术升级。与之相应，机舱内的仪表和操作件（开关、按钮、旋钮、操纵杆等）的数量也急剧增多，见图1-19。例如，第一次世界大战时期英国SE-5A战斗机上只有7个仪表，到第二次世界大战时期的"喷火"战斗机上增加到了19个。第一次世界大战时期美国"斯佩德"战斗机上的控制器不到10个，到第二次世界大战时期P-51上增加到了25个。这就使得经过严格选拔、培训的"优秀飞行员"也照顾不过来，致使意外事故、意外伤亡频频发生。投入巨资研制出了"先进"的飞机，却未必能打胜仗，使人们惊愕，也使人们醒悟过来：一味追求飞机技术性能的优越，倘若不能与使用人的生理机能相适配，那实在是器物设计的歧途和误区，必不能发挥预期效能。而人的各项生理机能都有一定限度，并非通过训练就能突破再突破的。出现在飞机上的问题擦亮了人们的眼睛，再去考察其他的兵器和民用产品，发现从复杂机器到简单工具，类似的问题程度不同地普遍存在着。例如，第二次世界大战中入侵苏联的德国军队的枪械问题也是一个典型的事例：俄罗斯冬季极冷，枪械必须戴上手套使用，但

a)　　　　　　　　　　　　　　b)

图1-18　卓别林及影片《摩登时代》　　　　　图1-19　飞机驾驶舱里的仪表和操纵器

德军的枪械扳机孔较小，戴了手套后手指伸不进扳机孔，不戴手套手指会立即冻僵，甚至能被冰冷的金属粘住。这说明，器物不但要与人的生理条件相适应，而且还必须顾及环境的因素。

针对前面这些问题，有的国家开始聘请生理医学专家、心理学家来参与设计。仪表还是那么多，改进它们的显示方式、尺寸、读值标注方法、指针刻度和底板的色彩搭配，重新布置它们的位置和顺序，使之与人的视觉特性相符合，结果就提高了认读速度，降低了误读率。操作件也还是那么多，改进它们的形状、大小、操作方式（扳拧、旋转或按压）、操作方向、操作力、操作距离及安置的顺序与位置，使之与人手足的解剖特性、运动特性相适应，结果就提高了操作速度，减少了操作失误。这些做法并不需要增加多少经费投入，却收到了事半功倍的显著效果。

从第二次世界大战到战后初期，上述正反两方面的现实，使各国科技界加深了这样的认识：器物设计必须与人的解剖学、生理学、心理学条件相适应。这就是现代人机工程学产生的背景。1947 年 7 月，英国海军部成立了一个研究相关课题的交叉学科研究组。次年英国人默雷尔（K. F. H. Murrell）建议构建一个新的科技词汇"Ergonomics"，并将它作为这个交叉学科组的学科名称。新的学科名称及其涵盖的研究内容为各国学者所认同，意味着现代人机学的诞生。Ergonomics 是由两个希腊词根"ergon"和"nomos"缀接而成的，前一词根意为出力、工作、劳动，后一词根意为规律、规则。一些专家在当时对人机工程学所做的阐释，便反映了这一时期的学科思想。例如美国人伍德（Charles C. Wood）说："设备设计必须适合人的各方面因素，使操作的付出最小，而获得最高的效率。"与人机学的孕育期对比，学科思想至此完成了一次重大的转变：从以机器为中心转变为以人为中心，强调机器的设计应适合人的因素。

1949 年恰帕尼斯（A. Chapanis）等三人合著的《应用实验心理学——工程设计中人的因素》一书出版，该书总结了此前的研究成果，最早系统论述了人机学的理论和方法。这是新学科建立时期的另一重要事件。

**3. 向民用品等广阔领域延伸——人机学的发展和成熟**

直到 20 世纪五六十年代，在产品设计方面，人机学的研究和应用还主要局限于军事工业和装备（但在劳动和生产管理方面的研究和应用，不限于军事部门）。从那时以后，迅速地延伸到民用品等广阔的领域，主要有家具、家用电器、室内设计、医疗器械、汽车与民航客机、飞船航天员生活舱、计算机设备与软件、生产设备与工具、事故与灾害分析、消费者伤害的诉讼分析等。事实上，近几十年来，人机工程常常成为设计竞争的焦点之一。例如在相机的机械、光学、电子性能水平趋同之时，竞争在较长时期内集中在产品的造型、使用方便等方面。其中"使用方便"即优良的人机性能尤为关键。

20 世纪五六十年代以来，人机学的学科思想在继承中又有新的发展。设计中重视人的因素固然仍是正确的原则，但若单方面地强调机器适应于人，强调使操作者"舒适""付出最小"，在理论上也是不全面的。美国阿波罗登月舱设计中，原方案是让两名航天员坐着的，即使开了 4 个窗口，航天员的视野也有限，无论倾斜或垂直着陆，都看不到月球着陆点的地表情况。为了寻找解决方案，工程师们互相争论，花了不少时间。一天，一位工程师抱怨航天员的座位太重，占的空间也太大，另一位工程师马上接着说，登月舱脱离母舱到月球表面大约只一个小时而已，为什么一定要坐着，不能站着进行这次短暂的旅行吗？一个牢骚引出了大家都赞同的新方案。站着的航天员眼睛能紧贴窗口，窗口可小，而视野甚大，问题迎刃而解，整个登月舱的重量减轻了，方案也更安全、高效和经济了。今天说到这件往事，会觉得新方案并无出奇之处，但当时确实囿于"使航天员尽量舒适"这一思维定式，硬是打不开思路。这一特殊事例是发人深省的，它告诉人们此前过分强调"使机器适应人"也有片

面性。

20世纪五六十年代系统论、信息论、控制论这"三论"相继建立与发展，尤其是系统论的影响与渗入，人机学的学科思想又有了新的发展，前面已经介绍的IEA关于人机学的定义，就是在这一时期提出的，反映了转变之后新的学科思想。与人机学建立之初强调"机器设计必须适合人的因素"不同，**IEA**的定义阐明的观念是人机（以及环境）**系统的优化**，人与机器应该互相适应，人机之间应该合理分工。人机学的理论至此趋于成熟。

**4.** 对工业文明的反思与可持续发展——人机学的更高阶段

人机学和其他一切事物一样，必然会继续发展和演变。人机学今后还将如何演进呢？以下是一些提供探讨的刍议。

人机学的应用，除了上一段中所列的种种方面会继续下去以外，以下方面可能形成热点：计算机等IT产品的人机交互界面；永久太空站的生活工作环境；弱势群体（残疾人、老年人）的医疗和便利设施；海陆空交通安全保障；生理与心理保健产品与设施等。数字技术、信息技术、基因技术急剧地改变着人类的文明进程，可能带给人们空前的福祉，同时也可能潜伏着更多危及人们身心健康的负面影响，人机学以提高人们的生活质量为目的，今后无疑将任重而道远。

反思200年以来，尤其是近半个多世纪工业文明的负面后果，可持续发展的理念成为当代文明的强音，影响了当代很多学科的思想。可以认为，由于可持续发展理论的渗透，现今人机学的学科思想也正经历着又一次新的演进。可持续发展理论下的设计观有节能设计、再生设计（可回收利用）、生态设计等。总的来说，是要求保护生态环境、人与自然保持持久和谐，设计伦理回归到中国古代"天人合一"的理念。人机学此前的观念是：要求人、机、环境三者和谐统一。吸取可持续发展理念以后，可以表述为：要求人、机、环境、未来四者和谐统一。即由原先的三维（人、机、环境）和谐统一，加上一维（未来），演进为四维的和谐统一。

本教材第十一章第三节将进一步探讨人机工程设计未来发展的问题。

### 三、人机学的学术团体与教育

**1.** 国际和各国的学术团体及其主要活动

（1）**各主要工业国的学术团体及其活动**　最早建立的人机学学术团体是英国人机工程学会，成立于1950年。随后建立国家人机学学会的有联邦德国（1953年）、美国（1957年）、苏联（1962年）、法国（1963年）、日本（1964年）。现在世界上工业与科技较发达的国家均建立了本国的国家人机学学术团体。

英国人机工程学会从1957年起发行会刊《ERGONOMICS》（人机工程），几十年一直坚持着，对国际人机学的发展贡献卓著。

美国人机工程学会除发行会刊外，还出版书刊、发布专利。美国是提供人机学研究成果、数据资料最多的国家。在20世纪漫长的冷战年代里，为了军备竞赛，美国是世界上对人机工程研究投入最多的国家，陆海空三军制定了很多军事方面的人机工程技术标准。

（2）**国际人机工程学学会**　国际人机工程学学会（IEA，也译作国际人类工效学学会）成立于1960年。1961年在瑞典斯德哥尔摩举行了第一届国际人机工程学会议。此后，每三年一次的人机学国际会议依次在各国举行。其中1982年8月在日本东京举行的第8届会议，参加者达800余人，我国学者也首次应邀参加了这次会议。

（3）**国际人机工程学标准化技术委员会**　代号ISO/TC—159，成立于1957年。其活动情况另做介绍。

**2.** 我国的学术团体及其主要活动

（1）**中国人类工效学学会**　英文为Chinese Ergonomics Society，简称CES，1989年成立，

是我国与 IEA 对应的国家学术团体，中国科学技术协会下的一级学会。该学会成立以来已组织召开了多次学术会议，协同国家技术监督局制定了百余个人机工程的国家标准。

（2）**中国人类工效学标准化技术委员会** 有关情况另做介绍。

（3）**其他的人机学学术组织** 我国在其他一级学会下或行业部门中，也设有人机工程方面的学会或专业委员会。如机械工业系统中，在 1980 年成立了工效学学会；冶金工业系统中的人机学会于 1985 年建立；中国工业设计协会下属的人机工程学专业委员会也于 1985 年建立；中国系统工程学会下的"人-机-环境系统工程专业委员会"成立于 1993 年。我国人机学的起步虽然较晚，但发展进步很快，已在很多领域取得应用成果。

**3. 人机学的专业教育**

1）在国际上，高等教育中将人机工程学作为必修、选修课开设的专业有管理（劳动安全和卫生）、工业设计、航空航天、车辆设计与交通工程、机械工程、环境工程等。人机工程学也被作为这些专业硕士、博士学位的一个研究方向。

2）在我国，高等教育中开设人机工程学课程的情况与国际上类似。目前，我国已有一批高等院校和研究院所设有人机学研究方向的博士学位授予点。

# 第三节 人机系统与人机工程设计

## 一、人机系统与人机界面

**1. 系统**

系统是系统论里的一个重要概念，指为了达到一定目标，由相互依赖、起互动作用的若干部分所组成的一个整体。

系统论的基本思想，是系统的各个组成部分（子系统）的作用，应通过总体来解释评价。虽然总体的高效能一般地依赖于各子系统的优良效能，但更依赖于各子系统之间的协调关系。离开互相协调，子系统的"独善其身"对整个系统并无价值，是系统设计所不取的。

**2. 人机系统**

人机系统特指人与机（器）共同组成的系统。人机系统的内涵是：人与机器协同去达到目标、完成任务。由于环境条件常能影响人机系统的工作情况，研究者把环境与人机系统结合起来成为一个系统，就是人-机-环境系统。

人机系统可能很小很简单，也可能很庞大很复杂。人在使用一把钳子、一把镰刀、一个卷发器时，就各构成一个人机系统。人骑自行车，开机床，驾驶汽车、飞机时也构成了人机系统。更复杂的人机系统由多人、多"机"所构成。例如，一条生产线由数百人、数百台设备构成一个人机系统，现代战争中的一个军事单位、实施航天飞行的庞大组织、大公司的办公系统、大企业的储运系统等，均是较大的人机系统。

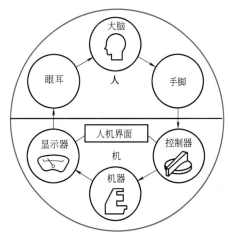

图 1-20 单人单机人机系统

**3. 人机界面**

单人单机构成的人机系统及其工作（运行）状态，可用图 1-20 表示。

这类人机系统的运行过程，如图 1-20 中 6 个箭头循环所指：人（操作者）通过手脚操纵控制器（操纵器），机器按人操纵指令运行的同时，将其运行状态在显示器上显示出来，人的眼耳等感觉器官接受信息并传递给大脑，大脑经过分析判断，再通过手脚进行操作……如此循环下去，形成人机系统的工作流程。人驾驶汽车或飞机的状态，是这一运行过程的典型实例。

图 1-20 所示的人机系统中，把机器的信息传递给人的是显示器，接受人的信息（指令）的是控制器；可见，显示器和控制器是人（操作者）与机器之间实现双向信息交流的接口、通道。它们就是机器上的一种人机界面。

人机学文献里关于人机界面的定义尚未完全统一。本教材采用如下的定义：一般把机器上实现人与机器互相交流沟通的显示器、控制器称为人机界面；机器上与人的操作直接相关的实体部分，也是机器的人机界面。

上述定义有两点值得注意。第一，定义的前一句话指明，人机界面是机器上的某一部分（显示器、控制器等），而不能说人的某一部分（譬如眼、耳、手、脚）也是人机界面。因为我们做设计只设计机器，并不设计人的眼、耳、手、脚。所以，图 1-20 上"人机界面"四个字放在机器这一侧，而不像有些著作的图上把这四个字放在人与机的交界线上。这一点对澄清人机界面的概念是必要的。第二，定义里的后一句话不应该忽略。例如，人手握剪刀剪东西时，人和剪刀构成简单的人机系统，剪刀的两个把手是与人操作直接相关的实体部分，而把手的形式、尺寸等对剪刀工作有直接影响，是人机工程设计关注的要点之一，应该算作剪刀的人机界面。人骑自行车时，自行车的车座支撑着人体，是与人操作（骑行）直接相关的实体部分之一，车座虽没有为人与自行车之间传递什么信息，但车座的位置、形状、软硬、材质等对自行车骑行是有影响的，是人机工程设计的要点之一，所以也应该算作自行车人机界面的一部分。

有的学者认为，人机系统所处的环境条件，如照明、振动、噪声、工作空间、小环境气候以及生命保障条件等，也作用于人的生理、心理过程，对系统功能的实现有所影响，因此也是一种人机界面。

## 二、人机工程设计

### 1. 人机工程设计的内涵和目的

什么是人机工程设计？人机工程设计与其他设计有什么区别、有什么分工呢？

简要地说，人机工程设计的对象是人机界面，设计涉及解剖学、生理学、心理学等人的因素，要达到的目标是生活、工作的舒适、安全、高效。

这样，就把人机工程设计与其他设计区别开来了。

以图 1-21 所示的电动式牙科椅为例，椅座、椅背、头托的升降、仰俯等调节机构的技术方案，机电控制中的电路及传动系统，各部件的材料及其强度、刚度问题等，都无关乎人机界面，不是人机工程设计的对象，属于工程设计范围。而牙科椅的尺寸及各部件的调节范围，要适应不同身材

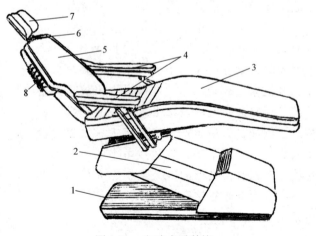

图 1-21 电动式牙科椅

1—底板 2—支架 3—椅座 4—扶手 5—椅背
6—头托 7—头托按钮 8—控制开关

的人体尺寸，调节方式又要便于牙科医生操作使用，还有控制开关的选型及安置、照明系统等，才是牙科椅人机工程设计的内容。至于牙科椅的造型和色彩，属于工业设计（工业产品艺术设计）的范围，但造型和色彩与人的心理因素、精神因素有关，与人机工程设计也是相关的。

理解了上面这个例子，就可举一反三，分析其他产品中的哪些部分属于人机工程设计的对象、哪些部分不属于人机工程设计的对象。

 **课堂讨论**（参考时间：10~15分钟）

以下产品中的哪些部分属于人机工程设计的对象？哪些部分不属于人机工程设计的对象？照相机、电话机、洗衣机、汽车……（选1~2种产品讨论）

**2. 人机合理分工**

在人和产品构成的人机系统中，人和产品均为该人机系统中的子系统。设计任何产品，对产品进行"功能定位"，是必须最先加以明确的。这实质上是对人机系统的总功能进行分解以后，把这部分功能"分配"给了产品子系统。与此同时，不论设计者是否已经意识到，设计者也把另一部分功能分配给了人这个子系统。例如设计楼道走廊的照明灯，设计者把照明灯的普通开关安置在照明灯附近的墙壁上，这就意味着设计者把开灯、关灯这个功能分配给人了。倘若设计者决定采用声控开关或光敏开关，就意味着设计者把开灯、关灯这个功能分配给产品子系统了，于是该产品中必须包含相应的传感器。

人机功能分配，是产品设计首要和顶层的问题。这个问题处理得不恰当，后续的设计无论怎么好，也会存在着根本性的缺陷。

人与机器各有所长。人机合理分工的基本原则，是**发挥人与机器各自的优势**。为此需要弄清楚人与机器两者的所长和所短。表1-1是人与机器在感受能力、控制能力、工作效能、信息处理能力、可靠性、耐久性、适应性和创造性等方面的机能对比。

表1-1　人与机器的机能对比

| 对比的内容 | 人的机能 | 机器的机能 |
|---|---|---|
| 感受能力 | 能感受的可见光、声波频谱范围虽较窄，但对颜色、音色的分辨能力较强 | 能接收的物理量种类多，而且频谱范围极宽：从紫外线、红外线、微波到长波，从次声波到超声波，还可接收磁场等物理量 |
| 控制能力 | 可进行各种控制，且在自由度、调节和联系能力等方面优于机器。同时，其动力源和响应运动完全合为一体，能"独立自主" | 操纵力、速度、精确度、操作数量等方面都超过人的能力。但必须外加动力源才能发挥作用 |
| 工作效能 | 可依次完成多种功能作业，但不能进行高阶运算，不能同时完成多种操纵和在恶劣环境条件下作业 | 能在恶劣环境条件下工作；可进行高阶运算和同时完成多种操纵控制；单调、重复的工作也不降低效率 |
| 信息处理能力 | 人的信息传递率一般为6bit/s左右，接受信息的速度约每秒20个，短时内能同时记住信息约10个，每次只能处理一个信息 | 能储存信息和迅速取出信息，能长期储存，也能一次废除，信息传递能力、记忆速度和保持能力都比人高得多。在作决策之前，能将所存储的全部有关条件周密"考虑"一遍 |
| 可靠性 | 就人脑而言，可靠性和自动结合能力都远远超过机器。但工作过程中，人的技术高低、生理和心理状况等因素对可靠性都有影响。能处理意外的紧急事态 | 经可靠性设计后，其可靠性高，且质量保持不变。但本身的检查和维修能力非常微薄。不能处理意外的紧急事态 |
| 耐久性 | 容易产生疲劳，不能长时间连续工作，且受年龄、性别与健康情况等因素的影响 | 耐久性高，能长期连续工作，并大大超过人的能力 |

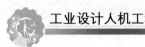

（续）

| 对比的内容 | 人的机能 | 机器的机能 |
|---|---|---|
| 适应性 | 具有随机应变的能力。具有很强的学习能力。对特定的环境能很快适应 | 没有随机应变的能力。只有很低的学习能力。只能适应事先设定的环境 |
| 创造性 | 具有创造性和能动性。具有思维能力、预测能力和归纳总结能力。会自己总结经验 | 只能在人所设计的程序功能范围内进行一定程度的创造性工作，以及达到一定程度的智能化 |

根据人和机器各自的优势，可得出人机合理分工的一般原则如下：设计中应把笨重、快速、单调、规律性强、高阶运算及在严酷和危险条件下的工作分配给机器，而将指令程序的编制、机器的监护维修、故障排除和处理意外事故等工作安排人去承担。

但是人机分工并不单纯是人机工程本身的问题，它还取决于社会、经济、科技发展水平等更广泛的条件。应用时尤其受以下两方面因素的影响。

第一，由于科技的发展进步，机器能够承担的功能日益扩大。例如，由于声控开关、热敏感应器等元器件的技术成熟、价格低廉，才使得在路灯、公共卫生间等方面能逐渐推广使用。今后，人工智能的进展，自动化和信息化等技术的结合，将使机器承担监护维修、故障排除等工作的可能性进一步增大。

第二，社会、经济条件对人机分工有很强的制约作用。高级轿车的驾驶条件、驾驶环境和人身安全保障系统，当然是合理、优秀的人机工程设计，但受经济、社会条件的制约，还不能推广应用于所有的普通车辆。劳动密集型产业中，工人还有不少"笨重、快速、单调、规律性强"的操作，当代的技术水平已经能让这些工作由机器自动完成，但在一定历史条件下，劳动密集型产业却是社会发展的需要。俗称"卡片机"的轻便数码相机，如今有"智能自动"的拍摄模式，使用方便快捷，深受广大公众的欢迎，堪称合理人机分工设计的典范。但是专业的摄影师和醉心艺术创作的摄影爱好者，却宁舍卡片机的轻便，而要选择有更大创作自由度的单反数码相机。

可见人机合理分工的上述一般原则，在应用中还需要根据具体条件权衡把握。

**3. 人机关系**

人机分工是人机关系中基本的方面，但是人机关系的范围比人机分工要大得多。人机工程设计的目标应该简要地概括为：建立优良的人机关系。在人机分工确定即产品的功能定位以后，还有很多人机工程设计的工作要做。例如，农用车辆虽然不能套用高级轿车的功能设计，但在已经确定的功能范围内，改进其宜人性却大有可为。劳动密集型产业还不宜用自动生产线来代替，但在一定经济、成本条件下减轻劳动者的精神、体力负担，提高生产效率却是人机工程设计义不容辞的责任。

优良的人机关系应该是"机宜人"和"人适机"两个方面的结合。所谓机宜人，是器物设计要适合解剖学、生理学、心理学等各方面人的因素。所谓人适机，是充分发挥人在能动性、可塑性、创造性、通过学习训练提高技能等方面的特长，使人机系统更好地发挥效能。

**三、人机工程技术标准简介**

遵循应用技术标准，可以达到质量控制、缩短设计和研制周期、降低成本、提高规范性等方面的目的。

**1. 人机工程的国际技术标准**

国际人机工程学标准化委员会（代号 ISO/TC—159）是国际标准化组织（International Standardization Organization，ISO）的一个下属组织。其活动范围有以下 5 个方面：

1）制定与人的基础特点（物理的、生理的、心理的、社会的）有关的标准。

2）制定对人有影响的与物理因素有关的标准。

3）制定与人在操作中、在过程和系统中的功能有关的标准。

4）制定人机工程学的实验方法及其数据处理的标准。

5）协调与 ISO 其他技术委员会的工作。

ISO/TC—159 已制定、发布一批人机工程的正式国际技术标准，如 ISO 6385：2004《工作系统设计的人类工效学原则》。该标准不但适用于工业，也适用于有人类活动的任何领域。

**2. 我国的人机工程技术标准**

国家技术标准（简称"国标"）是我国的法定技术文件。提高一个国家技术标准与相关国际技术标准的接轨程度，对提高这个国家商品经济的国际竞争力是很重要的。

中国人类工效学标准化技术委员会于 1980 年建立。委员会的工作内容如下：

1）研究和提出人类工效学标准化的方针、政策和技术措施的建议。

2）研究和提出制定、修改人类工效学国家标准与专业标准的计划。

3）组织人类工效学的国家标准与专业标准的制定与修改工作，组织与人类工效学标准有关的科学研究与学术活动等。

中国人类工效学标准化技术委员会已经制定、发布了几十个人机工程的技术标准。这些国标的内容，在技术上与对应的国际标准有着较好的一致性或等效性。

学习人机工程学，应该了解人机工程的技术标准；应用人机工程学，更脱离不了人机工程的技术标准。我国已经发布的部分人机工程国家标准的代号与名称参看附录 C。其中部分重要和基本的标准，将在本教材的后面做一些说明介绍。

在我国的国家标准中，属于人机工程学（人类工效学）技术标准的大分类号为"A25"。但是还有更多有关人机学的标准，是分别放在机械、建筑、轻工、环境等门类的技术标准里面的，这一点在查找时应予注意。

## 第四节　人机学与工业设计

### 一、人机学与其他学科的关系

人机学是由多门不同领域的学科互相渗透、汇聚而成的边缘学科（交叉学科）。这些学科与人机学都有关系，但关系的性质有所不同，可分为以下 3 类：

第一类是人机学的源头学科，例如解剖学、生理学、心理学、人体测量学、人体力学、社会学、系统工程等。人机学吸收这些学科的理论和知识，经过融合形成了本学科的基础。

第二类是人机学的应用领域，主要是各种类型的设计，如工业设计（包括产品设计、视觉传达设计、室内外环境设计）、工程设计（包括机械设计、建筑设计、公共设施设计等）、工作空间设计、计算机和手机等 IT 产品的人机界面设计以及网页设计等。人机学的理论、知识、数据资料用于这些领域，为它们服务。

第三类具有与人机学"共生"的特点，主要指劳动科学、管理科学、安全工程、技术美学等。这些学科的形成、研究和应用，和人机学互相交融。

从上面的分析可知，人机学也是一门应用型学科。学习本课程应注意的是：学科思想、基本理论和方法等学科的精髓，必须学习把握住。至于这么多相关学科，以及人机学卷帙浩繁的数据资料、图表，则要求能结合具体研究的课题，学会查找、收集、分析和运用。本学科的知识形态是面状散点式结构，分布很广，互相之间不一定有密切联系。学习方法和要求，与学习数学、力学等阶梯式、链式知识结构的学科不同。

本教材是依据工业设计专业的要求编写的，对劳动科学与管理工程等领域的人机学内容，例如工作过程设计、劳动卫生与安全、劳动心理、事故分析与防范、劳动技能与训练等，教

材中予以淡化或省略。

## 二、人机工程与工业设计（课堂讨论，教师小结）

**课堂讨论**（参考时间：20分钟）

人机学与工业设计是否有密切的关系？

——阐述你的观点，并加以简要说明或论证。

**课堂讨论小结**（仅供任课教师参考）

**1. 三个实例**

先通过3个容易理解的引例，来看看人机学在工业设计中的地位。

实例1　家电设计　家电产品造型设计的目标是造型美，但工业产品的造型美和艺术品的美不同，它有两个重要的因素：第一，适合工业化、批量化的生产加工，生产成本不宜过高，即造型应适合于当时的生产技术条件。第二，有良好的使用"宜人性"。"好看"不好用的家电，肯定是失败的设计！这里第二个因素使用"宜人性"，正是人机学的研究目标。以洗衣机为例，造型设计要考虑它的尺寸适于使用，放入和取出衣物方便顺手；所有控制器，如总开关、各种旋钮、按钮、扳钮等的大小、色彩、形状、安置位置、安置顺序都要精心设计，使它们易懂易用；洗衣机工作时的运行状态，要能清楚、简明地显示出来；还要能确保使用的安全等。所有这些都是人机学的内容，可见洗衣机及其他家电的造型设计中，人机工程占有很大成分。

实例2　室内设计　室内装饰设计要达到审美艺术效果，但绝不应该背离一个前提，就是人在室内的生活、工作能够安全、方便、舒适。而这正是人机学的研究对象。卧室、起居室、书房、厨房、卫生间、阳台都要美，但它们在美的要求、趣向等各方面应该互不相同。在起居室及卧室里，可能安设艺术吊灯，而厨房里绝不可能照搬来用。卫生间采用瓷砖墙面很普遍，但在起居室和卧室里却不适宜……为什么有这些区别呢？因为人们在这几个地方活动内容不同、生存状态不同，因而心理情趣和精神需求也不同。这些都属于人机工程学研究的问题。

实例3　展示设计　展示设计需要把握形式美学法则，在整体形态和色彩上运用尺度与比例、均衡与稳定、统一与变化、对比与重点等手法，达到令人赏心悦目的效果。但是展示设计中人机学的运用同样重要。展示的主要目的是把信息按设想的要求传达给受众，这就不单纯是形式美的问题。文字、图形符号怎样能让人看得清楚？观众站在多远的地方？字符应该多大？字符和背景该采用怎样的色彩搭配对比？在不同的色彩搭配下字符笔画粗细怎样确定？重点的、次重点的和次要的信息应该怎样正确地进行区位排布？怎样根据信息的性质选择合适的字体……这些问题都与人的视觉特性及心理特性有关，同样属于人机学的研究范围。

上面3个实例分别属于工业设计的3个领域：产品设计、室内设计和视觉传达设计。通过这3个实例，充分说明了人机学在工业设计中的重要性。

**2. 工作对象和目标的一致性**

下面再从理论层面对工业设计与人机工程的关系做简略解析。

设计可分为工程技术设计（简称工程设计）、工业设计、艺术设计等大的类别。其中艺术设计的对象主要是精神产品；而工业设计和工程设计则以物质产品为主要设计对象。那么，同为设计物质产品的工业设计与工程设计对比，主要的区别何在呢？

工程设计以处理"物与物"之间的关系为主，而工业设计则以处理"人与物"之间的关系为主。前者如机械设计处理零部件与零部件，零部件与燃油、润滑油之间的关系，电路设计处理电源、电容、电阻、集成电路板、插头接线之间的关系等；后者主要着眼于让人觉得产品美观，适合人的精神和心理需求。上述观念画出了一条工业设计与工程设计之间的界线。很明显，人机工程设计与工业设计处在这条界线的同一侧。因为人机工程研究的是设计中有关人的解剖学、生理学、心理学等人的因素。譬如汽车，怎样提高发动机的功率、减少油耗，怎样加工变速箱里的齿轮，选用怎样的材料以提高零部件强度、刚度、使用寿命等，属于工程设计要解决的课题；而汽车怎样才美观新潮、乘坐舒适、驾驶方便、安全等直接关系人的方面，就是工业设计和人机工程设计要共同解决的课题。再以汽车驾驶室为例，仪表板、转向盘、操纵杆、座椅、后视镜的选用和布置都是最典型的人机工程课题，工业设计要创造美好、舒心、有艺术氛围的驾驶室环境，是绝不可能脱离这些人机工程因素的。

于是得出一个理论层面的简明结论：人机工程与工业设计有着工作对象和目标的一致性，因此实际工作中两者常融合在一起考虑，密不可分。

远古时代的先民们就很讲究器物的造型艺术和装饰。人们对器物美的本能追求世代延续，直到大工业出现后一味追求生产的快速高效，才一度冲击了这种传统，使粗陋鄙俗的工业产品开始大量涌进人们的生活。工业设计史就是从这一历史现象开篇说起的。使工业产品摆脱粗鄙的外形而赋予美的特质，是工业设计开山鼻祖们的初衷，也是工业设计的历史渊源。这与人机工程的历史演进何其相似！作为"自发的思维倾向、本能的行为发生"的"人中心"思想萌芽，早就发端于古代，经历了片面追求技术的历史迷失以后，才建立了现代人机学。从人机工程与工业设计历史演进的相似性里面，更可以加深我们对两者密切关系的理解。

工业设计和人机工程虽然关系密切，但终究分别是两个独立的学科。工业设计围绕美的创造，融入更多文化、经济、市场等因素的探求；而人机工程却在劳动、管理等科学中还有广泛的应用，这是两者的不同之处。

# 第二章 人体尺寸及其应用方法

　　在解剖学、生理学、心理学这些人的因素中，设计中最基本、最常遇到的是与人体尺寸相关的问题，因此在人机学教学中优先、重点加以介绍。

# 第一节　人体尺寸概述

## 一、人体测量简史

　　人体测量学（Anthropometry）是指人体体表物理尺寸和质量的测量与研究。

　　我国两千多年前即进行过人体测量的工作。现存最早的我国医学典籍《内经·灵枢》的《骨度篇》中，已有关于人体测量的记载和阐述。公元前1世纪，罗马建筑师维特鲁威（Vitruvian）为希腊神庙建筑研究了人体各部分的比例。意大利文艺复兴的伟大先驱达·芬奇（Leonardo da Vinci，1452—1519，图2-1）根据维特鲁威的描述画出了著名的人体比例图（图2-2）。对人体尺寸、形态的关注和研究，在古代主要着眼于建筑、雕塑与文化中。图2-3所示为文艺复兴巨匠米开朗基罗（Michelanggelo Buonarroti，1475—1564）创作的著名雕塑《大卫》。

图 2-1　达·芬奇

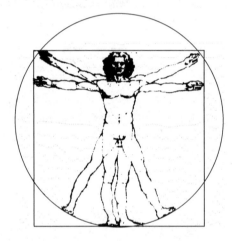

图 2-2　人体比例图（达·芬奇绘制）

　　比利时人奎特莱特（Quitlet）1870年出版的《人体测量学》一书，是人体测量最早的专著。19世纪末到20世纪初，为建立人体测量统一的国际标准，各国人类学家召开了多次国际会议，至1912年在日内瓦召开的第14届国际史前人类学与考古学会议，这一工作基本完成。德国人类学家马丁（Martin）对人体测量学的贡献卓著，在他编著的《人类学教科书》（1914年发行第1版）中，详细阐述了人体测量的方法，成为各国长期沿用的人体尺寸测量方法的基础。

　　在20世纪初期以前，人体测量学还主要用于人类分类学、生理学、解剖学等方面。1919年，美国进行了一项10万退伍军人的人体测量工作，测量所得数据用于军服的设计制作。这一大型人体测量活动，是将人体测量应用于器物设计的早期重大事例。第二次世界大战后，美、英两国又进行了大规模的海、空军人体测量，并于1946年提出了研究报告《航空部队人体尺寸和人员装备》。这是人体尺寸用于器物设计，即人机工程设计的重要文献。

图 2-3　雕塑《大卫》
（米开朗基罗创作）

　　为了设计的需要，现在世界各先进国家都有本国的人体尺寸国家标准或数据资料。我国也于 1988 年发布了相应的国家标准 GB/T 10000—1988《中国成年人人体尺寸》。

## 二、人体测量方法简介

对于从事工业设计或工程设计的人员，一般是应用人体尺寸的数据资料，并不需要自己进行大规模的人体尺寸测量和相应的数据分析工作。特殊情况下，有可能需要做一些小样本的人体尺寸测量工作，在后面章节中将有所阐述。

本节侧重于介绍传统的手工人体尺寸测量方法。GB/T 10000—1988《中国成年人人体尺寸》中的数据就是通过这种传统方法得到的。对新型的非接触式人体尺寸测量方法，则进行对比性的概述。

人体尺寸数据的科学性体现在可比性、适用性两方面。可比性指国际、国内测量方法严格统一。适用性指测量的项目、测量所得的数据是设计等实用中所需要的。

为了保证可比性和适用性，ISO（国际标准化组织）下属的 ISO/TC159/SC3（人类工效学：人体测量与生物力学分技术委员会）制定了相关标准 ISO 7250-1：2008。与此国际标准等效的我国相应国标是：

GB/T 5703—2010《用于技术设计的人体测量基础项目》；

GB/T 5704—2008《人体测量仪器》。

下面简略说明这两个国标的要点。

（一）人体测量仪器

GB/T 5704—2008《人体测量仪器》等国标中规定的人体测量工具有人体测高仪（图 2-4）、直脚规（图 2-5）、弯脚规（图 2-6）、三脚平行规（图 2-7）等。

此外，还有用于测量体重的体重计，用于测量人体关节活动角度的角度计（图 2-8），用于测量身体围长与弧长的软尺（图 2-9）等。

（二）人体测量的条件简介

在 GB/T 5703—2010 等国标中，对人体尺寸测量的被测者衣着和支撑面、基准面和基准轴、测量姿势等测量条件都做了规定。

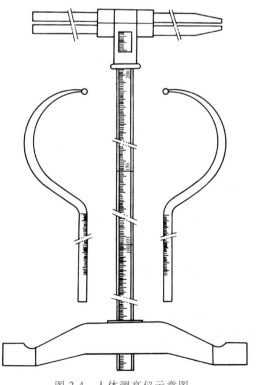

图 2-4 人体测高仪示意图

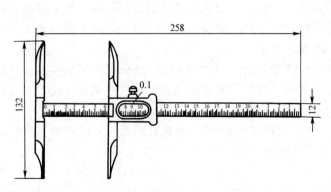

图 2-5　直脚规示意图

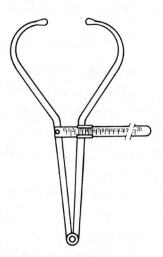

图 2-6　弯脚规示意图

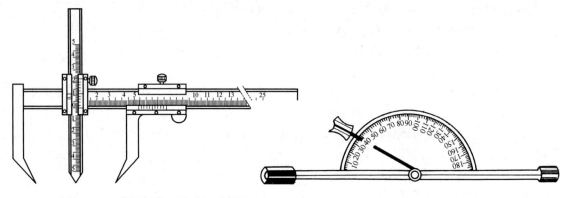

图 2-7　三脚平行规（Ⅱ型）示意图

图 2-8　角度计示意图

**1. 被测者的衣着和支撑面**

测量时，被测者应裸体或尽可能少着装，且免冠赤足。

立姿测量时站立在地面或平台上；坐姿测量时，座椅平面为水平面、稳固、不可压缩。

**2. 测量基准面和基准轴**

**（1）测量基准面**

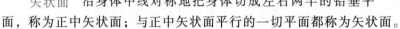

图 2-9　软尺示意图

矢状面　沿身体中线对称地把身体切成左右两半的铅垂平面，称为正中矢状面；与正中矢状面平行的一切平面都称为矢状面。

冠状面　垂直于矢状面，通过铅垂轴将身体切成前、后两部分的平面。

水平面　垂直于矢状面和冠状面的平面；水平面将身体分成上、下两个部分。

眼耳平面　通过左右耳屏点⊖及右眼眶下点的平面，又称法兰克福平面。

**（2）测量基准轴**

铅垂轴　通过各关节中心并垂直于水平面的一切轴线。

矢状轴　通过各关节中心并垂直于冠状面的一切轴线。

冠状轴　通过各关节中心并垂直于矢状面的一切轴线。

人体尺寸测量均在测量基准面内、沿测量基准轴的方向进行。

人体测量的基准面和基准轴见图 2-10。

⊖ 耳屏（Tragus）：外耳道前面的小软骨组织。耳屏点：耳屏上缘与前缘相交的点（GB/T 5703—2010）。

**3. 测量姿势**

在人体测量时要求被测者保持规定的标准姿势，基本的测量姿势为立姿和坐姿，姿势要点如下：

（1）**立姿**　身体挺直，头部以法兰克福平面定位，眼睛平视前方，肩部放松，上肢自然下垂，手伸直，掌心向内，手指轻贴大腿外侧，左右足后跟并拢、前端分开约成45°角，体重均匀分布于两足，足后跟、臀部和后背部与同一铅垂面相接触。

（2）**坐姿**　躯干挺直，头部以法兰克福平面定位，眼睛平视前方，两大腿完全由座面支撑，膝弯曲大致成直角，足平放在地面上，手轻放在大腿上。臀部和后背部靠在同一铅垂面上。

**（三）测量项目及其定义**

GB/T 5703—2010《用于技术设计的人体测量基础项目》中，列出立姿测量项目12项（含体重）、坐姿测量项目17项、特定体部测量项目14项（含手、足、头）、功能测量项目13项（含颈、胸、腰、腕、腿等围度），共计56个人体测量基础项目。

通常说人的"肩部"都指一个概略的范围，并不是一个小小的点，因此，"肩高"该怎么测量？类似的像"眼高""手宽"等这样一些项目到底该怎么测量？必须进行严格规定，否则所得数据便没有"可比性"，也就没有意义。因此，GB/T 5703—2010对所有56个测量项目都逐一做了定义说明、测量方法、测量仪器的规定。这里选摘两个示例如下。如需更多更详细地了解，可查看上述国标等文献。

**1. 肩高**

（1）**说明**　地面到肩峰点的垂直距离，见图2-11。

（2）**测量方法**　被测者足跟并拢，身体挺直站立，肩部放松，上臂自然下垂。

（3）**测量仪器**　人体测高仪。

**2. 手宽**

（1）**说明**　在第Ⅱ到第Ⅴ掌骨头水平处，掌面桡尺两侧间的投影距离，见图2-12。

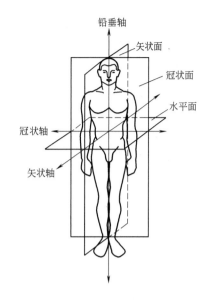

图2-10　人体测量的基准面和基准轴

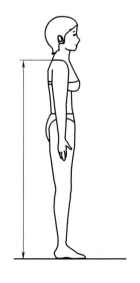

图2-11　肩高

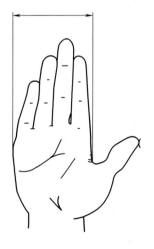

图2-12　手宽

（2）测量方法　被测者前臂水平，手伸直，四指并拢，掌心朝上。

（3）测量仪器　直角规。

上面的摘录中还有"肩峰点""第Ⅱ到第Ⅴ掌骨"等专业名词。它们有的在 GB/T 5703—2010 中给出了定义，有的还需要查阅其他文献。例如"肩峰点"，在 GB/T 23698—2009《三维扫描人体测量方法的一般要求》中给出的定义为"肩胛骨外缘的最外侧点"。而测量中确定肩峰点的方法，则可从查阅其他相关文献得到："用食指和中指沿着肩胛从后内方向前外方触抚，易找到此测点。或令被测者举起上肢，可见肩峰部呈现一个皮肤小凹，然后用食指压按此小凹，并令被测者将上肢放下，则很易确定此测点。"

可见人体测量是专业性较强的工作。

（四）人体测量图例

图 2-13 所示为一些人体尺寸测量的图例，较为形象地表示了部分人体测量的方法。

（五）非接触式人体尺寸测量

传统手工人体尺寸测量的优点是直观，工具简单。

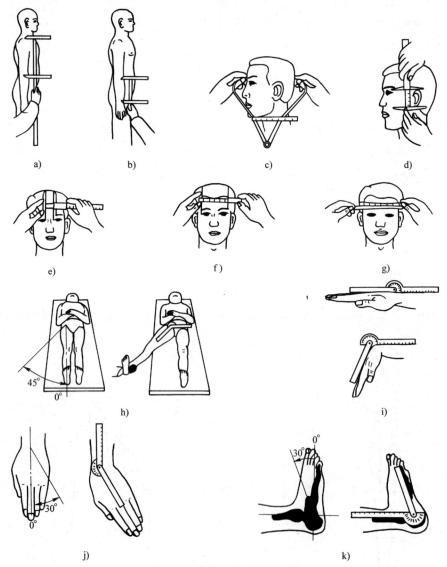

图 2-13　人体尺寸测量的图例

a）上臂长的测量　b）前臂长的测量　c）头长的测量　d）容貌耳长的测量
e）两眼内宽的测量　f）两眼外宽的测量　g）头围的测量　h）髋关节外展活动的测量
i）掌侧屈的测量　j）尺侧偏的测量　k）足背屈的测量

其缺点是：第一，程序繁琐复杂，必须经过严格培训的专业人员才能胜任，工作要求严谨细致耐心，耗工费时；第二，手工操作、人眼从标尺上读数，均难达到较高精准度。

新型的非接触式人体尺寸测量方法有二维的和三维的两类。

二维人体尺寸非接触式测量采用 CCD 摄像机拍摄人体正、侧面投影数字图像，直接获取人体高、宽、厚等数据；而围度则通过数据处理的方法间接获得。

三维人体尺寸非接触式测量，有立体摄影、超声波和光（激光、白光和红外线）扫描测量法等，见图 2-14。扫描前需在被测者的体表标记解剖标志点，如肩峰点、颈椎点、会阴点、胫骨点等，这项工作仍需由有经验的专业工作者手工操作完成。接下来由扫描仪采集数据，几十秒内即可获得被测者的体表三维点云数据，即体表"网格化"所得几十万个"点"的三维数据集合，其中包含了所有标志点的三维坐标值。测量仪中的软件随即由此自动计算出各项人体尺寸值。三维人体尺寸非接触式测量除了高效的突出优点外，因排除了人工操作的误差，用同类型扫描设备重复测量的一致性很高。

图 2-14　三维人体尺寸非接触式测量

但非接触式人体尺寸测量及其数据应用目前还存在若干关键性的问题：第一，几种不同三维人体扫描方法，获取的数据处理结果存在明显差异，目前仍需以传统方法测量所得数据为标尺，对它们进行评判和取舍；第二，体表三维点云数据虽在服装设计等某些领域已有所应用，但在更广泛的设计领域尚无体表三维点云数据应用的规范化方法。而传统的一维人体尺寸数据应用规范历经百年，是相对成熟可靠的。因此，要使非接触式人体尺寸测量全面取代传统测量方法，还需经历相当长的探索过程。

为推动非接触式人体尺寸测量方法的发展，我国已颁布了若干相关的国标，如 GB/T 23698—2009《三维扫描人体测量方法的一般要求》等。

### 三、人体尺寸数据的部分特性

#### 1. 技术标准中的人体尺寸数据

人体尺寸有个体的人体尺寸和群体的人体尺寸。现代工业产品或公共设施，多数不是为满足个人需要，而是为适合所有公众，或某特定人群的需要而设计的。例如过街天桥上的防护栏杆，为了防止过桥人从桥上摔下去，栏杆间距和高度设计，必须考虑到所有公众的情况。女大学生宿舍或幼儿园大班教室里的器物设计，则应该分别适合女大学生这个群体或幼儿园大班孩子这个群体的情况。所以，人机工程学技术标准所提供的是群体的人体尺寸数据。而且一般来说，所涉及的常是较大的群体。例如 GB/T 10000—1988《中国成年人人体尺寸》中，涉及中国成年人这个庞大的群体。即使"女大学生"或"幼儿园大班孩子"，也都是很大的群体。为掌握某一群体的人体尺寸，既不可能也不必要对该群体中的每一个个体都进行人体测量，而是采用随机抽样的方法，从该群体中抽取出若干个（例如 $n$ 个）个体，得到一个容量为 $n$ 的样本，逐一测量样本中每个个体的人体尺寸，得到一组样本观测值，然后根据数理统计理论，从样本观测值推断出该群体的人体尺寸数据。

在施行上述方法时，随研究对象的不同，所需要的样本容量也不同。有些课题中，样本的容量很大。例如，在 20 世纪 80 年代中后期，为了制定 GB/T 10000—1988《中国成年人人体尺寸》，抽取的男性、女性样本量分别为 11170 人和 11151 人之多，每一个人又有那么多的测量项目，可见测量和数据统计处理的工作量非常巨大，是一项繁重、艰巨的工作。

**2. 人体尺寸数据的部分特性**

群体人体尺寸数据具有以下特性：

**（1）个体人体尺寸近似服从正态分布规律**

由此可以从正态分布曲线推断出个体人体尺寸的一些近似特性：具有中等尺寸的人数最多；随着对中等尺寸偏离值的加大，人数越来越少；群体人体尺寸的中值就是它的平均值等。

以中国成年男子（18~60 周岁）的身高为例（图 2-15），根据 GB/T 10000—1988 给出的数据，身高约 1678mm 的中等身高者人数最多；身高与此接近的人数也较密集，身高与

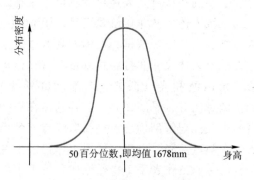

图 2-15　中国成年男子身高的
数据近似服从正态分布规律

1678mm 差得越多，人数越少；由于正态分布曲线的对称性，可知中值 1678mm 就是全体中国男子身高的平均值，且身高高于这一数值的人数和低于这一数值的人数大体相等。

**（2）各人体尺寸之间一般具有线性相关性**　身高、体重、手长等是基本的人体尺寸数据。通常可以取基本人体尺寸之一作为自变量，把某一人体尺寸表示为该自变量的线性函数，即

$$Y = aX + b$$

式中　$Y$——某一人体尺寸数据；

　　　　$X$——身高、体重、手长等基本人体尺寸（之一）；

　　$a$、$b$——（对于特定的人体尺寸，它们是）常数。

这种线性函数的例子，见第五章第一节中的"手部控制部位尺寸的回归方程"和第九章第一节中的"三、通过小样本测量建立人体尺寸回归方程的方法"。

研究表明，人体各基本结构尺寸与身高具有近似的比例关系，即对人体基本结构尺寸而言，上式中 $b = 0$，上式简化为 $Y = aX$。

**（3）人体各尺寸间的比例关系，因人群的种族、民族、国家的不同而不同**　新中国成立初期，我国的军械大多由苏联引进，或依据苏式仿制而成，使用中出现了下述看似矛盾的问题：我国陆军士兵嫌苏式火炮高了一些，往炮膛里装炮弹过于费劲；而我国战斗机飞行员却嫌苏式战斗机座舱盖罩低了一些，头顶几乎要挨着盖罩显得局促。这就是不同人种人体尺寸比例不同引起的问题。俄罗斯人属欧罗巴白色人种，腿相对较长；中国人属蒙古黄色人种，上身（躯干）相对较长。腰、腿、胳膊的力量合用起来把十几千克的炮弹提到腰部高度，还比较容易；再往高举，腰力腿力用不上，就比较难了。所以按腿比较长的俄罗斯人人体尺寸设计的火炮，会让腿比较短的中国人不太适应。而嫌战斗机座舱盖罩低，则是因为中国人上身比较长，从椅面到头顶的坐高平均比俄罗斯人要略微高一点的原因。

这表明：人体尺寸之间具有线性关系 $Y = aX + b$，对不同种族、国家的人群都适用；但关系式中的系数 $a$ 和 $b$，却随不同种族、国家而有所不同。

# 第二节　人体尺寸国家标准和数据分析

## 一、GB/T 10000—1988《中国成年人人体尺寸》简介

### 1. GB/T 10000—1988 的适用范围

此标准提供了我国成年人（男 18~60 岁，女 18~55 岁）人体尺寸的基础数据。适用于

工业产品、建筑设计、军事工业以及劳动安全保护等领域。

对于每一项人体尺寸，该标准均按男、女各 4 个年龄段给出数据：

男　　18~60 岁，　　18~25 岁，　　26~35 岁，　　36~60 岁

女　　18~55 岁，　　18~25 岁，　　26~35 岁，　　36~55 岁

**2. 人体尺寸的项目**

GB/T 10000—1988 中共列出 7 组、47 项静态人体尺寸数据，分别是：

人体主要尺寸 6 项　　　立姿人体尺寸 6 项　　　坐姿人体尺寸 11 项

人体水平尺寸 10 项　　　人体头部尺寸 7 项　　　人体手部尺寸 5 项

人体足部尺寸 2 项

**3. 人体尺寸分布状况的描述**

人们高高矮矮、胖胖瘦瘦，相互不同，对于任何一项人体尺寸，中国人中都有大的、中等的、小的等各种情况。要全面完整地显示中国成年人人体尺寸情况，就要描述清楚对于每一项人体尺寸，具有多大数值的人占多大的比例，这就叫人体尺寸的"分布状况"。GB/T 10000—1988 采用两种方法描述人体尺寸的分布状况。

（1）**每一项人体尺寸都给出 7 个百分位数的数据**　这 7 个百分位数分别是 1 百分位数、5 百分位数、10 百分位数、50 百分位数、90 百分位数、95 百分位数和 99 百分位数。常用符号 $P_1$、$P_5$、$P_{10}$、$P_{50}$、$P_{90}$、$P_{95}$、$P_{99}$ 来分别表示它们。其中前 3 个称为小百分位数，后 3 个称为大百分位数，50 百分位数则称为中百分位数。

百分位数是一种位置指标、一个界值，$K$ 百分位数 $P_K$ 将群体或样本的全部观测值分为两部分，有 $K\%$ 的观测值等于和小于它，有 $(100-K)\%$ 的观测值大于它。人体尺寸用百分位数表示时，称为人体尺寸百分位数。

**例 1**　从表 2-1 可以查得，中国成年男子（18~60 岁）身高的 95 百分位数是 $P_{95}=$ 1775mm，这就表示：中国成年男子（18~60 岁）中有 95% 的人身高等于和小于 1775mm，有 $(100-95)\%=5\%$ 的人身高大于 1775mm。

**例 2**　从表 2-1 可以查得，中国成年女子（18~55 岁）体重的 5 百分位数是 $P_5=42$kg，这就表示：中国成年女子（18~55 岁）中有 5% 的人体重等于和小于 42kg，有 $(100-5)\%=$ 95% 的人体重大于 42kg。

GB/T 10000—1988 中的每一个数据表格都是用这 7 个百分位数表示的，所以这是 GB/T 10000—1988 描述人体尺寸分布状况的主要方法，也是设计中通常采用的、比较方便的方法。

（2）**给出人体尺寸均值和标准差**　这是 GB/T 10000—1988 描述人体尺寸分布状况的补充方法，只对 6 个地区（华北和东北、西北、东南、华中、华南、西南）中国人的身高、体重、胸围 3 个人体尺寸，以及男 18~60 岁、女 18~55 岁各一个年龄段的人体尺寸给出了均值和标准差。人体尺寸的均值和标准差可用于中国人体尺寸的理论分析，必要时也可用来推算出所有百分位数的人体尺寸数值，推算方法参看本节"三、人体尺寸的地区差异和时代差异"中的计算公式。

## 二、常用人体尺寸数据摘录及简要分析

GB/T 10000—1988 是我国重要的人机工程技术标准，其数据在设计中经常用到。现选摘部分数表并进行一些说明。

在 7 组人体尺寸中选摘下列 5 组的图例和人体尺寸数据表：人体主要尺寸、立姿人体尺寸、坐姿人体尺寸、人体水平尺寸、人体头部尺寸，但只摘出男、女各一个年龄段（男 18~60 岁、女 18~55 岁）的数据。工作中要用到其他年龄段等数据时，可直接查阅 GB/T 10000—1988。

**1. 人体主要尺寸**

人体主要尺寸的 6 个项目见图 2-16 和表 2-1。

表 2-1　人体主要尺寸 （单位：mm）

| 测量项目 | 年龄分组<br>百分位数 | 男（18~60 岁） | | | | | | | 女（18~55 岁） | | | | | | |
|---|---|---|---|---|---|---|---|---|---|---|---|---|---|---|---|
| | | 1 | 5 | 10 | 50 | 90 | 95 | 99 | 1 | 5 | 10 | 50 | 90 | 95 | 99 |
| 1.1 身高 | | 1543 | 1583 | 1604 | 1678 | 1754 | 1775 | 1814 | 1449 | 1484 | 1503 | 1570 | 1640 | 1659 | 1697 |
| 1.2 体重/kg | | 44 | 48 | 50 | 59 | 70 | 75 | 83 | 39 | 42 | 44 | 52 | 63 | 66 | 71 |
| 1.3 上臂长 | | 279 | 289 | 294 | 313 | 333 | 338 | 349 | 252 | 262 | 267 | 284 | 303 | 302 | 319 |
| 1.4 前臂长 | | 206 | 216 | 220 | 237 | 253 | 258 | 268 | 185 | 193 | 198 | 213 | 229 | 234 | 242 |
| 1.5 大腿长 | | 413 | 428 | 436 | 465 | 496 | 505 | 523 | 387 | 402 | 410 | 438 | 467 | 476 | 494 |
| 1.6 小腿长 | | 324 | 338 | 344 | 369 | 396 | 403 | 419 | 300 | 313 | 319 | 344 | 370 | 375 | 390 |

现对表 2-1 做两点说明：第一，除了身高、体重以外，为什么把上臂长、前臂长、大腿长、小腿长列为人体的"主要"尺寸呢？对此一般的回答是：因为人机学研究的目标是提高工作效率、劳动效率，而这几个人体尺寸与人工作、劳动的情况具有特别密切的关系。第二，从表 2-1 看，中国成年男子、成年女子的平均身高（即身高的 50 百分位数）分别是 1678mm 和 1570mm，读者有何感想？是否觉得中等身材的中国人应该比这个数字还要高一点？对此稍后将有所分析讨论。

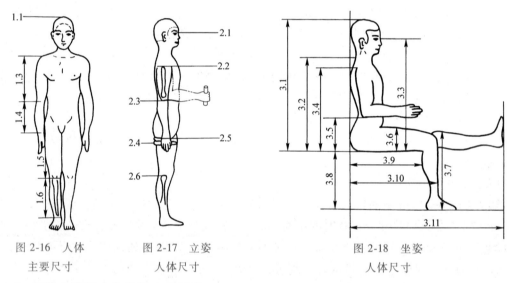

图 2-16　人体
主要尺寸

图 2-17　立姿
人体尺寸

图 2-18　坐姿
人体尺寸

**2. 立姿人体尺寸和坐姿人体尺寸**

立姿人体尺寸的 6 个项目见图 2-17 和表 2-2；坐姿人体尺寸的 11 个项目见图 2-18 和表 2-3。

表 2-2　立姿人体尺寸 （单位：mm）

| 测量项目 | 年龄分组<br>百分位数 | 男（18~60 岁） | | | | | | | 女（18~55 岁） | | | | | | |
|---|---|---|---|---|---|---|---|---|---|---|---|---|---|---|---|
| | | 1 | 5 | 10 | 50 | 90 | 95 | 99 | 1 | 5 | 10 | 50 | 90 | 95 | 99 |
| 2.1 眼高 | | 1436 | 1474 | 1495 | 1568 | 1643 | 1664 | 1705 | 1337 | 1371 | 1388 | 1454 | 1522 | 1541 | 1579 |
| 2.2 肩高 | | 1244 | 1281 | 1299 | 1367 | 1435 | 1455 | 1494 | 1166 | 1195 | 1211 | 1271 | 1333 | 1350 | 1385 |
| 2.3 肘高 | | 925 | 954 | 968 | 1024 | 1079 | 1096 | 1128 | 873 | 899 | 913 | 960 | 1009 | 1023 | 1050 |
| 2.4 手功能高 | | 656 | 680 | 693 | 741 | 787 | 801 | 828 | 630 | 650 | 662 | 704 | 746 | 757 | 778 |
| 2.5 会阴高 | | 701 | 728 | 741 | 790 | 840 | 856 | 887 | 648 | 673 | 686 | 732 | 779 | 792 | 819 |
| 2.6 胫骨点高 | | 394 | 409 | 417 | 444 | 472 | 481 | 498 | 363 | 377 | 384 | 410 | 437 | 444 | 459 |

表 2-3　坐姿人体尺寸　　　　　　　　　　　　　　　　　（单位：mm）

| 测量项目　　　年龄分组　　　百分位数 | 男（18～60岁） | | | | | | | 女（18～55岁） | | | | | | |
|---|---|---|---|---|---|---|---|---|---|---|---|---|---|---|
| | 1 | 5 | 10 | 50 | 90 | 95 | 99 | 1 | 5 | 10 | 50 | 90 | 95 | 99 |
| 3.1 坐高 | 836 | 858 | 870 | 908 | 947 | 958 | 979 | 789 | 809 | 819 | 855 | 891 | 901 | 920 |
| 3.2 坐姿颈椎点高 | 599 | 615 | 624 | 657 | 691 | 701 | 719 | 563 | 579 | 587 | 617 | 648 | 657 | 675 |
| 3.3 坐姿眼高 | 729 | 749 | 761 | 798 | 836 | 847 | 868 | 678 | 695 | 704 | 739 | 773 | 783 | 803 |
| 3.4 坐姿肩高 | 539 | 557 | 566 | 598 | 631 | 641 | 659 | 504 | 518 | 526 | 556 | 585 | 594 | 609 |
| 3.5 坐姿肘高 | 214 | 228 | 235 | 263 | 291 | 298 | 312 | 201 | 215 | 223 | 251 | 277 | 284 | 299 |
| 3.6 坐姿大腿厚 | 103 | 112 | 116 | 130 | 146 | 151 | 160 | 107 | 113 | 117 | 130 | 146 | 151 | 160 |
| 3.7 坐姿膝高 | 441 | 456 | 461 | 493 | 523 | 532 | 549 | 410 | 424 | 431 | 458 | 485 | 493 | 507 |
| 3.8 小腿加足高 | 372 | 383 | 389 | 413 | 439 | 448 | 463 | 331 | 342 | 350 | 382 | 399 | 405 | 417 |
| 3.9 坐深 | 407 | 421 | 429 | 457 | 486 | 494 | 510 | 388 | 401 | 408 | 433 | 461 | 469 | 485 |
| 3.10 臀膝距 | 499 | 515 | 524 | 554 | 585 | 595 | 613 | 481 | 495 | 502 | 529 | 561 | 570 | 587 |
| 3.11 坐姿下肢长 | 892 | 921 | 937 | 992 | 1046 | 1063 | 1096 | 826 | 851 | 865 | 912 | 960 | 975 | 1005 |

　　关于表 2-2 和表 2-3，值得说明的问题是：立姿或坐姿下的人体尺寸项目多得很，为什么国家标准要选出表中所列的这些人体尺寸项目来呢？

　　回答是明确的：对工作、劳动而言，或对器物设计而言，表列的这些人体尺寸项目都比较重要。现从表 2-2、表 2-3 中摘出 10 个人体尺寸项目，在表 2-4 中简要说明其应用场合。希望读者举一反三，思考表 2-2、表 2-3 中其他人体尺寸项目的应用场合。

表 2-4　国标中部分人体尺寸项目的应用场合举例

| 人体尺寸项目 | 应用场合举例 |
|---|---|
| 2.1 立姿眼高 | 立姿下需要视线通过或需要隔断视线的场合，例如病房、监护室、值班岗亭门上玻璃窗的高度，一般屏风及开敞式大办公室隔板的高度等，商品陈列橱窗、展台展板及广告布置等 |
| 2.3 立姿肘高 | 立姿下，上臂下垂、前臂大体举平时，手的高度略低于肘高，这是立姿下手操作工作的最适宜高度，因此设计中非常重要，轮船驾驶，机床操作，厨房里洗菜、切菜、炒菜，教室讲台高度等都要考虑它 |
| 2.4 立姿手功能高 | 这是立姿下不需要弯腰的最低操作件高度；行走时让手提包、手提箱不拖到地面上等要求，均与这一人体尺寸有关 |
| 2.5 立姿会阴高 | 草坪的防护栏杆是否容易跨越、男性公厕中小便接斗的高度、自行车鞍座与脚踏的距离等，都与它有关 |
| 3.1 坐高 | 双层床、客轮双层铺、火车卧铺的设计，复式跃层住宅的空间利用等与它有关 |
| 3.3 坐姿眼高 | 坐姿下需要视线通过或需要隔断视线的场合，影剧院、阶梯教室的坡度设计，汽车驾驶的视野分析，需要避免视觉干扰的窗户高度，计算机、电视机屏幕的放置高度，其他坐着观察的对象的合理排布等 |
| 3.5 坐姿肘高 | 座椅扶手高度设计，与坐姿工作、坐姿操作有关的各种机器与器物，例如坐姿操作生产线工作台的高度，书桌、餐桌的高度设计等 |
| 3.6 坐姿大腿厚 | 椅面之上、桌面抽屉下面的空间，是否容得下大腿或允许大腿有一些活动余地 |
| 3.8 小腿加足高 | 很重要，座椅椅面高度设计的依据 |
| 3.9 坐深 | 座椅、沙发座深设计的依据 |

　**3. 人体水平尺寸**

　　人体水平尺寸的 10 个项目见图 2-19 和表 2-5。

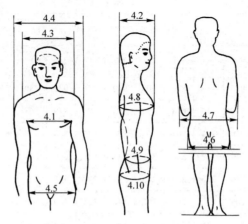

图 2-19　人体水平尺寸

表 2-5　人体水平尺寸　　　　　　　　　　　　　　　　　　　　（单位：mm）

| 年龄分组 百分位数 测量项目 | 男（18～60 岁） | | | | | | | 女（18～55 岁） | | | | | | |
|---|---|---|---|---|---|---|---|---|---|---|---|---|---|---|
| | 1 | 5 | 10 | 50 | 90 | 95 | 99 | 1 | 5 | 10 | 50 | 90 | 95 | 99 |
| 4.1 胸宽 | 242 | 253 | 259 | 280 | 307 | 315 | 331 | 219 | 233 | 239 | 260 | 289 | 299 | 319 |
| 4.2 胸厚 | 176 | 186 | 191 | 212 | 237 | 245 | 261 | 159 | 170 | 176 | 199 | 230 | 239 | 260 |
| 4.3 肩宽 | 330 | 344 | 351 | 375 | 397 | 403 | 415 | 304 | 320 | 328 | 351 | 371 | 377 | 387 |
| 4.4 最大肩宽 | 383 | 398 | 405 | 431 | 460 | 469 | 486 | 347 | 363 | 371 | 397 | 428 | 438 | 458 |
| 4.5 臀宽 | 273 | 282 | 288 | 306 | 327 | 334 | 346 | 275 | 290 | 296 | 317 | 340 | 346 | 360 |
| 4.6 坐姿臀宽 | 284 | 295 | 300 | 321 | 347 | 355 | 369 | 295 | 310 | 318 | 344 | 374 | 382 | 400 |
| 4.7 坐姿两肘间宽 | 353 | 371 | 381 | 422 | 473 | 489 | 518 | 326 | 348 | 360 | 404 | 460 | 378 | 509 |
| 4.8 胸围 | 762 | 791 | 806 | 867 | 944 | 970 | 1018 | 717 | 745 | 760 | 825 | 919 | 949 | 1005 |
| 4.9 腰围 | 620 | 650 | 665 | 735 | 859 | 895 | 960 | 622 | 659 | 680 | 772 | 904 | 950 | 1025 |
| 4.10 臀围 | 780 | 805 | 820 | 875 | 948 | 970 | 1009 | 795 | 824 | 840 | 900 | 975 | 1000 | 1044 |

表 2-5 中所列的 10 项人体水平尺寸的应用场合，建议读者参照表 2-4 的方法认真自行思考。

**4. 人体头部尺寸**

人体头部尺寸的 7 个项目见图 2-20 和表 2-6。

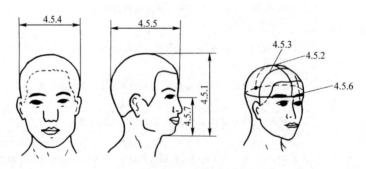

图 2-20　人体头部尺寸

表 2-6　人体头部尺寸　　　　　　　　　　　　　　　　　　　　（单位：mm）

| 年龄分组 百分位数 测量项目 | 男（18～60 岁） | | | | | | | 女（18～55 岁） | | | | | | |
|---|---|---|---|---|---|---|---|---|---|---|---|---|---|---|
| | 1 | 5 | 10 | 50 | 90 | 95 | 99 | 1 | 5 | 10 | 50 | 90 | 95 | 99 |
| 4.5.1 头全高 | 199 | 206 | 210 | 223 | 237 | 241 | 249 | 193 | 200 | 203 | 216 | 228 | 232 | 239 |
| 4.5.2 头矢状弧 | 314 | 324 | 329 | 350 | 370 | 375 | 384 | 300 | 310 | 313 | 329 | 344 | 349 | 358 |
| 4.5.3 头冠状弧 | 330 | 338 | 344 | 361 | 378 | 383 | 392 | 318 | 327 | 332 | 348 | 366 | 372 | 381 |

（续）

| 年龄分组<br>百分位数<br>测量项目 | 男（18~60岁） | | | | | | | 女（18~55岁） | | | | | | |
|---|---|---|---|---|---|---|---|---|---|---|---|---|---|---|
| | 1 | 5 | 10 | 50 | 90 | 95 | 99 | 1 | 5 | 10 | 50 | 90 | 95 | 99 |
| 4.5.4 头最大宽 | 141 | 145 | 146 | 154 | 162 | 164 | 168 | 137 | 141 | 143 | 149 | 156 | 158 | 162 |
| 4.5.5 头最大长 | 168 | 173 | 175 | 184 | 192 | 195 | 200 | 161 | 165 | 167 | 176 | 184 | 187 | 191 |
| 4.5.6 头围 | 525 | 536 | 541 | 560 | 580 | 586 | 597 | 510 | 520 | 525 | 546 | 567 | 573 | 585 |
| 4.5.7 形态面长 | 104 | 109 | 111 | 119 | 128 | 130 | 135 | 97 | 100 | 102 | 109 | 117 | 119 | 123 |

## 三、人体尺寸的地区差异和时代差异

### 1. 地区差异

不同地区的人群，由于民族、气候条件、饮食结构等方面不同的长期影响，人体尺寸存在着差异。GB/T 10000—1988 按全国划分为 6 个地区考虑，给出了 6 个地区人群体重、身高和胸围 3 种人体尺寸的数据，见表 2-7。

表 2-7　中国 6 个地区成年人体重、身高、胸围的数据

| 项目 | | 东北、华北 | | 西北 | | 东南 | | 华中 | | 华南 | | 西南 | |
|---|---|---|---|---|---|---|---|---|---|---|---|---|---|
| | | 均值 | 标准差 | 均值 | 标准差 | 均值 | 标准差 | 均值 | 标准差 | 均值 | 标准差 | 均值 | 标准差 |
| 男<br>（18~60岁） | 体重/kg | 64 | 8.2 | 60 | 7.6 | 59 | 7.7 | 57 | 6.9 | 56 | 6.9 | 55 | 6.8 |
| | 身高/mm | 1693 | 56.6 | 1684 | 53.7 | 1686 | 55.2 | 1669 | 56.3 | 1650 | 57.1 | 1647 | 56.7 |
| | 胸围/mm | 888 | 55.5 | 880 | 51.5 | 865 | 52.0 | 853 | 49.2 | 851 | 48.9 | 855 | 48.3 |
| 女<br>（18~55岁） | 体重/kg | 55 | 7.7 | 52 | 7.1 | 51 | 7.2 | 50 | 6.8 | 49 | 6.5 | 50 | 6.9 |
| | 身高/mm | 1586 | 51.8 | 1575 | 51.9 | 1575 | 50.8 | 1560 | 50.7 | 1549 | 49.7 | 1546 | 53.9 |
| | 胸围/mm | 848 | 66.4 | 837 | 55.9 | 831 | 59.8 | 820 | 55.8 | 819 | 57.6 | 809 | 58.8 |

由表 2-7 可知，我国 6 个地区中，华北和东北地区人群的身材较为高大，下面依次是东南、西北、华中、华南 4 个地区，其中西南地区人群的身材较为矮小。数据表明差距还是相当明显的。以身高为例：

华北和东北地区与西南地区男子身高均值相差 1693mm－1647mm＝46mm。

华北和东北地区与西南地区女子身高均值相差 1586mm－1546mm＝40mm。

设计工作中如果要用到某个地区某项人体尺寸的某个百分位数，可由相应人体尺寸的均值和标准差直接推算得到，公式为

$$P_K = x \pm K\sigma$$

式中　$P_K$——人体尺寸的 $K$ 百分位数；

　　　$x$——相应人体尺寸的均值（可由表 2-7 中查得）；

　　　$\sigma$——相应人体尺寸的标准差（可查表 2-7 中查得）；

　　　$K$——转换系数，见表 2-8。

当求 1~50 百分位之间的百分位数时，式中取"－"号；

当求 50~99 百分位之间的百分位数时，式中取"＋"号。

表 2-8　由均值和标准差计算百分位数的转换系数

| 百分位数 | 转换系数 $K$ | 百分位数 | 转换系数 $K$ | 百分位数 | 转换系数 $K$ | 百分位数 | 转换系数 $K$ |
|---|---|---|---|---|---|---|---|
| 0.5 | 2.576 | 20 | 0.842 | 70 | 0.524 | 97.5 | 1.960 |
| 1.0 | 2.326 | 25 | 0.674 | 75 | 0.674 | 98 | 2.05 |
| 2.5 | 1.960 | 30 | 0.524 | 80 | 0.842 | 99 | 2.326 |
| 5 | 1.645 | 40 | 0.25 | 85 | 1.036 | 99.5 | 2.576 |
| 10 | 1.282 | 50 | 0.00 | 90 | 1.282 | | |
| 15 | 1.036 | 60 | 0.25 | 95 | 1.645 | | |

**例3** 求华北和东北地区女子（18~55岁）身高的95百分位数 $P_{95}$。

**解** 由表2-7查得华北和东北地区女子（18~55岁）身高的均值 $x$ 和标准差 $\sigma$ 分别为

$$x = 1586mm \qquad \sigma = 51.8mm$$

由表2-8查得转换系数 $K = 1.645$。

代入算式 $\quad P_{95} = x + K\sigma = 1586mm + 1.645 \times 51.8mm = 1671mm$

**2. 时代差异**

由于生活水平提高，营养改善，同一民族、同一地区人群的人体尺寸存在时代差异，在社会经济发展快的时期更加明显，且青少年的时代差异比成年人的时代差异更显著。

在欧美一些国家，人体尺寸的时代差异从20世纪初期明显地显现出来，日本则始于20世纪五六十年代。我国从20世纪70年代末开始改革开放以来，经济发展迅速，生活水平提高很快，而GB/T 10000—1988《中国成年人人体尺寸》制定于改革开放之初的20世纪80年代中期，与当今的现状存在时代差异是肯定的。

研究指出，一个国家或民族，生活水平提高导致的人体尺寸增加，一般会延续几十年，但人体尺寸增加的速度会越来越慢。例如欧洲、北美国家从20世纪后半叶开始，日本在20世纪最后+几年间，平均身高的增加都已经很缓慢了。欧洲、北美国家在20世纪最后十几年中，平均身高已基本稳定下来，平均体重还有小幅度的增加。上述情况有助于预测今后中国人体尺寸变化的大体趋势。

青少年人体尺寸的时代差异比成年人更为显著，原因是营养改善使青少年发育年龄提前。20世纪末期的一项调查显示，考入上海市高校的上海籍新生，与20世纪50年代同类学生相比，平均身高增加100~120mm之多。这一数字自然远远高于同期成年人身高的差异，其原因是：在20世纪50年代，上大学以后还继续长身高的学生并不少见，而后期青少年身高的发育在中学时期都已完成。

我国"第二次全国人体尺寸测量调查"工作分两阶段进行，第一阶段针对4~17岁的未成年人，第二阶段针对成年人。设计界翘首期待中国成年人人体尺寸新国标的早日颁布。

## 四、未成年人和老年人的人体尺寸

**1. GB/T 26158—2010《中国未成年人人体尺寸》概略**

GB/T 26158—2010《中国未成年人人体尺寸》于2011年1月14日发布，2011年7月1日实施。

该国标给出了中国男、女未成年人（4~17岁）72项人体尺寸的11个百分位数。

年龄段分5个：4~6岁，7~10岁，11~12岁，13~15岁，16~17岁。

自然区域分6个：东北和华北、中西部、长江下游、长江中游、两广福建、云贵川。

这个国标中的资料丰富详尽，图表甚多，现摘录其中的一个数表"13~15岁未成年男子人体尺寸的百分位数"，见表2-9。

**表2-9　13~15岁未成年男子人体百分位数**（GB/T 26158—2010）　（单位：mm）

| 测量项目 | | 百分位数 | | | | | | | | | | |
|---|---|---|---|---|---|---|---|---|---|---|---|---|
| | | 1 | 2.5 | 5 | 10 | 25 | 50 | 75 | 90 | 95 | 97.5 | 99 |
| 立姿测量项目 | | | | | | | | | | | | |
| 1 | 体重/kg | 29.9 | 32.3 | 34.7 | 38.2 | 43.7 | 50.5 | 58.8 | 69.4 | 76.3 | 83.5 | 90.6 |
| 2 | 身高 | 1412 | 1438 | 1469 | 1506 | 1574 | 1638 | 1694 | 1740 | 1765 | 1790 | 1816 |
| 3 | 眼高 | 1287 | 1312 | 1339 | 1379 | 1443 | 1506 | 1559 | 1605 | 1630 | 1652 | 1671 |
| 4 | 颈椎点高 | 1170 | 1201 | 1227 | 1262 | 1321 | 1378 | 1432 | 1472 | 1494 | 1515 | 1537 |

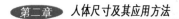

（续）

| 测量项目 | | 百分位数 | | | | | | | | | | |
|---|---|---|---|---|---|---|---|---|---|---|---|---|
| | | 1 | 2.5 | 5 | 10 | 25 | 50 | 75 | 90 | 95 | 97.5 | 99 |
| 立姿测量项目 | | | | | | | | | | | | |
| 5 | 颏下点高 | 1183 | 1212 | 1237 | 1273 | 1335 | 1396 | 1447 | 1490 | 1515 | 1537 | 1559 |
| 6 | 肩高 | 1115 | 1147 | 1173 | 1205 | 1259 | 1312 | 1364 | 1404 | 1427 | 1448 | 1475 |
| 7 | 桡骨茎突点高 | 666 | 678 | 693 | 716 | 747 | 781 | 814 | 839 | 854 | 868 | 883 |
| 8 | 中指指点高 | 575 | 595 | 606 | 627 | 656 | 688 | 717 | 742 | 757 | 768 | 786 |
| 9 | 中指指尖点高 | 507 | 521 | 533 | 548 | 573 | 601 | 627 | 651 | 664 | 677 | 689 |
| 10 | 会阴高 | 611 | 626 | 641 | 659 | 688 | 717 | 749 | 773 | 789 | 806 | 820 |
| 11 | 胫骨点高 | 346 | 357 | 366 | 377 | 395 | 414 | 435 | 453 | 462 | 472 | 485 |
| 12 | 髂前上棘点高 | 760 | 782 | 802 | 823 | 859 | 894 | 929 | 958 | 978 | 992 | 1011 |
| 13 | 上肢长 | 603 | 620 | 632 | 650 | 679 | 711 | 737 | 761 | 773 | 783 | 798 |
| 14 | 上臂长 | 253 | 260 | 267 | 275 | 289 | 303 | 318 | 330 | 336 | 343 | 349 |
| 15 | 前臂长 | 184 | 191 | 195 | 202 | 213 | 224 | 238 | 249 | 256 | 260 | 267 |
| 16 | 大腿长 | 393 | 409 | 420 | 433 | 455 | 479 | 502 | 523 | 534 | 546 | 558 |
| 17 | 小腿长 | 300 | 311 | 318 | 329 | 346 | 365 | 383 | 401 | 412 | 419 | 430 |
| 18 | 最大体宽 | 342 | 351 | 362 | 374 | 394 | 417 | 444 | 473 | 496 | 512 | 540 |
| 19 | 肩最大宽 | 334 | 345 | 352 | 362 | 381 | 402 | 423 | 442 | 455 | 469 | 482 |
| 20 | 肩宽 | 297 | 305 | 312 | 322 | 339 | 357 | 376 | 392 | 400 | 406 | 415 |
| 21 | 胸宽 | 244 | 252 | 259 | 267 | 282 | 301 | 320 | 338 | 352 | 360 | 373 |
| 22 | 腰宽 | 207 | 215 | 221 | 229 | 242 | 259 | 280 | 311 | 327 | 339 | 362 |
| 23 | 两髂嵴点间宽 | 216 | 222 | 229 | 236 | 249 | 265 | 285 | 312 | 325 | 341 | 361 |
| 24 | 臀宽 | 251 | 258 | 268 | 277 | 293 | 311 | 329 | 347 | 361 | 372 | 385 |
| 25 | 体厚 | 185 | 189 | 195 | 202 | 213 | 228 | 247 | 269 | 285 | 296 | 311 |
| 26 | 乳头点胸厚 | 166 | 170 | 175 | 181 | 192 | 205 | 221 | 242 | 256 | 265 | 283 |
| 27 | 胸厚 | 157 | 162 | 167 | 173 | 183 | 197 | 212 | 229 | 240 | 249 | 262 |
| 28 | 腹厚 | 141 | 147 | 152 | 157 | 167 | 180 | 203 | 233 | 255 | 268 | 286 |
| 29 | 膝厚 | 89 | 94 | 97 | 101 | 106 | 113 | 120 | 126 | 131 | 135 | 140 |
| 30 | 颈围 | 262 | 272 | 279 | 288 | 303 | 322 | 341 | 360 | 372 | 384 | 398 |
| 31 | 胸围 | 666 | 688 | 705 | 727 | 769 | 822 | 885 | 963 | 1008 | 1045 | 1102 |
| 32 | 肘围 | 173 | 180 | 186 | 194 | 206 | 220 | 237 | 253 | 265 | 276 | 288 |
| 33 | 前臂围 | 171 | 180 | 186 | 193 | 207 | 222 | 238 | 255 | 265 | 274 | 285 |
| 34 | 腕围 | 123 | 129 | 133 | 139 | 148 | 158 | 168 | 179 | 185 | 192 | 200 |
| 35 | 腰围 | 541 | 559 | 571 | 587 | 621 | 663 | 733 | 834 | 887 | 936 | 992 |
| 36 | 腹围 | 570 | 586 | 600 | 619 | 651 | 697 | 768 | 868 | 923 | 973 | 1031 |
| 37 | 臀围 | 697 | 719 | 741 | 764 | 807 | 856 | 907 | 967 | 1011 | 1052 | 1095 |
| 38 | 大腿围 | 380 | 390 | 402 | 416 | 445 | 480 | 525 | 573 | 603 | 629 | 658 |
| 39 | 腿肚围 | 265 | 276 | 284 | 295 | 313 | 335 | 361 | 387 | 405 | 421 | 439 |
| 坐姿测量项目 | | | | | | | | | | | | |
| 40 | 坐高 | 740 | 758 | 773 | 791 | 827 | 866 | 899 | 924 | 939 | 953 | 964 |
| 41 | 膝高 | 421 | 432 | 443 | 457 | 474 | 493 | 512 | 527 | 536 | 544 | 554 |
| 42 | 眼高 | 621 | 632 | 650 | 669 | 704 | 740 | 773 | 798 | 813 | 827 | 838 |

（续）

| 测量项目 | | 百分位数 | | | | | | | | | | |
|---|---|---|---|---|---|---|---|---|---|---|---|---|
| | | 1 | 2.5 | 5 | 10 | 25 | 50 | 75 | 90 | 95 | 97.5 | 99 |
| 坐姿测量项目 | | | | | | | | | | | | |
| 43 | 颈椎点高 | 509 | 524 | 536 | 553 | 581 | 617 | 644 | 668 | 679 | 690 | 704 |
| 44 | 肩高 | 469 | 480 | 491 | 509 | 534 | 563 | 589 | 610 | 628 | 639 | 654 |
| 45 | 小腿加足高（腘高） | 342 | 356 | 363 | 371 | 386 | 403 | 421 | 439 | 447 | 454 | 465 |
| 46 | 臀宽 | 245 | 254 | 262 | 271 | 289 | 309 | 330 | 350 | 362 | 376 | 391 |
| 47 | 大腿厚 | 97 | 101 | 105 | 108 | 119 | 130 | 144 | 155 | 163 | 170 | 177 |
| 48 | 臀-膝距 | 470 | 482 | 494 | 508 | 530 | 554 | 577 | 596 | 608 | 619 | 632 |
| 49 | 臀-腘距 | 378 | 391 | 403 | 416 | 437 | 461 | 482 | 501 | 511 | 519 | 532 |
| 50 | 腹围 | 583 | 603 | 620 | 642 | 678 | 729 | 809 | 911 | 970 | 1030 | 1099 |
| 51 | 肘高 | 173 | 181 | 191 | 199 | 217 | 235 | 253 | 271 | 285 | 293 | 310 |
| 52 | 肩肘距 | 271 | 282 | 289 | 296 | 311 | 325 | 340 | 354 | 361 | 368 | 376 |
| 头部测量项目 | | | | | | | | | | | | |
| 53 | 头全高 | 199 | 202 | 208 | 213 | 220 | 231 | 238 | 246 | 253 | 256 | 260 |
| 54 | 头宽 | 149 | 151 | 154 | 156 | 161 | 165 | 170 | 175 | 177 | 179 | 182 |
| 55 | 头长 | 171 | 174 | 177 | 180 | 185 | 191 | 196 | 202 | 206 | 209 | 211 |
| 56 | 形态面长 | 101 | 103 | 105 | 110 | 116 | 120 | 126 | 130 | 132 | 135 | 141 |
| 57 | 头矢状弧 | 300 | 307 | 313 | 320 | 331 | 342 | 355 | 366 | 372 | 378 | 386 |
| 58 | 眉间顶颈弧长 | 425 | 432 | 439 | 448 | 461 | 476 | 494 | 510 | 521 | 533 | 548 |
| 59 | 头围 | 509 | 519 | 526 | 533 | 545 | 559 | 576 | 592 | 602 | 613 | 624 |
| 60 | 耳屏间弧 | 323 | 329 | 335 | 342 | 353 | 363 | 374 | 383 | 390 | 394 | 400 |
| 61 | 头冠状围 | 547 | 561 | 574 | 591 | 615 | 638 | 659 | 678 | 687 | 694 | 703 |
| 手部测量项目 | | | | | | | | | | | | |
| 62 | 手长 | 151 | 156 | 160 | 164 | 172 | 180 | 187 | 193 | 196 | 199 | 202 |
| 63 | 手宽 | 68 | 70 | 71 | 73 | 77 | 80 | 83 | 86 | 88 | 89 | 91 |
| 64 | 拇指长 | 47 | 48 | 50 | 51 | 55 | 58 | 61 | 64 | 65 | 66 | 68 |
| 65 | 食指长 | 57 | 59 | 61 | 63 | 66 | 69 | 73 | 76 | 78 | 79 | 81 |
| 66 | 中指长 | 64 | 66 | 68 | 71 | 74 | 78 | 82 | 85 | 87 | 88 | 90 |
| 67 | 无名指长 | 60 | 62 | 64 | 66 | 69 | 73 | 76 | 79 | 81 | 83 | 84 |
| 68 | 小指长 | 46 | 48 | 49 | 51 | 54 | 57 | 60 | 63 | 64 | 65 | 67 |
| 69 | 食指近位宽 | 15 | 15 | 16 | 16 | 17 | 19 | 20 | 21 | 21 | 22 | 22 |
| 70 | 食指远位宽 | 13 | 14 | 14 | 15 | 15 | 16 | 17 | 18 | 19 | 20 | 20 |
| 足部测量项目 | | | | | | | | | | | | |
| 71 | 足长 | 214 | 220 | 225 | 231 | 240 | 249 | 257 | 265 | 270 | 274 | 278 |
| 72 | 足宽 | 64 | 69 | 73 | 77 | 82 | 88 | 95 | 100 | 104 | 107 | 110 |

**2. 老年人的人体尺寸**

"成年人"的含义一般包括老年人在内。例如中华人民共和国国家卫生和计划委员会（以下简称"国家卫计委"）发布的《中国居民营养与慢性病状况报告（2015）》显示：全国18岁以上成年男性和女性的平均身高分别为1671mm和1558mm。而 GB/T 10000—1988 中对应的数据为 1678mm 和 1570mm。——问题来了：不是说近 30 年来中国人的平均身高增加了吗，怎么 2015 的数据比 1988 年发布的平均身高数据还略小一些呢？缘由在于，GB/T 10000—1988《中国成年人人体尺寸》涵盖的年龄是 18~60 岁，没有把对 61 岁以上老年人的测量统计在内。

进入老年以后，人体尺寸都会发生变化，70 岁、80 岁时的身高比 20 岁时降低了多少，虽因人而异，但一般是相当明显的，老年女性的变化比老年男性更加显著。2015 的数据是包含老年人在内的平均身高，所以小于 GB/T 10000—1988 中的相应数值。

从事老年人用品设计，必须立足于老年人的数据资料。

### 五、其他几个国家的成年人人体尺寸

经济与市场全球化的趋势在发展，中国已经深度融入世界市场，产品越来越多地销往海外各国，产品与销往国人体尺寸的适应性问题已经摆在很多企业的面前。设计中必然要用到其他国家的人体尺寸。表 2-10 是部分其他国家成年人身高的参考数据。

表 2-10　部分其他国家成年人身高的参考数据　　　　　（单位：mm）

| 序号 | 国　　家 | 性别 | 均值 | 标准差 | 百　分　位　数 | | | | | | | | | | |
| --- | --- | --- | --- | --- | --- | --- | --- | --- | --- | --- | --- | --- | --- | --- | --- |
| | | | | | 1 | 10 | 20 | 30 | 40 | 50 | 60 | 70 | 80 | 90 | 99 |
| 1 | 日本（市民） | 男 | 1657 | 52 | 1529 | 1584 | 1607 | 1624 | 1638 | 1657 | 1664 | 1678 | 1895 | 1718 | 1773 |
| 2 | 日本（市民） | 女 | 1544 | 50 | 1429 | 1481 | 1502 | 1518 | 1532 | 1544 | 1556 | 1570 | 1586 | 1607 | 1659 |
| 3 | 日本（飞行员） | 男 | 1669 | 48 | 1557 | 1607 | 1629 | 1644 | 1657 | 1669 | 1681 | 1694 | 1709 | 1730 | 1781 |
| 4 | 美国（市民） | 男 | 1755 | 72 | 1587 | 1662 | 1691 | 1717 | 1737 | 1755 | 1773 | 1793 | 1816 | 1848 | 1923 |
| 5 | 美国（市民） | 女 | 1618 | 62 | 1474 | 1539 | 1566 | 1585 | 1602 | 1618 | 1634 | 1651 | 1670 | 1697 | 762 |
| 6 | 美国（军人） | 男 | 1755 | 62 | 1611 | 1676 | 1703 | 1723 | 1740 | 1755 | 1771 | 1788 | 1807 | 1835 | 1900 |
| 7 | 英国 | 男 | 1780 | 61 | 1638 | 1702 | 1729 | 1748 | 1765 | 1780 | 1795 | 1812 | 1831 | 1858 | 1932 |
| 8 | 法国 | 男 | 1690 | 61 | 1548 | 1612 | 1639 | 1658 | 1675 | 1690 | 1705 | 1722 | 1741 | 1768 | 1832 |
| 9 | 法国 | 女 | 1590 | 45 | 1485 | 1532 | 1552 | 1566 | 1579 | 1590 | 1601 | 1614 | 1628 | 1648 | 1695 |
| 10 | 意大利 | 男 | 1680 | 66 | 11526 | 1596 | 1625 | 1645 | 1663 | 1680 | 1696 | 1715 | 1735 | 1764 | 1834 |
| 11 | 意大利 | 女 | 1560 | 71 | 1394 | 1469 | 1500 | 1522 | 1542 | 1560 | 1578 | 1591 | 1620 | 1651 | 1726 |
| 12 | 非洲 | 男 | 1680 | 77 | 1501 | 1581 | 1615 | 1639 | 1661 | 1680 | 1699 | 1721 | 1745 | 1779 | 1859 |
| 13 | 非洲 | 女 | 1570 | 45 | 1465 | 1512 | 1532 | 1546 | 1559 | 1570 | 1581 | 1594 | 1608 | 1628 | 1675 |
| 14 | 马来西亚 | 男 | 1540 | 66 | 1386 | 1456 | 1485 | 1505 | 1523 | 1540 | 1556 | 1575 | 1595 | 1624 | 1694 |
| 15 | 马来西亚 | 女 | 1440 | 51 | 1321 | 1375 | 1397 | 1413 | 1427 | 1440 | 1453 | 1467 | 1485 | 1505 | 1559 |

需要指出，不同资料提供的外国人体尺寸数据存在一些差别，表 2-10 只是仅供参考的一个数表，用作设计依据是不可靠的。造成这种情况的原因之一，是各国人体尺寸数据还在不时更新之中。因此，设计中查阅外国人体尺寸数据时，应注意审核它的出处，尤其注意它是否是新近版本的数据。

## 第三节　产品设计中人体尺寸数据的应用方法

讨论人体尺寸数据应用方法时，首先会遇到以下两个问题：

第一，人体尺寸数据是在不穿鞋袜只穿单薄内衣的条件下，并要求被测者保持挺直站立、正直端坐的标准姿势测量得到的，但人们在日常生活和工作中，既要穿鞋袜衣裤，也更适宜于全身自然放松，与人体测量的标准条件并不一致，人体尺寸数据能直接应用吗？怎么应用？

第二，人有高、矮、胖、瘦之分（图2-21），那么公用产品、公共设施、公用空间设计时，该以什么样的人体尺寸为标准呢？应以身材高大者、矮小者，还是以身材中等者为设计的依据？

GB/T 12985—1991《在产品设计中应用人体百分位的通则》中对上述两个问题给出了处理的原则。对室内外环境设计、公共设施设计、工作空间设计，这些原则也同样适用。现介绍 GB/T 12985—1991 的内容如下。

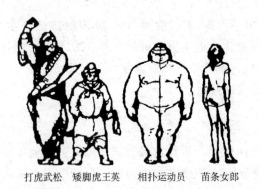

图 2-21　高、矮、胖、瘦不同，
依据谁来设计？

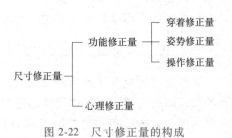

图 2-22　尺寸修正量的构成

## 一、尺寸修正量

解决上述第一个问题的方法是：应用人体尺寸数据时引进尺寸修正量。尺寸修正量的构成见图 2-22。

下面分述各种尺寸修正量的意义和数据示例。

（一）功能修正量

为保证实现产品功能，对所依据的人体尺寸附加的尺寸修正量。

功能修正量所包含 3 个方面的数据示例如下。

**1. 穿着修正量**

1）穿鞋修正量：立姿身高、眼高、肩高、肘高、手功能高、会阴高等，男子：+25mm，女子：+20mm。

2）着衣着裤修正量：坐姿坐高、眼高、肩高、肘高等 +6mm；肩宽、臀宽等 +13mm；胸厚 +18mm；臀膝距 +20mm。

注意两点：

1）上面只是 GB/T 12985—1991 所举的一些数据示例，而设计中可能遇到的问题却远不止这些。例如，穿秋衣或冬装引起的胸围、腰围等围度的变化，戴帽子、戴手套（冬、夏）引起的变化，冬季高寒地区穿马靴引起的变化等，这些多种多样复杂情况下的数据，在技术标准中是不可能一一穷尽的，需要设计者根据具体情况，通过实际测量、实验等方法研究确定。

2）GB/T 12985—1991 提供的上述数据示例，适合于工作或劳动时穿平跟鞋、春秋季穿夹衣夹裤的"一般情况"。若不是这种一般情况，如城市女性穿高跟、半高跟鞋，寒冷地区冬季人们穿较厚的衣裤、鞋帽等情况，也需设计者通过实际调研确定穿着修正量。

**2. 姿势修正量**

人们正常工作、生活时，全身采取自然放松的姿势所引起的人体尺寸变化为：

立姿身高、眼高、肩高、肘高等，-10mm；

坐姿坐高、眼高、肩高、肘高等，-44mm。

**3. 操作修正量**（即实现产品功能所需的修正量）

上肢前展操作，对于"上肢前伸长"（后背到中指指尖的距离，见图 9-2、表 9-2 中的"4.2.3"），按按钮时，-12mm；推滑板推钮、扳拨扳钮开关时，-25mm；取卡片、票证时，

-20mm。

与关于穿着修正量的"两点注意"类似，操作远不限于"上肢前展操作"，操作动作是多种多样的：有用上肢的，也有用下肢的；用上肢时有在前方操作的，也有在其他各种方向操作的；有直臂操作的，也有屈臂操作的；有主要用手指操作的，也有要用手掌、全手甚至手臂操作的；还有各种操作用力形式、用力大小、动作幅度、作业体位等。例如，有时需要用手掌按压较大的蘑菇形总开关按钮，有时需要抓握住握柄推合或拉断电闸、水闸，有时需要用脚踩踏加速踏板或制动等，这些操作修正量的数据在 GB/T 12985—1991 中没有列出。所以，更多"操作修正量"数据，同样需要设计者根据实际情况，通过研究实测来确定。

（二）心理修正量

为了消除空间压抑感、恐惧感，或为了美观等心理因素而加的尺寸修正量。

例如，对于 3~5m 高的平台上的护栏，其高度只要略高于人们的重心，就能在正常情况下防止平台上人员的跌落事故。但对于更高的平台，人们站在栏杆旁边时，会产生恐惧心理，甚至导致脚下发软，手心和腋下出冷汗，因此有必要把栏杆高度进一步加高。这项附加的加高量就是心理修正量。又如工程机械驾驶室、厂房内起重机操纵室、岗站岗亭的内空间、坦克舱室等处所，倘若其空间大小刚刚能容下人们完成必要的操作或活动，是不够的，因为这样会使人们在其中感到局促和压抑，为此应该放出适当的余裕空间。这种余裕空间就是心理修正量。又如鞋的内底长度应该比人脚长度放一点余量，以防止穿着行走时的"顶痛"。这部分余量属于功能修正量。但若嫌放了这点余量的鞋还不够美观，再增加一个造型美观需要的"超长度"，那就是心理修正量了。

心理修正量应根据需要和许可两个因素来研究确定。普通工程机械驾驶室能给出的余裕空间虽然也不能太大，但坦克舱室里的余裕空间只能更小，因为尽可能地降低坦克高度，对坦克的安全性和机动性太重要了。再以客轮客舱、大学生宿舍和礼堂剧院这三种室内空间来对比，三者的心理空间尺寸修正量显然依次一个比一个应该大得多。研究心理修正量的常用方法是：设置场景，记录被试者的主观评价，综合统计分析后得出数据。

各种尺寸修正量有正值也有负值，总的尺寸修正量是各修正量的代数和，即

尺寸修正量=功能修正量+心理修正量

= （穿着修正量 + 姿势修正量 +操作修正量）+心理修正量

## 二、人体尺寸百分位数的选择

解决上述第二个问题的方法是：根据产品的功能，先分类选择所依据的人体尺寸数据，再确定采用的百分位数。

（一）依产品功能分类选择人体尺寸数据

依产品功能特性，将产品尺寸设计分为 3 类 4 种。

1. Ⅰ型产品尺寸设计（又称"双限值设计"）

需要两个人体尺寸百分位数作为尺寸上限值和下限值的依据者。

产品的尺寸需要进行调节，才能满足不同身材的人使用的，属于Ⅰ型产品尺寸设计。因此需要一个大百分位数和一个小百分位数的人体尺寸分别作为产品尺寸的上、下限值的依据。例如汽车驾驶室的座椅，为使身材高、矮的驾驶者都能方便地操纵转向盘、适宜地用脚踩加速踏板和制动踏板，并具有良好的视野，座椅的高低和椅背的前后必须能够调节，且以某大百分位数人体尺寸和某小百分位数人体尺寸分别作为座椅尺寸范围限值的设计依据。

自行车鞍座的位置、腰带和手表表带的长短、落地式或台式传声器的话筒高度等，也是这类产品的例子。希望读者自行思考举出更多的实例来。

2. Ⅱ型产品尺寸设计（又称"单限值设计"）

只需要一个人体尺寸百分位数作为尺寸上限值或下限值的依据者。

这一类产品又可分为以下两种:

**(1) ⅡA型产品尺寸设计**(又称"大尺寸设计") 只需要一个人体尺寸百分位数作为尺寸上限值的依据者。

若产品的尺寸只要能适合身材高大者需要,就必能适合身材矮小者需要的,属于ⅡA型产品尺寸设计。因此只需要一个大百分位数的人体尺寸,作为产品尺寸上限值的设计依据就行了。例如床的长度和宽度、过街天桥上防护栏杆的高度、热水瓶把手孔圈的大小、礼堂座位的宽度、屏风(能阻挡视线)的高度等,都是只要能符合身材高大者的要求,则对身材矮小者一定没问题。希望读者自行思考举出更多的实例来。

**(2) ⅡB型产品尺寸设计**(又称"小尺寸设计") 只需要一个人体尺寸百分位数作为尺寸下限值的依据者。

若产品的尺寸只要能适合身材矮小者需要,就必能适合身材高大者需要的,属于ⅡB型产品尺寸设计。因此只需要一个小百分位数的人体尺寸,作为产品尺寸下限值的设计依据就行了。例如过街天桥上防护栏杆的间距、电风扇罩子(防止手指进入受伤害)的间距、浴室里上层衣柜的高度、阅览室上层书架的高度、读报栏高度的上限、公共汽车上踏步的高度等,都是只要能符合身材矮小者的要求,则对身材高大者一定没问题。希望读者自行思考举出更多的实例来。

**3. Ⅲ型产品尺寸设计**(又称"平均尺寸设计")

只需要第50百分位数的人体尺寸($P_{50}$)作为产品尺寸设计的依据者。

当产品尺寸与使用者的身材大小关系不大,或虽有一些关系,但要分别予以适应却有其他种种方面的不适宜,则用50百分位数的人体尺寸作为产品尺寸的设计依据。这种情况属于Ⅲ型产品尺寸设计。例如一般门上的手把、锁孔离地面的高度、大多数文具的尺寸、公共场所休闲椅凳的高度等,一般就按适合中等身材者使用为原则进行设计。

公用产品和设施应按身材高大者还是矮小者的人体尺寸来进行设计,初听会觉得是个很难回答的问题。学习了上述按产品功能分类处理的方法,获得了解决问题的基本原则。那么是否所有实际问题都能如此单纯地进行归类呢?——我们来讨论一个具体问题。

 **课堂讨论**(参考时间:5分钟)

公共汽车顶棚的扶手横杆高度应属于哪一型产品尺寸设计?

 **课堂讨论的小结**(仅供任课教师参考)

公共汽车顶棚的扶手横杆从使用功能来说,应该让大多数乘客都能够得着、抓得住;而只要小个子能够得着,大个子就一定没问题,从这方面分析,扶手横杆的高度设计属于ⅡB型产品尺寸设计。但是另一方面从安全考虑,扶手横杆不能碰着乘客的头;而只要碰不着大个子的头,小个子就一定没问题,从这方面分析,扶手横杆的高度设计又属于ⅡA型产品尺寸设计。可见这个具体问题要从两个方面进行设计计算。从两方面要求将获得两个计算结果,如果它们互相之间不存在矛盾,当然问题就解决了;倘若两方面的要求互不相容,还得另想解决办法。那么对于本问题两者是否矛盾呢?稍后通过简单计算即可知道。

这个简单的实例,说明了以下两点:

第一,国标只是指出处理问题的原则方法,不能代替实际问题的分析解决。

第二,把相对复杂一点的问题,分解成典型的单纯类型问题来解决,常是可行的方法。

**(二) 人体尺寸百分位数的选择**

Ⅲ型产品尺寸设计以50百分位数($P_{50}$)的人体尺寸作为产品尺寸设计的依据,是很明确的。除此以外，作为 Ⅰ 型、ⅡA 型、ⅡB 型产品尺寸设计依据的，或者是大百分位数人体尺寸，或者是小百分位数人体尺寸，或者大、小百分位数人体尺寸都要用到。但常用的大百分位数有 90、95、99 共 3 个百分位数（$P_{90}$、$P_{95}$、$P_{99}$），常用的小百分位数有 10、5、1 也是 3 个百分位数（$P_{10}$、$P_5$、$P_1$），一般应该如何具体选择呢？说明这个问题以前，先引进"满足度"的概念。

**满足度** 产品尺寸所适合的使用人群占总使用人群的百分比。

一般而言，产品设计的目标应该是达到较大的满足度，但必须明确，并非满足度越大越好。因为过大的满足度，必然带来其他方面的不合理。例如，如果使火车卧铺铺位的长度连身高 1.85m、1.90m 的大个子也能很好满足，那么另一侧的通道就会太窄，造成其他诸多不便。其最终结果是：因照顾少数人的利益而损害了多数人的方便。如果使礼堂座位能满足很胖的胖人就座，那么座位大了，座位的数量就要减少，使整个礼堂的效益受到损失。可见，合理的满足度受多种因素影响和制约，应综合考虑确定。以火车卧铺铺位的长度为例，若取男子身高 95（或 90）百分位数的人体尺寸 1775mm（或 1754mm）为依据来设计，对成年男性乘客的满足度达到 95%（或 90%），而对包括女性乘客、孩童乘客、老年乘客在内的全体乘客群而言，满足度显然要高于 95%（或高于 90%）。只有很小比例的很高的高个子躺在这样的卧铺上要"委屈一点""将就一点"，但换来的是另一侧的通道宽了，能给全体乘客们的活动和乘务员的工作带来更多的方便。因此，综合多种因素来考虑，这才是合理的设计。基于以上的分析，产品设计中选择人体尺寸百分位数有如下的一般原则：

1）一般产品，大、小百分位数常分别选 $P_{95}$ 和 $P_5$，或酌情选 $P_{90}$ 和 $P_{10}$。

2）对于涉及人的健康、安全的产品，大、小百分位数常分别选 $P_{99}$ 和 $P_1$，或酌情选 $P_{95}$ 和 $P_5$。

3）对于成年男女通用的产品，大百分位数选用男性的 $P_{90}$、$P_{95}$、$P_{99}$；小百分位数选用女性的 $P_{10}$、$P_5$、$P_1$；而 Ⅲ 型产品设计则选用男、女 50 百分位数人体尺寸的平均值 $(P_{50男} + P_{50女})/2$。

人体尺寸百分位数选择和产品满足度的关系见表 2-11。

表 2-11 人体尺寸百分位数的选择和产品的满足度

| 产品类型 | 产品性质 | 作为产品尺寸设计依据的人体尺寸百分位数 | 满足度 |
|---|---|---|---|
| Ⅰ 型 | 涉及人的安全、健康的产品 | 上限值 $P_{99}$，下限值 $P_1$ | 98% |
| | 一般工业产品 | 上限值 $P_{95}$，下限值 $P_5$ | 90% |
| ⅡA 型 | 涉及人的安全、健康的产品 | $P_{99}$ 或 $P_{95}$（上限值） | 99% 或 95% |
| | 一般工业产品 | $P_{90}$（上限值） | 90% |
| ⅡB 型 | 涉及人的安全、健康的产品 | $P_1$ 或 $P_5$（下限值） | 99% 或 95% |
| | 一般工业产品 | $P_{10}$（下限值） | 90% |
| Ⅲ 型 | 一般工业产品 | $P_{50}$ | |
| 成年男女通用 Ⅰ型、ⅡA 型、ⅡB 型 | 各种产品 | 上限值 $P_{99男}$、$P_{95男}$、$P_{90男}$ 下限值 $P_{1女}$、$P_{5女}$、$P_{10女}$ | |
| 成年男女通用 Ⅲ 型 | 各种产品 | $(P_{50男}+P_{50女})/2$ | |

**例 4** 设计计算公共汽车顶棚扶手横杆杆心线的高度，并对比"抓得住"与"不碰头"两个要求是否相容。如互不相容，如何解决？

**解** 1）按乘客"抓得住"的要求设计计算。

属于 ⅡB 型男女通用的产品尺寸设计（小尺寸设计）问题，根据上述人体尺寸百分位数选择原则及表 2-11 所列，应该有

$$G_1 \leqslant J_{10女} + X_{X1} \tag{2-1}$$

式中 $G_1$——由"抓得住"要求确定的横杆杆心线的高度；

$J_{10\text{女}}$——女子"上举功能高"的10百分位数（图9-1、表9-1）（男、女共用，应取女子的小百分位数人体尺寸，不涉及什么安全问题，取 $P_{10\text{女}}$ 即可），由表9-1（GB/T 13547—1992）查得 $J_{10\text{女}} = 1766\text{mm}$（18~55岁）；

$X_{X1}$——女子的穿鞋修正量，取 $X_{X1} = 20\text{mm}$。

代入数值得到
$$G_1 \leqslant 1766\text{mm} + 20\text{mm} = 1786\text{mm} \tag{2-2}$$

2）按乘客"不碰头"的要求设计计算。

属于ⅡA型男女通用的产品尺寸设计（大尺寸设计）问题，根据上述人体尺寸百分位数选择原则及表2-11所列，应该有

$$G_2 \geqslant H_{99\text{男}} + X_{X2} + r \tag{2-3}$$

式中 $G_2$——由"不碰头"要求确定的横杆杆心线的高度；

$H_{99\text{男}}$——男子身高的99百分位数（表2-1）（男、女共用，应取男子的大百分位数人体尺寸，涉及人身安全问题，故取 $P_{99\text{男}}$），由表2-1查得 $H_{99\text{男}} = 1814\text{mm}$（18~60岁）；

$X_{X2}$——男子的穿鞋修正量，取 $X_{X2} = 25\text{mm}$；

$r$——横杆半径，取 $r = 15\text{mm}$。

代入数值得到
$$G_2 \geqslant 1814\text{mm} + 25\text{mm} + 15\text{mm} = 1854\text{mm} \tag{2-4}$$

3）两个要求是否相容，及如何解决？

式（2-2）要求横杆杆心线低于1786mm，式（2-4）又要求横杆杆心线高于1854mm，两者互不相容，即不可能同时满足两方面的要求。

因此还要另想办法协调和解决问题。本问题可以很容易找到解决办法：横杆杆心线可以比1854mm再略高一些，确保更多高个子的安全；在横杆上每隔0.5m左右挂一条带子，带子下连着手环，手环可以比1786mm再略低一些，让更多小个子也抓得着。

### 三、产品功能尺寸的设定

产品功能尺寸，是指为保证产品实现某项功能所确定的基本尺寸。这里所说的功能尺寸限于人机工程范围中与人体尺寸有关的尺寸；通常有别于标注在加工制作图样上的尺寸。例如，沙发座面高度的功能尺寸，是指有人坐在上面、被压变形后的高度尺寸；枕头高度的功能尺寸，是指被睡眠者的头压下以后的高度尺寸，等等。

产品的功能尺寸又可分为两种：产品最小功能尺寸和产品最佳功能尺寸。它们的设定公式如下

产品最小功能尺寸=相应百分位数的人体尺寸+功能修正量

产品最佳功能尺寸=相应百分位数的人体尺寸+功能修正量+心理修正量

=产品最小功能尺寸+心理修正量

**例5** 确定客轮层高功能尺寸的最小值 $G_{\text{最小}}$ 和最佳值 $G_{\text{最佳}}$。

**解** 1）确定客轮层高功能尺寸的最小值为

$$G_{\text{最小}} = H_{95\text{男}} + X_{\text{功能}}$$

式中 $H_{95\text{男}}$——男子身高的95百分位数（表2-1），$H_{95\text{男}} = 1775\text{mm}$；

$X_{\text{功能}}$——功能修正量。在本问题中，可认为由穿鞋修正量（25mm）、戴帽修正量和考虑行走中的略有起伏等因素所需的最小余裕量等几部分构成，合计起来酌情取115mm。

于是得
$$G_{\text{最小}} = 1775\text{mm} + 115\text{mm} = 1890\text{mm}$$

2）确定客轮层高功能尺寸的最佳值为

$$G_{最佳} = G_{最小} + X_{心理}$$

式中　$X_{心理}$——心理修正量，在本问题中设取 $X_{心理} = 115mm$。

于是得　　　　　　　$G_{最佳} = 1890mm + 115mm = 2005mm$

读者试仿照此例题，确定火车卧铺铺长的最小功能尺寸和最佳功能尺寸。

## 第四节　设施器物的人体尺寸适应性与动态人体尺寸

设施器物与人体尺寸相适应，是人机工程设计的基本问题之一，本教材后面桌椅设计、操纵控制设计、室内设计、工作空间与工作岗位设计等章节中，还要分门别类讲述。本节仅以若干示例提供初步概念，并简介二维人体模板及其应用方法。

### 一、设施与器物的人体尺寸适应性示例

大型挖掘机或载货汽车很大，自行车很小，但前者的操纵踏板与后者的脚踏板都要与人脚相适应，两者尺寸就相差不大。巨型客机无论多么大，飞行员操纵杆把手的尺寸也只能与自行车车把把手的尺寸差不多。图 2-23a、b、c 所示分别为小、中、大型机床，它们整体尺寸相差悬殊，但它们的操纵装置都应该安置在操作者肢体易于活动的范围内。例如，手的操作高度大体在胸部上下，见图 2-23。为此，小型台式机床要放置在台面上，见图 2-23a，而大型机床则要将操作装置从机床体上分离出来，也安置在便于操作的高度处，见图 2-23c。这些是设施器物人体尺寸适应性处理得当的例子。

图 2-23　小、中、大型机床，操作件的安置高度相近

也有设施器物尺寸处理不当的例子。图 2-24 左侧是某国某核电站仪表控制台的操作情况：由于安置控制器的立面距离过远，操作者身躯需要前倾才能操作，不但费劲，影响操作速度和准确度，而且操作时手和膝盖都难免触动其他控制器而引发问题。图 2-24 右侧是该核电站的显示装置，由于太高，需要爬到梯凳上面去认读，很不方便。

器物的人体尺寸适应性要求中，有一些并不能直观地反映出来。例如，关于厨房清洗台的适宜高度，日本人机工程学者小原二郎用肌肉活动程度进行评价研究：在与手臂肌肉相连的背部贴上两个电极，用来记录肌肉这两点之间电势的变化情况。让被试者在不同的位置操作，通过肌肉电势察看肌肉的活动程度；肌肉活动程度平缓表示操作较为轻松适宜。图 2-25 所示为测试的结果。此结果表明，上臂自然下垂、前臂接近水平、操作点略低于肘高，是最佳操作位置。

### 二、家具与人体尺寸的适应

床、柜等家具的基本人机学要求，依然是与人体尺寸适应，便于使用。图 2-26a 所示为柜内空间的三个区域。第一区域的上限距地面约 1870mm，是考虑了穿鞋修正量的女子"双臂功能上举高"50 百分位数（表 9-1）的约值；第一区域的下限距地面约 603mm，是仅需略

图 2-24　设施人体尺寸适应性不良的示例

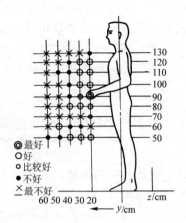

图 2-25　用背肌活动度测定
适宜操作位置的测试结果

略弯腰而不必蹲卜就可取物的高度。第一区域是取物方便的区域，其中又以肩高（男女肩高的平均值加穿鞋修正量）1328mm 附近为最方便。高度 603mm 以下是第二区域，要蹲下取物，不方便。高度 1870mm 以上视线够不着，要踮脚甚至站在凳子上或用梯子才能取物，更不方便，这是第三区域。图 2-26b 所示为抽屉高度的上限和下限，考虑取的时的手臂动作和视线，抽屉上沿的上限和下限高度分别约为 1360mm 和 300mm。

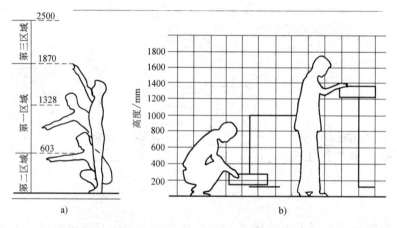

图 2-26　家具与人体尺寸适应性的示例
a）柜内空间的三个区域　b）抽屉高度的上限和下限

还应注意家具细节与人体的关系。例如人在一些低柜或工作台边可能站得比较近，在这些家具的支脚部位留有"容足空间"就有必要，如图 2-27a 所示。容足空间对于沙发前的长茶几尤其值得重视：因为人们为了舒服，坐沙发时常把脚和小腿往前伸出，长茶几又不宜远离沙发放置、若脚和小腿伸不进茶几下部，必影响到就座沙发的自由放松。又如无论是用拖把还是用吸尘器，家具底部留有空档是必要的，空档高度可取 130~150mm，见图 2-27b。

1997 年我国发布了三个有关家具尺寸的国家标准，需要时可查阅参考，它们是：GB/T 3326—1997《家具　桌、椅、凳类主要尺寸》、GB/T 3327—1997《家具　柜类主要尺寸》、GB/T 3328—1997《家具　床类主要尺寸》。

### 三、动态人体尺寸与二维人体模板

#### 1. 动态人体尺寸

与前面讨论的静态人体尺寸相对应，描述人在各种姿势、做各种动作时的人体尺寸，称

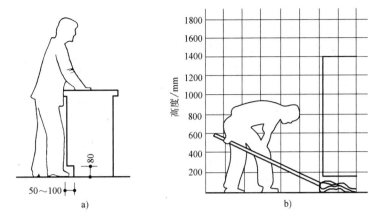

图 2-27 其他值得注意的家具尺寸细节

a）容足空间及其尺寸 b）家具底部便于清洁的空档

为动态人体尺寸。部分典型的动态人体尺寸，在一些文献手册中有图表可供查阅参考，例如图 2-28 中各种动态姿势下的最小空间尺寸，可由表 2-12 查出。

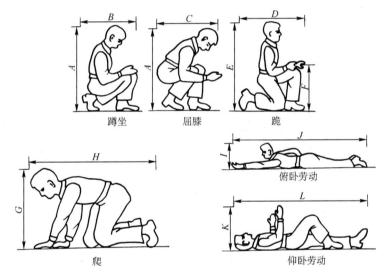

图 2-28 成人蹲姿、跪姿、卧姿的最小占用空间

表 2-12 成人蹲姿、跪姿、卧姿的最小占用空间 （单位：mm）

| 尺寸代号（见图） | 工作姿势及空间尺寸性质 | | 最小值 | 选取值 | 穿御寒衣服时 |
|---|---|---|---|---|---|
| A | 蹲坐工作 | 高　　度 | 1200 | — | 1300 |
| B | | 宽　　度 | 700 | 920 | 1000 |
| C | 屈膝工作宽度 | | 900 | 1020 | 1100 |
| D | 跪姿工作 | 宽　　度 | 1100 | 1200 | 1300 |
| E | | 高　　度 | 1450 | — | 1500 |
| F | | 手距地面高度 | | 700 | |
| G | 爬着工作 | 高　　度 | 800 | 900 | 950 |
| H | | 长　　度 | 1500 | — | 1600 |
| I | 俯卧工作（腹朝下） | 高　　度 | 450 | 500 | 600 |
| J | | 长　　度 | 2450 | — | |
| K | 仰卧工作（背向下） | 高　　度 | 500 | 600 | 650 |
| L | | 长　　度 | 1900 | 1950 | 2000 |

### 2. 二维人体模板及其应用

设计中可能用到的动态人体尺寸多种多样，并非都能从文献资料中查到。这是因为人的躯干和四肢的关节很多，可以在各个方向上运动，工作中的人体千姿百态难以穷尽，测量条件也难以"规范"。用作图计算的方法来确定各种动态人体尺寸，也相当繁复。

二维人体模板是解决上述问题简便的通用工具。我国已发布若干有关二维人体模板的国家技术标准，用以规范二维人体模板的设计、制作与应用。

现摘录 GB/T 14779—1993《坐姿人体模板功能设计要求》的部分内容如下，作为简介。

**（1）坐姿人体模板的性别和视图方向** 坐姿人体模板应按成年男性和成年女性两个性别制作。每个性别按 3 个视图方向制作，分别是侧视图（图 2-29）、俯视图（图 2-30）和正视图（图 2-31）。

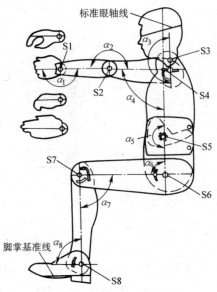

图 2-29　坐姿人体模板侧视图

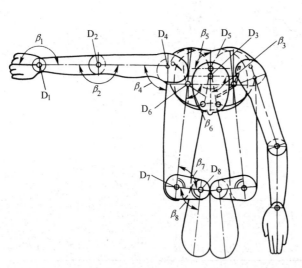

图 2-30　坐姿人体模板俯视图

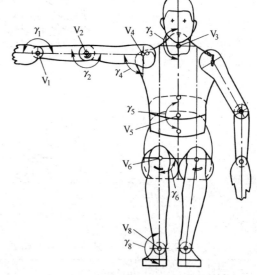

图 2-31　坐姿人体模板正视图

**（2）坐姿人体模板的尺寸等级和尺寸比例** 坐姿人体模板男、女各 3 个尺寸等级。根据 GB/T 10000—1988《中国成年人人体尺寸》，各取 5、50、95 百分位数的人体尺寸分别代表小身材、中等身材、大身材的男子和女子。其身高按已经穿上鞋的要求制作。

人体模板的通用比例为 1/10，也可采用 1/5 或 1/1 的比例。

**（3）坐姿人体模板的基准线和关节角度调节范围** 在图 2-29、图 2-30、图 2-31 人体模板肢体上标有基准线，它是用来确定关节调节角度的。这些角度能从人体模板相应关节处的刻度盘读出。

坐姿人体模板关节的角度调节范围见表 2-13。这些角度范围反映健康人在韧带和肌肉不超负荷条件下的正常活动情况。

表 2-13　坐姿人体模板关节的角度调节范围

| 身体关节 | 调节范围 | | | | | |
|---|---|---|---|---|---|---|
| | 侧 视 图 | | 俯 视 图 | | 正 视 图 | |
| $S_1,D_1,V_1$ 腕关节 | $\alpha_1$ | 140°~200° | $\beta_1$ | 140°~200° | $\gamma_1$ | 140°~200° |
| $S_2,D_2,V_2$ 肘关节 | $\alpha_2$ | 60°~180° | $\beta_2$ | 60°~180° | $\gamma_2$ | 60°~180° |
| $S_3,D_3,V_3$ 头/颈关节 | $\alpha_3$ | 130°~225° | $\beta_3$ | 55°~125° | $\gamma_3$ | 155°~205° |
| $S_4,D_4,V_4$ 肩关节 | $\alpha_4$ | 0°~135° | $\beta_4$ | 0°~110° | $\gamma_4$ | 0°~120° |
| $S_5,D_5,V_5$ 腰关节 | $\alpha_5$ | 168°~195° | $\beta_5$ | 50°~130° | $\gamma_5$ | 155°~205° |
| $S_6,D_6,V_6$ 髋关节 | $\alpha_6$ | 65°~120° | $\beta_6$ | 86°~115° | $\gamma_6$ | 75°~120° |
| $S_7,D_7$ 膝关节 | $\alpha_7$ | 75°~180° | $\beta_7$ | 90°~104° | $\gamma_7$ | — |
| $S_8,D_8,V_8$ 踝关节 | $\alpha_8$ | 70°~125° | $\beta_8$ | 90° | $\gamma_8$ | 165°~200° |

（4）坐姿人体模板的应用　人体模板主要用于人机工程辅助设计，也用于相应的辅助绘图、辅助演示和辅助测试。

图 2-32、图 2-33、图 2-34 所示为 3 个人体模板用于辅助设计的实例。

二维人体模板直观、易用，曾是辅助人机工程设计的有力工具。其局部是只能进行平面模拟，且不具备生物力学的检测评定功能。近年来，发展了二维和三维的计算机人体模型和人体模型系统，标志着这一领域的技术升级。

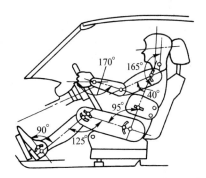

图 2-32　人体模板用于小汽车驾驶室设计

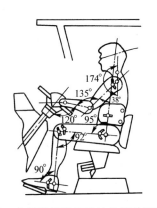

图 2-33　人体模板用于拖拉机驾驶室设计

图 2-34　人体模板用于坐、立姿两用工作台设计

# 第三章 桌椅设计

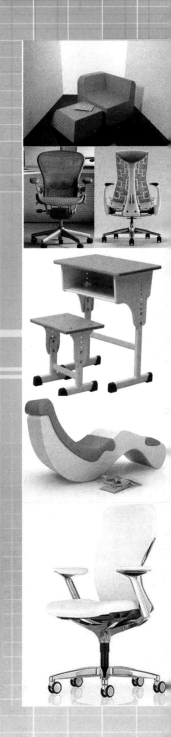

# 第一节　桌椅设计概述

## 一、座椅与坐姿工作

现代社会中坐姿工作的比例已经超过 2/3，今后还将继续攀升，可见工作中椅子的重要性，对椅子深入进行研究很有必要。

从生理学、解剖学和人体力学几方面分析，坐姿有以下特点：

1）坐姿解除了上肢、上身重量对两腿的压力，减轻了足踝、膝、髋等关节的压力，也减轻了全身肌肉，尤其是腿部肌肉的负荷，可减少人体能量的消耗。

2）站立时血液向腿部汇集，而坐姿因放松了腿部肌肉组织，使腿部血管内压降低，血液较易于向心脏回流循环，能缓解疲劳。

3）坐姿有利于维持身体的稳定，也有利于情绪的安定。因此，坐姿不但是脑力劳动、办公室工作的当然选择，对非脑力型的精细操作、视觉作业也更适宜。

4）坐姿解放了双脚，使腿脚易于参与操作，还能利用靠背发挥腿脚的蹬力。

5）坐姿的不利方面有：操作范围、动作幅度小于立姿操作；不能借助体力、腰力，因此双臂操作力小于立姿；坐姿增加了人体对于环境振动的敏感度等。

## 二、桌椅的历史与现状

人类使用桌椅的历史与人类文明史等长。但古代桌椅可供今人研究借鉴的，仅在造型、装饰等审美、文化、精神方面。而对于座椅的主要实用功能——人体舒适性，则缺乏文字记述，也难觅精绝的佳品。从皇家贵族的殿堂，到寻常百姓的厅室，很符合人体解剖学要求、能长时间坐着感到舒适自在的座椅，鲜如凤毛麟角。

桌椅一直为工业设计所关注。20 世纪 20 年代，德国包豪斯学校的教师布劳耶（Marcen Breuer，1902—1981）突破木制家具的传统，设计出第一把钢管椅（图 3-1），开创了家具使用新材料的新纪元。英国伦敦的设计博物馆（Design Museum）一层展厅里，也赫然陈列着数十款历史名家设计的座椅精品，但关于桌椅设计人体解剖学、生理学方面的研究却是更晚出现的事物。

图 3-1　布劳耶设计的
钢管椅（1928 年）

1948 年，瑞典整形外科医生阿克布罗姆（Bent Akerblom）的《站与坐的姿势》一书问世，才有了第一本分析坐姿解剖特性的专著，奠定了用人体解剖学理论指导座椅功能设计的基础。6 年以后，阿克布罗姆又发表了它的座椅靠背曲线设计，称为阿克布罗姆靠背曲线，见图3-2。

1968 年，国际人机工程学学会（IEA）在瑞士召开了以座椅为主题的第一次国际研讨会，在全世界掀起了座椅研究的新高潮。对比 1969 年人类实现阿波罗登月，那么像椅子这样人类用了几千年、关系每天生活的器物，直到文明与科技如此高度发展的年代才被广泛关注、深入研究，实是人类文明史上的奇异对照，发人深省。

20 世纪 70 年代前后，各国纷纷将座椅研究的新成果，用于制定或修订新的座椅技术标准，如学校课桌椅、办公用椅、工作椅、飞机座椅、火车座椅等的工业标准。以日本为例，1966 年完成了学校用课桌椅的新标准（JIS）修订，1980 年文部省汇编了《学校用家具指南》。从 1971 年 4 月开始，日本还对办公用家具进行了三年多时间的研究，然后决定把原先高度为 740mm 的办公桌改为高 700mm（男用或男女合用），与高 670mm（女用）的两种新标

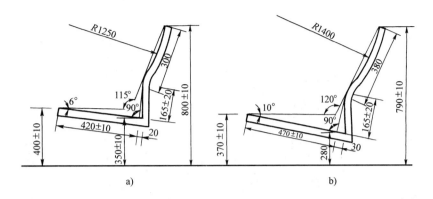

图 3-2 阿克布罗姆靠背曲线
a）座椅 b）沙发

准规格。1970—1980 年，日本还对包括新干线车厢在内的火车座席、列车卧铺、飞机座席进行研究与改进，提高了乘坐舒适性，成果显著。

1980 年改革开放以前的长时期内，我国办公桌的通用高度为 800mm，不但明显高于日本的新旧标准，也明显高于欧美高身材国家办公桌的通行高度。那时我国数以千万计的办公室工作人员（包括教师、学生），尤其是终日伏案抄写的文书一类职工，耸着双肩工作一天下来，颈椎、大小臂特别是肩胛部位常感不适或酸痛，不仅影响工作效率，时间长了还会诱导致病。据当时统计，文书一类工作人员中，肩胛部位有不同程度疾患者的比例高达 18% 左右，远远高于其他职业的人群。这印证了改进桌椅设计对人们生活质量的意义。近年来，我国市场上的办公桌已经降到较为合适的高度。

我国已发布了一批有关家具的技术标准，如 GB/T 3976—2014《学校课桌椅功能尺寸及技术要求》，GB/T 14774—1993《工作座椅一般人类工效学要求》，以及关于办公桌、文件柜、衣柜等家具外形尺寸的标准 GB/T 3326～3328—1997 等。

本教材优先选择结构简单的桌椅作为分析对象，除了桌椅对人们生活重要以外，更在于桌椅设计的功能分析，在人机学中具有典型意义：能充分体现人体尺寸和人体解剖学在产品设计中的应用方法。

桌子是人们坐着使用的（站着使用的称为工作台），所以确定桌面高度时不应取地面、而应取椅面作为基准。有了合理的椅面高度，再加上合理的"桌面椅面高度差"，就得到了合理的桌面高度。因此本章先重点分析座椅方面的问题。

# 第二节　坐姿生理解剖基础

## 一、坐姿脊柱形态及其生理效应

### 1. 脊柱、椎间盘与骨盆结构

人体骨骼共有 206 块，分为中轴骨和四肢骨两大部分。中轴骨包括颅骨 29 块、椎骨 26 块、肋骨 12 对、胸骨 1 块，见图 3-3。其中支承头颅与全身的骨结构为脊柱、骨盆与下肢。脊柱共 24 节椎骨分 4 个区段：上段 7 节为颈椎，接下来 12 节椎骨为胸椎，再下面 5 节为腰椎；脊柱的下端是骶尾骨，即由 5 块融合成一体的骶骨和由 4 块融合成一体的尾骨，见图 3-4。

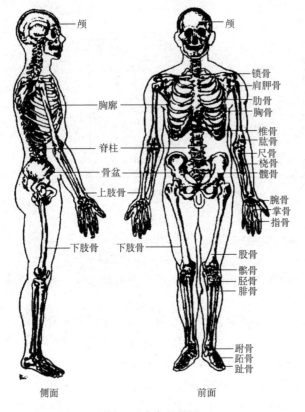

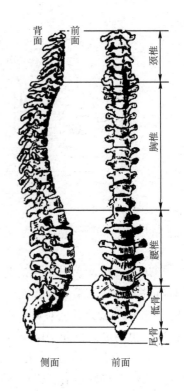

图 3-3  全身骨骼图　　　　　　　　　　　　　　图 3-4　脊柱的构造

　　每两节脊椎骨之间的软组织称为椎间盘。椎骨微小的移动和转动可使椎间盘受压变形，多块椎间盘变形后积累起来，就使人的上身能够前弯后仰、左右侧弯、绕铅垂轴转动。全部椎间盘的厚度之和约为脊柱总长度的 1/4。其中腰椎段的椎间盘较厚，所以人体腰部的可能活动度较大。

　　所谓骨盆，由脊柱最下端的骶尾段与髋骨等构成，上接脊柱，下连下肢。髋骨俗称胯骨，左右各一，由髂骨、坐骨等合成。骶尾骨嵌插在左右髋骨形成的腔孔内，人的上身体重便经由骶尾骨而传压在髋骨上。人坐着，上身体重由坐骨直接作用于椅凳坐面上，腿脚不受上身体重的作用，见图 3-5a。人站着，坐骨处没有支承，上身体重通过大腿、小腿和脚作用于脚底的支承面上，见图 3-5b。

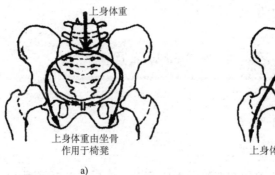

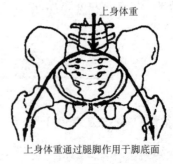

图 3-5　上身体重在骨盆处的支承情况

a）坐着　b）站着

## 2. 坐姿脊柱形态的变化及其生理效应

　　图 3-4 所示为人直立时的脊柱侧视弯曲形态。这是椎骨间椎间盘承受的压力比较均匀、

比较小的正常状态。其特征是：颈椎呈略向前凸的弧形，胸曲呈略向后凸的弧形，尤其值得注意的是腰椎段呈向前凸出的弧形，且曲度较大。

坐姿引起的脊柱形态改变，可由示意图 3-6 来说明。图 3-6a 表示站立时的脊柱生理曲线，腰椎向前凸且曲度较大。图 3-6b 表示坐下后脊柱曲线形态的变化及引起变化的原因。站立时大腿与脊柱都处于铅垂的方向，坐下后大腿骨连带着髋骨一起转过了 90°，如图 3-6b 中逆时针箭头所指，于是嵌插在左右髋骨腔孔里的骶尾骨也发，生了相应的转动，从而带动脊柱各区段的曲度都发生一定变化，其中以腰椎段的曲度变化最大：由向前凸趋于变直，甚至略向后凸。因此腰椎骨间的压力不能再维持正常、均匀的状态，对于坐姿舒适性会产生明显的不利影响。这种影响主要发生在上身没有倚靠的情况下。若座椅靠背有一定的后仰角度，使整个上身的体重能较多地由后仰的靠背分担，脊柱形态变化对舒适性的影响程度则有所缓解。

图 3-7 所示为 5 种靠背形式下坐姿脊柱形态对舒适性的不同影响。图 3-7 中情况 A 靠背与椅面呈 90°角，脊柱形态变化使腰椎第三椎间盘压力明显增大；情况 B 靠背角度同情况 A，但在腰椎处有一支承，缓解了坐姿腰椎的形态变化，使腰椎第三椎间盘压力有所减小；情况 C 靠背有一定的后仰角度，部分上身体重由靠背分担，腰椎第三椎间盘压力小于情况 A；情况 D 靠背角度同情况 C，但腰椎处有腰靠支承，坐姿腰椎形态变化更小，所以腰椎椎间盘压力更小，是较理想的状态；情况 E 靠背角度仍同情况 C 和 D，但靠背支承不在腰部而是过于靠上，引起坐姿腰椎变化加剧，因此腰椎椎间盘压力又加大了。可见坐姿脊柱形态的解剖学分析对于座椅（主要是座椅靠背）设计的重要性。

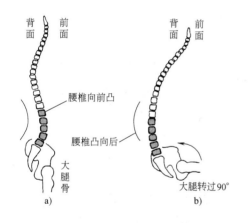

图 3-6 坐姿脊柱形态的变化

a）站着，腰椎前凸 b）坐着，腰椎凸向后

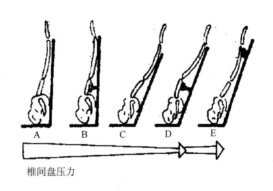

图 3-7 靠背仰角、支承对
第三腰椎椎间盘压力的影响

## 二、坐姿下的体压

坐姿下，臀部、大腿、腘窝、腹部等部位都受有压力，关系坐姿舒适性，分述如下。

（一）椅面上臀部与大腿的体压

由于进化的结果，人体骨盆下部两个突出的坐骨粗大坚壮，坐骨处局部的皮肤也厚实。所以由坐骨部位承受坐姿下大部分的体压，比体压均匀分布于臀部更加合理。但坐骨下的压力过于集中，阻碍此处微血管内的血液循环，压迫该局部神经末梢，时间长了，会引起麻木与疼痛，也不好。

影响椅面上臀部与大腿体压的主要因素是椅面软硬、椅面高度、椅面倾角及坐姿等。

**1. 椅面软硬与椅面体压**

研究指出，人坐在硬椅面上，上身体重约有 75% 集中在左右两坐骨骨尖下各 $25cm^2$ 左右的面积上，这样的体压分布过于集中。在硬椅面上加一层一定厚度的泡沫塑料垫子，椅面与人体的接触面积增大，坐骨下的压力峰值大幅度下降，体压分布情况改善。但坐垫太软、太厚，使体压分布过于均匀也不合适。

坐姿下臀部、大腿体压在椅面上的适宜分布见图 3-8：坐骨骨尖下面承压较大，沿它的四周压力逐渐减小，在臀部外围和大腿前部只有微小压力。外围压力只对身体起一些辅助性的弹性支承作用。

**2. 座高与椅面体压**

图 3-9 所示为三种座高下椅面体压分布的等压线图。

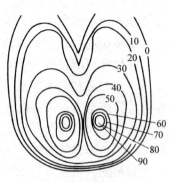

图 3-8　椅面上适宜的体压分布（单位：$10^2$Pa）

图 3-9a、b、c 所示表示的，依次为座高小于小腿高 5cm、座高与小腿高相近、座高大于小腿高 5cm 三种情况。图 3-9a 所示坐在矮椅上时，承压的面积

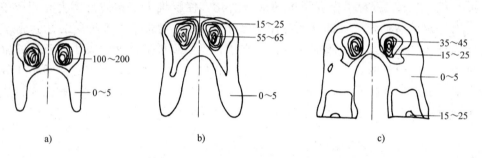

a)　　　　　　　　　　b)　　　　　　　　　　c)

图 3-9　三种座高下椅面体压分布的等压线图（单位：$10^2$Pa）
a）座面高＝小腿高－5cm　b）座面高＝小腿高　c）座面高＝小腿高＋5cm

小、坐骨下压力过于集中，不合适。图 3-9c 所示坐在高椅上时，因小腿不能在地面获得充分支承，大腿与椅面前缘间的压力较大，影响血液流通，也不合适。一般来说，椅面高度与 GB/T 10000—1988 坐姿人体尺寸中的"小腿加足高"（表 2-3）接近或稍小时，有利于获得合理的椅面体压分布，见图 3-9b。

**3. 椅面倾角及坐姿对椅面体压的影响**

椅面倾角对椅面体压分布影响也很大，但这种影响与坐姿有关：同样的椅面倾角下，采取前倾坐姿（例如在阅读、抄写、打字时），或采取后仰坐姿（例如看演出、休息时），影响很不相同。

**（二）腘窝的压力**

膝盖的背面称为腘窝。从大腿通向小腿的血管和神经都从腘窝部位经过，且离体表较浅；腘窝处的皮肤又薄，因此腘窝是对体压较为敏感的部位。此处受压，小腿的血液流通受到阻碍，坐不多久小腿就会感到麻木难受。座面过高，或座面进深过深，都会造成腘窝受压（图 3-10a、图 3-10b 中的箭头所指），应该避免。

**三、坐姿下的股骨、肩部、小腿与背肌**

**1. 股骨与座面形状**

有的椅面（在冠状面内）被设计成弧凹形，本意是与人的臀部形状较为一致。但解剖学分析表明，若弧凹形的高度差较大（例如大于 25mm），人坐在这样的椅面上时，股骨两侧会被往上推移，使髋部肌肉受到挤压，造成不适，因此并不合适，见图 3-11b。还是普通接近平面形的椅面为好，见图 3-11a。

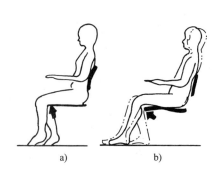
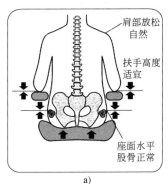
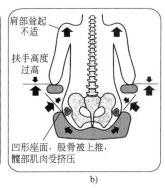

图 3-10　造成腘窝受压的两种原因　　　　图 3-11　椅面形状和扶手高度的解剖学分析
　　　a）座面过高　b）座面过深　　　　　　　　　a）适宜的　b）不适宜的

**2. 肩部与扶手高度**

带扶手椅子的扶手高度若明显高于 GB/T 10000—1988 坐姿人体尺寸中的"坐姿肘高"（表2-3），则扶手通过上臂将肩部耸起；这种"端肩"姿势使肩部肌肉紧张，时间稍长，便会感到酸痛，是不适宜的，见图 3-11b。适宜的扶手高度是略低于"坐姿肘高"，扶手支承了上下臂的部分重力，同时肩部仍自然放松，见图 3-11a。

**3. 小腿的支承与背肌**

正直端坐情况下，上身重心并不恰好通过两坐骨骨尖的连线，而在此连线偏前 25mm 左右的位置。坐着读写、打字或做其他前倾操作，上身重心偏前量更大。所以小腿在地面获得支承，对于降低大腿与椅面前缘间的体压、降低背肌的紧张，都很重要。简言之，小腿有支承，是轻松实现上身平衡稳定的条件。

脊柱的上下两端之间有肌腱和肌肉相连，并借助于背肌的作用力而使脊柱定位。在背部没有倚靠的情况下，背部肌肉力量维持着上身的平衡稳定。虽然短时间坐在凳子上，人们感觉不到背肌的负荷；但通过下面的事实，不难反证上述论断：坐着开始打瞌睡时，人的上身就会前合后仰失去稳定，这正是背肌不自觉地松弛下来的结果。前倾工作时，缓解背肌紧张的方法是小腿获得支承；其他情况下，上身后仰倚靠在靠背上即可放松背肌。

## 四、平衡调节理论

上面从生理解剖的角度讨论了坐姿舒适的条件。但是，座椅在理论上无论怎么"合理"，坐的时间长了，也会感觉不舒适，需要活动一下身体，使各部分的体压有所变动、调节，使骨骼肌肉的状态有所转换、变更，才更符合人体的自然要求。这就是人体姿势的"平衡调节理论"。两脚分开站立，使体重均匀地由两脚分担，无疑是合理的立姿；但是这样站久了，就要换为"稍息"姿势，使某条腿获得一段时间的放松；过一段时间，再换条腿休息。坐姿下的例子莫过于"翘二郎腿"的姿势了。正常坐着，上身体重均匀分布在臀部及两坐骨骨尖下，不是很好吗？但时间长了，有人会不自觉地翘起二郎腿，宁肯让一侧臀部及坐骨承受更大的压力，使另一侧获得一段时间的充分放松，见图 3-12。这并不说明两侧受压不均匀才合理，而是生理"调节"的需要。事实上翘二郎腿时间是长不了的，总要换回正常坐姿，或换架起另一只"二郎腿"。关键在于：即使"合理"，时间长了也需要有所调节。

有的沙发特别宽大而且松软，人"埋"在里面久了，感到不舒服，动一动身子，想变换调节一下生理状态，但由于沙发太过松软，起不到什么变动转换的作用，这样的沙发不符合平衡调节理论的要求。

### 五、工作座椅的一般人类工效学要求

根据上述坐姿解剖生理基础，针对一般工作场所（含计算机房、打字室、控制室、交换台等场所）坐姿操作人员的座椅，GB/T 14774—1993《工作座椅一般人类工效学要求》提出工作座椅的设计要点如下：

1）结构形式适合操作要求，使操作者工作中身体舒适、稳定，能准确进行操作。

2）座高和腰靠高能方便地调节，调节后能进行可靠的紧固。

适宜的人体尺寸调节范围为：从女子5百分位数到男子95百分位数，即

座高：360~480mm，可无级或20mm一档的有级调节；

腰靠高：165~210mm，无级调节。

3）外露部分不得有易伤人的尖角、锐边、突头。

4）结构材料应无毒、阻燃、耐用；坐垫、腰靠、扶手的覆盖层材料应柔软、防滑、透气、吸汗、不导电。

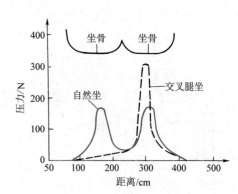

图 3-12　"翘二郎腿"与
正常坐姿下的椅面体压

## 第三节　座椅的功能尺寸

以坐姿解剖生理分析为基础，本节讨论座椅的各项功能尺寸和形态。

座椅的合理功能尺寸和形态，应随就坐者的目的要求而异。根据就坐者的目的要求，可将座椅分为以下几种。

**(1) 工作座椅**　简称工作椅。就坐者的主要要求是在胸腹前的桌面上进行手工操作或视觉作业，常以上身前倾的姿势进行读、写、绘图、打字、检测、装配、修理等操作。

**(2) 休息用椅**　简称休息椅。就坐者的主要要求是放松休息，例如候车室和候诊室的座椅、影剧院座椅、公交车客车椅、公园休闲椅、沙发、安乐椅、躺椅等。

**(3) 办公室用椅、会议室用椅、教室中的学生座椅等**　介于前面两种座椅之间，就坐者有时要低头读、写，有时上身要后仰着说话或聆听的座椅，其中以办公椅为代表，故统称为办公椅。

本节以工作椅的功能尺寸为分析重点，兼及其他类型的椅子。

### 一、座面（前缘的）高度

#### 1. 工作椅

工作椅座面前缘高度（简称座高）的设计要点是：①大腿基本水平，小腿垂直置放在地面上，使小腿重量获得支承；②腘窝不受压；③臀部边缘及腘窝后部的大腿在椅面获得"弹性支承"。

符合上述要求的工作椅座高为：比坐姿人体尺寸中的"3.8 小腿加足高"（图2-18，表2-3)低10~15mm。

由表2-3可查得，中国成年男女"3.8 小腿加足高"50百分位数分别为

$$P_{50男} = 413mm \qquad P_{50女} = 382mm$$

加上穿鞋修正量（男 25mm，女 20mm），穿裤修正量（-6mm），就可算出适合中国中等身材男子、女子的座高值（按比"小腿加足高"低 10mm 计算）分别为：

适合男子 50 百分位数身高的座高：413mm+（25-6）mm-10mm＝422mm

适合女子 50 百分位数身高的座高：382mm+（20-6）mm-10mm＝386mm

同样可查得男子 95 百分位数和女子 5 百分位数的小腿加足高数值分别为

$$P_{95男} = 448mm \qquad P_{5女} = 342mm$$

从而可算出座高分别为：

适合男子 95 百分位数身高的座高：448mm+（25-6）mm-10mm＝457mm

适合女子 5 百分位数身高的座高：342mm+（20-6）mm-10mm＝346mm

把这两个数据四舍五入为圆整的数值，就得到了一个工作椅的基础数据，即中国男女通用工作椅座高尺寸的调节范围为 350～460mm。

**关于工作椅座高的几点讨论**

1）高身材男子和低身材女子适宜的工作椅座高差值很大，达 460mm-350mm＝110mm 之多。同是男子用椅或同是女子用椅，差值也不小，也会明显影响坐姿舒适性。可见工作椅座高不适于通用，这就是工作椅座高应该做成可调的原因。

2）个人专用的工作座椅，宜按本人身材确定座高，这对健康、舒适和工作效率均颇有裨益。

3）从脊柱形态、体压几方面综合来看，工作椅座高比适宜值稍许低一些，问题不太大；而座高过高，引起的不利影响较为明显。

**2. 其他椅子**

非工作椅的座高应适合其使用特点，与工作椅的要求不尽相同。大部分非工作椅为了坐姿的舒适，就坐时小腿是往前伸出而不是垂直于地面的，因此座高宜比工作椅低一些。例如从会议室用椅、影剧院座椅、候车室座椅、公园休闲椅、沙发、安乐椅……躺椅，座高应依次降低。但座高过低，会使老年人站立起身困难，应予考虑。特殊用途的座椅，则应根据使用特性确定其座高。例如各种车辆驾驶室座椅的座高，常以下面的计算式为基础进行设计：

$$座高 ＝（人体尺寸"小腿加足高" ＋ 穿鞋修正量）× \sin\alpha$$

式中　　$\alpha$——驾驶员踩踏加速踏板、制动踏板时小腿与地平线间的夹角。

驾驶小型、中型、重型车辆或工程机械时，夹角 $\alpha$ 各不相同。

**二、座面倾角**

**1. 工作座椅**

通常把前缘翘起的椅子的座面倾角 $\alpha$ 定义为正值；反之，$\alpha$ 为负值。

研究表明，用于读、写、打字、精细操作等身躯前倾工作的工作椅，座面倾角 $\alpha$ 取正值会使人腹部处于受挤压状态，并不合适。

工作座椅的合理座面倾角，与工作姿势即工作中上身的前倾程度密切相关，简要归结为以下 3 点：

1）一般办公椅的座面倾角可取 $\alpha=0°～5°$，常推荐取 $\alpha=3°～4°$。

2）主要用于前倾工作的座椅，椅面前缘应低一点，座面倾角略取负值。工作前倾程度大且持续时间长，则加大座面倾角的负值。但人在这样的椅子上要往下滑。应对的方法是增加一个带有软垫的"膝靠"，对膝部提供支承。图 3-13a 所示的"平衡椅"和图 3-13b 所示的"云椅"颇受专职打字员、录入员们的青睐。

3）如前所述，办公椅应提供前倾工作和后倚放松两种可能，新式办公椅可以在一定范围内自动调节座面倾角和靠背倾角，即可适应这种需求，见图 3-14。

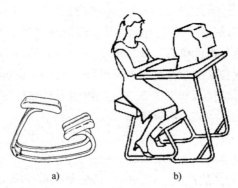

图 3-13  附设软垫膝靠的椅子

a）平衡椅  b）云椅

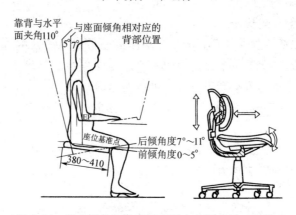

图 3-14  座面倾角和靠背倾角可自动调节的工作椅

**2. 休息椅**

休息椅椅面前缘应翘起、α 为正值。坐在休息椅上，上身自然地后倚在靠背上，背肌放松，躯干稳定舒适。越是以休息放松为主的座椅，座面倾角 α 应越大；公交车等振动环境下的座椅，为避免在振动中身体下滑，也应加大 α 值。

几种非工作椅的座面倾角参考值见表 3-1。

表 3-1　几种非工作椅的座面倾角参考值

| 座椅类型 | 会议室椅 | 影剧院座椅 | 公园休闲椅 | 公交车座椅 | 一般沙发 | 安乐椅 |
|---|---|---|---|---|---|---|
| 座面倾角 | ≈5° | 5°～10° | ≈10° | ≈10° | 8°～15° | 可达 20° |

### 三、靠背的形式及倾角

（一）不同座椅的靠背功能

靠背的形式、倾角和尺寸，关系到坐姿脊柱形态、座面和背部的体压、背肌的紧张度等解剖学因素，是座椅人机工程设计中的重点内容。

靠背设计的关键，仍在于座椅靠背的功能要点，分述如下。

**1. 工作椅**

工作椅靠背的功能，不是后倚时支承上身体重，而是维持脊柱的良好形态，要点是避免腰椎的严重后凸。因此工作椅的靠背主要是腰靠，即在第三、四腰椎的位置上，有一个尺寸、形状、软硬适当的顶靠物。图 3-2 所示的阿克布罗姆靠背曲线和图 3-7 中的情况 B 和 D，都强调了这样的腰靠。第四腰椎约在肘下 4cm 处腰带的高度，应把这个位置作为腰靠的中点。

**2. 休息椅**

休息椅的靠背是后仰的，可承担就坐者的上身体重，且大腿与上身的夹角大，缓解了腰椎形态的变化及椎间盘的压力异常。因此休息椅靠背功能的要点是支承躯干的重量、放松背肌。躯干的重心约在第八胸椎骨的高度，宜以此为中心提供倚靠。对于安乐椅、躺椅等长时间休息的用椅，为缓解颈椎的负担，最好能提供头枕。振动环境下的客车座椅，若头枕的支承在颅骨的后部，则头部容易左右晃动，很不舒服；头枕对头的支承位置应该在颈椎之上、后脑勺的下部；但这一位置的高度因身材高矮不同有较大差异，因此固定的头枕通用性很小。把头枕做成高度可调虽不困难，但人们往往嫌调整头枕高度麻烦，这是目前客车座椅头枕仍然存在的问题。

**3. 办公椅**

办公椅介于工作椅和休息椅之间，可采用以支承躯干体重为主的靠背，见图3-7中C；若同时还提供腰靠，一般来说效果更好，见图3-7中D。

**（二）四种座椅靠背形式**

日本人机工程学者小原二郎等人，设计了四种形式的靠背，能分别适用于不同功能的座椅。表3-2概略介绍了它们的名称、支承特性、靠背和座面倾角及适用条件等。表3-2所列与上面的分析是一致的，因此不再重复解释。

表 3-2　四种座椅靠背形式及其适用条件（根据小原二郎等人的研究）

| 名称 | 支承特性 | 支承中心位置 | 靠背倾角[①] | 座面倾角 | 适用条件 |
|---|---|---|---|---|---|
| 低靠背 | 1点支承 | 第三、四腰椎骨 | ≈93° | ≈0° | 工作椅 |
| 中靠背 | 1点支承 | 第八胸椎骨 | 105° | 4°～8° | 办公椅 |
| 高靠背 | 2点支承 | 上：肩胛骨下部<br>下：第三、四腰椎骨 | 115° | 10°～15° | 大部分休息椅 |
| 全靠背 | 3点支承 | 高靠背的2点支承<br>再加头枕 | 127° | 15°～25° | 安乐椅、躺椅等 |

① 指靠背与水平面之间的夹角。

以上讲述的座椅的三种主要功能尺寸都随座椅的应用条件而变，图3-15大体上综合表示了它们的依次变化和对比情况。

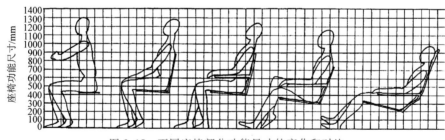

图 3-15　不同座椅部分功能尺寸的变化和对比

## 四、其他功能尺寸

**1. 座深**

工作椅座深的设计要点是：①座面有足够支承面积，使臀部边缘及大腿在椅面能获得"弹性支承"，辅助上身的稳定，减少背肌负担；②在腘窝不受压的条件下，腰背部获得腰靠的支托。

符合上述要求的工作椅座深，必须小于坐姿人体尺寸中的"3.9座深"（图2-18，表2-3），两者间保持充分的差值。

由表2-3查得，中国成年人"3.9座深"的女性5百分位数、男性95百分位数分别为：$P_{5女}=401mm$，$P_{95男}=494mm$。GB/T 14774—1993《工作座椅一般人类工效学要求》给出的座深数值为360～390mm，推荐值380mm。

办公椅座深宜等于或稍大于工作椅。休息椅座深可以更大些。这是因为就坐者小腿前伸，腘窝不易受压；也是为了增大臀部与座面接触面积，降低座面体压。但休息椅加大座深的原则，是不让腰椎后凸造成不适。前面讲过，大沙发座深过大，不得不配加"腰枕"。另外对于老年人用椅，若座深过深，会使老年人从椅子上站起来困难，应予注意，见图3-16。

**2. 座宽**

单人用椅座宽宜略大于人体水平尺寸中的"4.6 坐姿臀宽"。因女性的该项人体尺寸大于男性，因此通用座椅座宽应以女子坐姿臀宽的95百分位数为设计依据，适当附加穿衣修正量。由表2-5查得，中国成年人"4.6 坐姿臀宽"的女性95百分位数为 $P_{95\text{女}}=382\text{mm}$。据此，GB/T 14774—1993 给出座宽范围为 370～420mm，推荐值 400mm。

带扶手的座椅座宽不够，让人只能勉强"挤"下去固然不行，见图3-17a；但座宽太大，两侧扶手不能提供稳定的位置，使人有"不着边"的感觉，也不好，见图3-17b。

为避免并排就坐者两臂互碰干扰，排椅的单人座宽应大于人体水平尺寸中的"4.7 坐姿两肘间宽"，并考虑穿衣尺寸修正量。这一要求适用于礼堂、影剧院里有扶手隔开的座椅，公园里没有扶手隔开的长条休闲椅以及体育场看台、长条凳子。由表2-5查得，中国成年人"4.7 坐姿两肘间宽"的男性95百分位数为 $P_{95\text{男}}=489\text{mm}$。考虑了穿衣修正量，排椅的单人座宽一般在 500mm 以上（参看第八章第一节示例10中关于尺寸 $A$ 的说明。）。

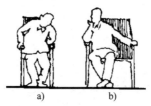
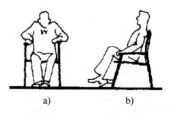

图3-16　座深过深，起立困难　　图3-17　座宽过小与过大　　图3-18　扶手过高与过低
　　　　　　　　　　　　　　　　　a）座宽过小　b）座宽过大　　　a）扶手过高　b）扶手过低

**3. 扶手**

工作椅一般不设扶手，便于自由入坐与起身，不妨碍手臂的活动。

扶手功能主要有：①落座、起身或需要调节体位时用手臂支承身体；这对躺椅、安乐椅尤其必要；②支承手臂重量，减轻肩部负担；③对座位相邻者形成隔离的界线，这一点有实际的和心理的两方面作用。

从扶手的三项功能可知，扶手的关键参数是高度：过高，使肩部被耸起，见图3-18a；过低，则起不到支承大小臂重量的作用，见图3-18b。这两种情况都会使肩部肌肉紧张。为避免上述两种情况，座椅扶手高度宜略小于坐姿人体尺寸中的"3.5 坐姿肘高"。由表2-3查得，中国成年人"3.5 坐姿肘高"的男性50百分位数、女性50百分位数分别为：$P_{50\text{男}}=263\text{mm}$，$P_{50\text{女}}=251\text{mm}$，其平均值257mm，公用座椅的扶手高度宜略小于这个数值。GB/T 14774—1993 推荐的扶手高度为（230±20）mm。我国老式扶手椅的扶手多数偏高。

注意：上面分析扶手高度与人体尺寸关系时没有加入穿衣尺寸修正量，原因如下：裤子和衣服袖子同时加在椅面和扶手上，与不考虑裤子和衣服袖子是一样的。简言之，穿衣与否不改变前臂与扶手上表面的相对位置关系。

老年人用椅，加高扶手有利于扶着入坐和起身，应予考虑。另外礼堂、影剧院座椅间的"扶手"，主要作用是将邻坐者从身体和心理上隔离开来，而并不把前臂搁在上面，因此适当高一些是合理的。

**五、GB/T 14774—1993《工作座椅一般人类工效学要求》的推荐值**

GB/T 14774—1993《工作座椅一般人类工效学要求》中关于工作座椅的结构形式见图

3-19，对应的主要参数见表 3-3。前面讲述了工作座椅的设计要求和功能尺寸，图 3-19 和表 3-3 可供对照分析与设计参考。

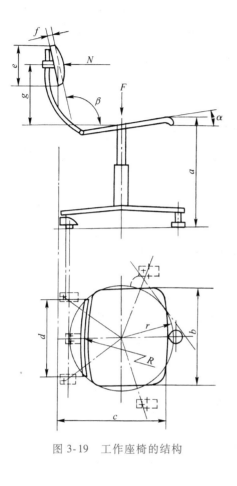

图 3-19 工作座椅的结构

表 3-3 工作座椅的主要参数

| 参　数 | 符　号 | 数　值 |
|---|---|---|
| 座　高 | a | 360~480mm |
| 座　宽 | b | 370~420mm 推荐值 400mm |
| 座　深 | c | 360~390mm 推荐值 380mm |
| 腰靠长 | d | 320~310mm 推荐值 330mm |
| 腰靠宽 | e | 200~300mm 推荐值 250mm |
| 腰靠厚 | f | 35~50mm 推荐值 40mm |
| 腰靠高 | g | 165~210mm |
| 腰靠圆弧半径 | R | 400~700mm 推荐值 550mm |
| 倾覆半径 | r | 195mm |
| 座面倾角 | α | 0°~5° 推荐值 3°~4° |
| 腰靠倾角 | β | 95°~115° 推荐值 110° |

**讨论：你体验过、考虑过不同坐姿的不同感受吗？**（参考时间：5 分钟）

如果座椅的尺寸、结构不符合解剖学要求，想要坐着舒服是不可能的。那么，合理的座椅是否一定能保证很好的感受呢？——请看图 3-20：这位先生驾驶着自己的汽车，几小时下来，有时觉得腰部难受，很累；有时又没有这种感觉。他不知道这是为什么。熟悉人机学的朋友画了图 3-20 的示意图，告诉他，有时采用图 3-20a 所示的坐姿驾驶，有时又像图 3-20b 所示那样坐着驾驶，却并未觉察坐姿的差异及其后果……——请同学们指出，两种驾驶坐姿分别引起了怎样的后果，为什么？

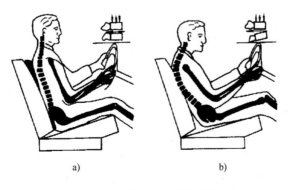

a)　　　　　　b)

图 3-20 两种坐姿，不同感受

座椅合理，未必一定能收到应有的效能。所以向广大公众普及人机学常识，使他们了解什么是正确坐姿，其重要性不低于设计的合理性。

## 第四节 坐垫与靠垫

### 一、椅垫的生理学评价要素

硬座面和硬靠背，使臀部和背部凸出的局部受压过于集中，造成不适。有一定弹性的坐垫和靠垫可缓解这种不适。怎样的椅垫是好椅垫呢？椅垫性能的生理学评价有两方面的要素：①椅垫的软硬性能（即力学性能）；②椅垫材质对于体肤的生理舒适性。

### 二、椅垫的软硬性能

硬椅面使人体的局部体压过于集中，造成不适，见图 3-21a。而椅垫过软、在体压下发生很大的变形，甚至顺应人体轮廓形成"包裹"人体的形态，见图 3-21b，也使人不舒适。原因如下：①坐骨骨尖下适于承压的部位和其他不宜承压的部位趋于"同等待遇"，不符合生理要求；②不能通过改变坐姿来进行生理调节；③过于柔软的椅垫让人产生不稳定的感觉，会使全身肌肉紧张收缩，容易疲劳；④过于柔软的座椅还会减少对大脑的刺激，使大脑反应迟钝，所以工作椅的椅垫尤其不可太软太厚。

图 3-21 椅垫的软硬性能

能缓解局部体压过于集中，又不形成对人体轮廓的"包裹"形态，才是椅垫较好的软硬性能，见图 3-21c。这种性能的椅垫结构有两种：第一种简单、经济型的，是一层耐磨面料里面装一块软垫子。软垫子材料松软，坐垫厚度 40～80mm，靠垫比坐垫薄一些；软垫子相对密实，坐垫厚度 20～40mm，靠垫可更薄一些。第二种讲究一点，用于沙发、汽车座椅等场合。它由蒙面材料和基体两部分构成，蒙面材料厚度 1～5mm；基体是弹簧阵列、弹簧网或深层软材料，厚度取决于产品实际需要。这种椅垫的力学性能是浅层刚挺、弹性好，深层柔韧。

### 三、椅垫材质的生理舒适性

椅垫材质的生理舒适性，分皮肤触感和椅面的微气候条件两个方面。

**1. 椅垫材质的皮肤触感**

皮肤触感简称触感，取决于蒙面材料的材质和纺织制作工艺，触感要求柔软而不是硬挺、暖和而不是僵冷、粗糙而不是光滑。

**2. 椅垫的微气候条件**

椅垫的微气候指人体（含衣着）与椅垫之间形成的湿度、温度状况。优良的椅垫应避免人体接触部位湿度的局部攀升，保持皮肤的干爽，因此要求有良好的透气性；椅垫保温性能不宜过强或过弱；保温性能与材质的粗糙触感和透气性直接相关。一项椅垫蒙面材料与椅面

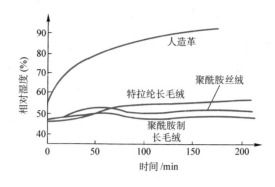

图 3-22  蒙面材料与椅垫人体接触面上的湿度状况

湿度关系的实验结果见图 3-22（实验条件：室温 28℃，空气相对湿度 50%）：四种椅垫蒙面材料中，人造革蒙面的微气候条件恶化最快、最严重，到就坐 160min 时，相对湿度已升至 90% 以上，会使人明显感觉不适；其他三种蒙面材料均优于人造革蒙面。

# 第五节　办公桌的功能尺寸

## 一、桌面高度（桌椅配合）

前已述及，我国老式办公桌偏高。桌面过高，小臂在桌面上工作时，肘部连同上臂、肩部都被托起，造成肌肉紧张，难受且易感疲劳。过高的桌面还是引起青少年近视的原因之一。桌面过低，则使工作时脊柱的弯曲度加大，腹部受压，妨碍呼吸和有关部位的血液循环，并使背肌承受较大的拉力。在低桌面进行视觉负担重的工作，颈椎弯曲尤其厉害，会造成更加不良的后果。

桌子是坐着使用的，确定合理桌高的方法是：座高加上合理的桌面椅面高度差，即

$$桌高 = 座高 + 桌椅高度差$$

前面已经讨论过座高，那么，怎样确定合理的桌椅高度差呢？

大量测试研究表明，合理的桌椅高度差可依据坐姿人体尺寸中的"3.1 坐高"（图 2-18，表 2-3）来确定，例如：

书写用的桌子：　　合适的桌椅高度差 $= \dfrac{坐高}{3} - (20 \sim 30)\text{mm}$

办公桌：　　　　　合适的桌椅高度差 $= \dfrac{坐高}{3}$

于是可推算出中等身材中国成年男子、女子办公桌的桌高如下：

$$办公桌高 = 座高 + 合适的桌椅高度差 = 座高 + \dfrac{坐高}{3}$$

对 50 百分位数身高的男子：　　座高$_{50男}$ = 422mm（本章 第三节）

坐高$_{50男}$ = 908mm（表 2-3）

因此　　　　　办公桌高$_{50男}$ = 422mm + $\dfrac{908}{3}$mm = 725mm

对 50 百分位数身高的女子：　　座高$_{50女}$ = 386mm（本章 第三节）

坐高$_{50女}$ = 855mm（表 2-3）

因此 $$\text{办公桌高}_{50女} = 386\text{mm} + \frac{855}{3}\text{mm} = 671\text{mm}$$

考虑到办公桌难以区别男用或女用等因素，GB/T 3326—1997 规定的桌高范围为 $H = 700 \sim 760\text{mm}$，级差 $\Delta S = 20\text{mm}$。因此共有以下四个规格的桌高：700mm、720mm、740mm、760mm。我国中等身材男子使用办公桌的适宜尺寸见图 3-23a，可调办公桌椅的尺寸大体见图 3-23b。

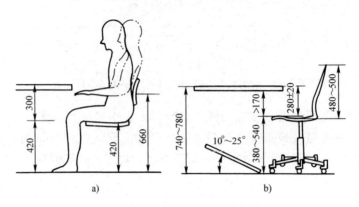

图 3-23　办公桌椅的尺寸

a）中等尺寸的办公桌椅　b）可调尺寸的办公桌椅

## 二、中屉深度

与高度为 800mm 的老式办公桌相比，GB/T 3326—1997 规定的桌高 700 ~ 760mm 是明显地合理了。但桌下面的"容膝空间"还是必须保证的。就是说，桌面低了，中间那个抽屉（简称中屉）就不能太深，否则会使大腿在中屉下受压或根本放不下去。根据桌椅高度差的尺寸组成，应该有

$$a = b + x + c + d + e + f$$

式中　$a$——桌椅高度差；

　　　$b$——桌子面板的厚度；

　　　$x$——中屉的深度；

　　　$c$——中屉底板的厚度；

　　　$d$——坐姿人体尺寸"3.6 坐姿大腿厚"；

　　　$e$——穿衣修正量；

　　　$f$——中屉下面大腿的（小幅度）活动空间。

以中等身材（50 百分位数身高者）的男子为例，应该有：

由表 2-3 查得 $a = \dfrac{908}{3}\text{mm} - 20\text{mm} = 283\text{mm}$，$d = 130\text{mm}$

设取 $b = 20\text{mm}$，$c = 10\text{mm}$，$e = 2 \times 6\text{mm} = 12\text{mm}$，$f = 30\text{mm}$

代入上式可得

中屉深度 $x = 283\text{mm} - 20\text{mm} - 10\text{mm} - 12\text{mm} - 130\text{mm} - 30\text{mm} = 81\text{mm}$

中屉深度仅 80mm 左右，相当浅。可见新式办公桌的中屉比传统办公桌的要浅得多，这是新老办公桌在结构上的一个明显区别。

# 第四章 显示装置

## 第一节　人的视觉与听觉特性

### 一、感觉器官与感觉类型

#### 1. 人的主要感觉器官与感觉类型

人依靠感觉器官接受外界环境和人体自身状况的信息。各种信息以不同类型的物理量呈现，心理学中把各种物理量称为**刺激**。人体有接受多种刺激的感觉器官，参看表4-1。

**表4-1　人的感觉类型与感觉器官**

| 感觉类型 | 感觉器官 | 刺激类型 | 感觉、识别的信息 |
| --- | --- | --- | --- |
| 视觉 | 眼睛 | 一定频率范围的电磁波 | 形状、位置、色彩、明暗 |
| 听觉 | 耳朵 | 一定频率范围的声波 | 声音的强弱、高低、音色 |
| 嗅觉 | 鼻子 | 某些挥发或飞散的物质微粒 | 香、臭、酸、焦等 |
| 味觉 | 舌头 | 某些被唾液溶解的物质 | 甜、咸、酸、苦、辣等 |
| 皮肤觉 | 皮肤及皮下组织 | 温度、湿度、对皮肤的触压、某些物质对皮肤的作用 | 冷热、干湿、触压、疼、光滑或粗糙等 |
| 平衡觉 | 半规管 | 肌体的直线加速度、旋转加速度 | 人体的旋转、直线加速度 |
| 运动觉 | 肌体神经及关节 | 肌体的转动、移动和位置变化 | 人体的运动、姿势、重力等 |

人接受的外界信息中，从视觉获得的比例最大，听觉次之，皮肤觉（温湿度、触压等）再次之。显示装置中利用的感觉类型，其重要性的排序也是如此。

#### 2. 人的感知响应过程

人脑对外界事物某种属性的反映称为感觉，如颜色、软硬、形状、大小、声音、气味等。而人脑对事物属性综合后得到的整体反映称为知觉。感觉是基础，但只有将感觉综合成为知觉，人的大脑才能做出判断与反应。例如看到一个某种大小的球体，皮制、充气、黑白斑块相间……便知"此为足球"，这就是知觉。由于感觉与知觉关系密切，心理学中常将两者合起来统称为感知觉，简称感知。

人接受到外界信息（刺激）而做出一定反应，这一过程称为感知响应过程。人体中的感知响应系统，依照感知响应过程的顺序，依次由以下部分组成和起作用：感觉器官→传入神经→大脑皮层→传出神经→运动器官。

在图4-1所示单人单机人机系统中，上面半圈就是人感知响应过程的示意：从左到右，"眼耳"对应"感觉器官"，左侧箭头对应"传入神经"，接着是大脑（皮层），右侧箭头对应"传出神经"，"手脚"对应"运动器官"。在人机系统中，人的活动就是一个感知响应的过程。本章"显示装置"和下一章"操纵装置"，在人机系统设计中的地位也表示在图4-1中。

### 二、视觉器官与视觉机制

#### 1. 视觉器官——眼睛的构造

眼球直径21~25mm，质量约7g，是一个复杂的器官，见图4-2。

眼球的构造从前到后（在图4-2中是从上到下）依次为：①角膜：凸而透明，无血管，神经末梢丰富；②前房：充满澄清液体，其作用是营养角膜和晶状体；形成内压、保持角膜的凸度和紧张度；③虹膜：有色，其作用是调节瞳孔大小；④晶状体：功能类似一个透镜，靠缘带与睫状突相连，侧边为后房；⑤玻璃体：充满在晶状体和视网膜之间的透明胶状物，作用是对视网膜起支撑作用；⑥视网膜：布满感光细胞和其他神经细胞，主要作用是接受视觉信息。

眼球周围还有6块肌肉可使眼球转动，调节注视点和整个视野。

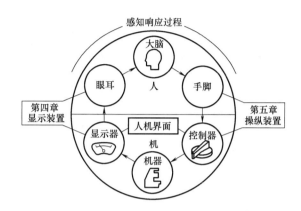

图 4-1　人的感知响应过程与人机系统

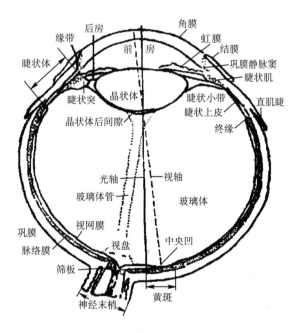

图 4-2　眼球的构造

**2. 视觉机制**

人的视觉能感受的可见光在电磁波频谱中，只占很小的范围，见图4-3。但人对这一小范围里可见光的分辨能力却很强。

眼睛的视觉机制类同于照相机：虹膜根据光线强弱调节瞳孔的大小，相当于相机的可调光圈；晶状体相当于相机的透镜及调焦机构，根据被视对象的远近自动调整曲率，使影像落在视网膜上；视网膜接受影像信息。

视网膜的构造很精细，内壁上有两种不同的视觉细胞：视杆细胞和视锥细胞。视杆细胞在光线很弱的条件下起感觉作用，但只能区别黑白，不能分辨颜色。视杆细胞分布在视网膜中心以外的边缘区域，因此昏暗中观察物体时，物体中心部位常不易感知，而对物体形状感知效果倒好些。视锥细胞在光线较强的条件下起感觉作用，有分辨颜色的功能，对黄色最敏感。视锥细胞分布在视网膜中心区域，在黄斑区中央直径约1.5mm的中央凹处（图4-2）尤其密集，因此在较明亮条件下，能清楚辨别物体的细节和颜色，但因黄斑中央凹处很小，所以人们能"即时"看清、看细的，只限于物体上一个甚小的区域。通过眼球周围的6块肌肉转动眼球，使被视对象不同部位的影像迅速依次地落在黄斑区域，才看清了较大的范围，这个过程称为目光的巡视。

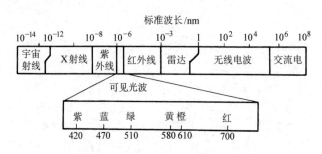

图4-3 电磁波频谱中的可见光

### 3. 视觉系统

视觉是由眼睛、视神经和视觉中枢共同完成的，它们组成了视觉系统。

两眼各有一支视神经通过眼底的"视盘"，经过交叉交叠，分左、右两支到达大脑表层的视中枢。由于左右两眼对被视对象形成一定视觉差异，从而使人获得事物的立体感。

## 三、人的视觉特性

视觉显示装置在显示装置中占的比例最大，其人机工程设计的依据是人的视觉特性，包括视野及视区、视角及视敏度、明暗适应、目光巡视特性、视错觉等方面，分述如下。

### （一）视野及视区

#### 1. 视野及视线

视野，也称为视场，基本定义是：头部和眼睛在规定的条件下，人眼可觉察到的水平面与铅垂面内的空间范围。

视野又细分为直接视野、眼动视野和观察视野三种，定义如下：

**（1）直接视野** 当头部与两眼静止不动时，人眼可觉察到的水平面与铅垂面内的空间范围。

**（2）眼动视野** 头部保持在固定的位置，眼睛为了注视目标而移动时，能依次注视到的水平面与铅垂面内的空间范围，可分为单眼和双眼眼动视野。

**（3）观察视野** 身体保持在固定的位置，头部与眼睛转动注视目标时，能依次注视到的水平面与铅垂面内的空间范围。

在铅垂面内，水平线下的视野大于水平面上的视野值。这是因为头部和眼睛都处于放松状态时，人的视线并不是水平的，而是在水平线以下。为此GB/T 12984—1991定义了"正常视线"的概念。

**正常视线** 头部和两眼都处于放松状态，头部与眼睛轴线夹角约为105°~110°时的视线，该视线在水平视线下约25°~35°（图4-4）。

图4-5~图4-7所示分别为直接、眼动、观察三种视野在水平、铅垂两个方向上的最佳值。三种视野的最佳值之间有以下简单关系：

眼动视野最佳值＝直接视野最佳值+眼球可轻松偏转的角度（头部不动）

观察视野最佳值＝眼动视野最佳值+头部可轻松偏转的角度（躯干不动）

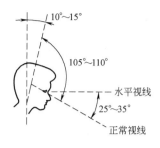

图 4-4　正常视线

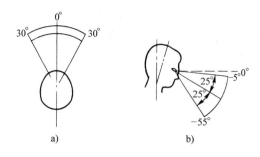

图 4-5　最佳的直接视野
a）最佳的水平直接视野（双眼）　b）最佳的铅垂直接视野

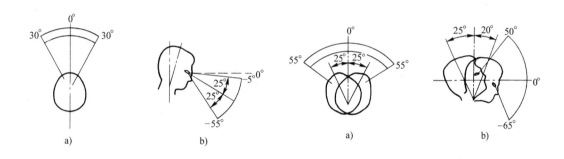

图 4-6　最佳的眼动视野

a）最佳的水平眼动视野（双眼）

b）最佳的铅垂眼动视野

图 4-7　最佳的观察视野

a）最佳的水平观察视野（双眼）

b）最佳的铅垂观察视野

在图 4-5～图 4-7 中，水平视野最佳值都是左右对称的，但铅垂视野最佳值对于水平线都不对称，原因是人的正常视线在水平线之下。

**色觉视野**　简称**色视野**。不同颜色对人眼的刺激不同，所以视野也不同。从图 4-8 可以看出，白色视野最大，接着依次为黄色、蓝色，红色视野较小，绿色视野最小。产品上的显示与操纵装置、社会设施上的标识符号等，选择颜色和位置时，应考虑色视野因素。

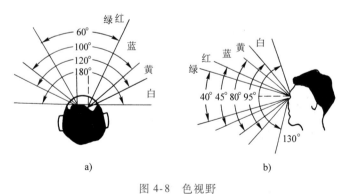

图 4-8　色视野
a）水平面内色视野　b）铅垂面内色视野

## 2. 视区

视野对于显示设计虽有参考价值，但不够精细。这是因为视野是指"可察觉到的"或"能依次地注视到的"空间范围；视野范围内的大部分是人眼的"余光"所及，仅能感到物体的存在，不能看清、看细。人眼能清晰分辨、快速看清被视对象的范围，对于显示设计更为重要。

对于显示设计，直接应用视区的概念。

按对物体辨认的清晰程度和辨认速度，分为以下 4 个视区：中心视区、最佳视区、有效视区和最大视区，见表 4-2。

表 4-2 的数据表明，中心视区的范围很小，在水平和铅垂方向上都只有 1.5°~3°。这是因为视网膜上视觉神经最密集的黄斑及中央凹处非常小的缘故。人眼要看清更大的范围，需要目光移动进行"巡视"。在表 4-2 中"最佳视区"的范围内，目光巡视还比较快；范围更大，目光巡视就慢了，且巡视时间并不与巡视的角度成比例，巡视角度大到一定数值以后，巡视时间将显著增加（参看图 4-23b）。

表 4-2    不同视区的空间范围及辨认效果

| 视 区 | 范 围 | | 辨 认 效 果 |
| --- | --- | --- | --- |
| | 铅垂方向 | 水平方向 | |
| 中心视区 | 1.5°~3° | 1.5°~3° | 辨别形体快而且清楚 |
| 最佳视区 | 视水平线下 15° | 20° | 较短时间内能辨认清楚形体 |
| 有效视区 | 上 10°，下 30° | 30° | 需集中精力，才能辨认清楚形体 |
| 最大视区 | 上 60°，下 70° | 120° | 可感到形体存在，但轮廓不清楚 |

**（二）视角及视敏度**

**1. 视角与视距**

视角，是指从被视对象上两端点到眼球瞳孔中心的两条视线间的夹角。在图 4-9 中，$D$ 是被视对象上两端点间的距离，$L$ 是眼睛到被视对象间的距离，称为视距，$\alpha$ 为视角。

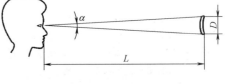

图 4-9  视距与视角

当视角较小时，$\alpha$、$D$、$L$ 三者间的近似关系为

$$\alpha = \frac{D}{L}$$

式中，视角 $\alpha$ 的单位是弧度（rad）。

若视角 $\alpha$ 以度（°）为单位，则有

$$\alpha = \frac{D}{L} \frac{180}{\pi} = 57.3 \frac{D}{L}$$

若视角 $\alpha$ 以分（′）为单位，则有

$$\alpha = 60 \times 57.3 \frac{D}{L} = 3438 \frac{D}{L}$$

即

$$D = \left(\frac{\alpha}{3438}\right) L \qquad (4-1)$$

式（4-1）对于显示设计及视觉传达设计很有用。一个物体能否看清，不取决于物体的尺寸本身，而取决于它对应的视角。仪表的直径、仪表刻度的间距，视觉传达的文字、符号、图形尺寸设计，都要用到这个关系式。

**2. 视力与正常视力**

人眼对观察目标的分辨能力称为视力。能分辨目标对应的视角越小，表示视力越好。测定记录视力的方法有多种，其中的"小数记录"法以视角分值的倒数值为视力值，所以视力值越大，视力越好。

在规定的条件下，能分辨 1′ 视角的视力称为正常视力。1 的倒数等于 1.0，所以以"小数记录"法的正常视力值为 1.0，这是大家较为熟悉的。还有"5 分记录法"等记录视力的方法，其正常视力对应的数值各不相同，在此省略。

图 4-10 所示为标准对数视力表（GB/T 11533—2011）。

该图中的第9行，视标"E"第一笔画或间隙均为 $D = 1.5$mm，若规定视距 $L = 5$m $= 5000$mm，则由式（4-1）可得视标笔画或间隙对应的视角分值为

$$\alpha = 3438 \times 1.5\text{mm}/5000\text{mm} = 1$$

即在规定的照度等条件下，被测者在视力表前5m处能单眼分辨第9行视标的笔画或间隙，即为正常视力。

能分辨第9行以下的小图标，视力值大于1.0，视力优于正常视力；反之，视力值小于1.0，视力比正常视力差。

（三）**明暗适应**

从明亮的环境刚进入黑暗环境，或者相反，眼睛都需要有一段适应的时间才能看清物体。人眼从看高照度的物体到能看清低照度下物体的过程和结果称为暗适应；相反的过程和结果，称为明适应。照度的差别越大，适应所需的时间越长。明适应在短时间内即可完成。暗适应需要的时间较长，有时10min以后暗适应的过程还在继续。

在明、暗适应的变换中，容易发生观察的错误；反复的、大强度的明、暗适应还使眼睛疲劳，甚至对眼睛造成伤害。明、暗适应问题在显示设计、日常生活中都不少见。如白天车辆进入照明不足的隧道时，暗适应过程可能延续10s左右时间，成为隧道事故的隐患，因此必须改善隧道照明。夜间行车多开着远光灯，

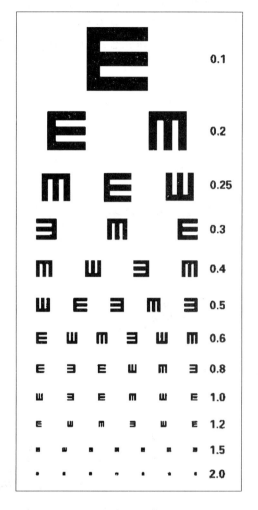

图 4-10　标准对数视力表

两车交会之际改换为近光灯，但驾驶员的暗适应没这么快，是夜间会车容易产生事故的原因。为此应该提倡慢车交会，并提前进行远、近光的改换。（希望读者思考并列举出一些需要考虑明、暗适应的问题）。

（四）**目光巡视特性**（视觉运动特性）

由于人眼在瞬时能看清的范围很小，人们观察事物多依赖目光的巡视，因此设计中必须考虑目光的巡视特性（也称为视觉运动特性）。目光巡视特性主要有：

1）目光巡视的习惯方向为　水平方向：左→右；铅垂方向：上→下；旋转巡视时：顺时针。目光巡视运动是点点跳跃（如袋鼠）而非连续移动（如蛇行）的。

2）视线水平方向的运动快于铅垂方向，且不易感到疲劳；对水平方向上尺寸与比例的估测，比对铅垂方向的准确。

3）两眼总是协调地同时注视一处，很难两眼分别看两处。只要不是遮挡一眼或故意闭住一眼，一般不可能一只眼睛看东西而另一只眼睛不看，所以设计中常取双眼视野为依据。

视觉运动的上述特性，在显示仪表的选择、设计和布置中都要用到。

（五）**视错觉**

人观察外界事物所得印象与真实情况存在差异的现象称为视错觉。视错觉有形状错觉、色彩错觉、物体运动错觉三类。其中形状错觉又有（线段）长短错觉、大小错觉、对比错

觉、方向方位错觉、分割错觉、透视错觉、变形错觉等。在设计中有的情况下要避免视错觉的发生，有的情况下又可利用视错觉来达到一定目标。所以视错觉问题在产品设计、视觉传达设计中都应予以重视。图4-11列举了一些形状错觉方面的例子，并在每个图下面做简要文字说明。

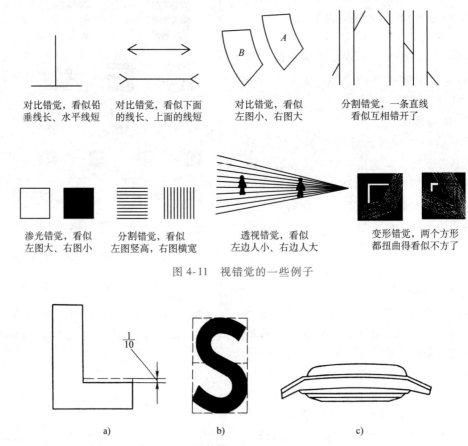

对比错觉，看似铅
垂线长、水平线短

对比错觉，看似下面
的线长、上面的线短

对比错觉，看似
左图小、右图大

分割错觉，一条直线
看似互相错开了

渗光错觉，看似
左图大、右图小

分割错觉，看似
左图竖高，右图横宽

透视错觉，看似
左边人小、右边人大

变形错觉，两个方形
都扭曲得看似不方了

图4-11 视错觉的一些例子

$\frac{1}{10}$

a)                    b)                    c)

图4-12 视错觉在设计中应用的例子

图4-12所示为几个视错觉在设计中应用的例子。图4-12a中的字母"L"，若一竖一横粗细相同，会看似短横粗而长竖细，字形不好看，把短横粗细减少1/10，看起来才协调。图4-12b的字母"S"，若上半部和下半部一样大，会看似上大下小，字形死板，把上半部略微缩小一些，则显得生动稳定了。普通机械手表的总厚度常达10mm左右，为了避免笨拙感，看上去显得精致、轻巧，利用了图4-12c所示的视错觉的手法：往边沿一级级地减薄下去，到最边缘减到只有2~3mm后，则使人感觉不到手表的真实厚度了。

## 四、人的听觉特性

### （一）人耳的听觉范围

影响听觉的物理因素主要有声波的频率和强度。度量声波强度的物理量有声压（单位：Pa）、声强（单位：W/m²）、声压级（dB）三种，为了接近日常生活中的感受，本书采用声压级这一物理量讲述。影响听觉的人的因素，除个体差异外，主要是年龄。

人能够听到的最弱的声音界限值，称为听阈。使人耳产生难耐刺痛感的高强度声音界限值，称为痛阈。听阈和痛阈之间就是人正常感受的听觉范围。听觉能正常感受的频率范围和声压级范围见图4-13。

成年人能够感受的声波频率在20~20000Hz之间。随着年龄增大，对高频率声波的感受能力逐渐衰减，但对 2000Hz 以下低频声波的感受能力变化不大。人们最敏感的频率范围是 1000~3000Hz 之间。一般人讲话发声的频率基本在此范围及略低的范围内。

（二）方向敏感性

与两眼视觉的微小差异使人获得物体的立体感相似，两耳听觉的微小差异，使人得知声音传来的方向，这称为"双耳效应"。双耳效应来源于声音到达两耳的微小时间差、强度差和头部对声音阻挡造成的频谱改变。声音频率越高，声波波长越短，声波绕过头部达到较远那只耳朵所发生的频谱改变越严重，两耳的听觉差异也越大，因此，**声音的频率越高，辨别声音方向越容易**，即听觉方向敏感性随频率增加而增大。右耳听觉的方向敏感性与声音频率的关系见图 4-14。图 4-14 表明，对于 200Hz 的低频声音，基本不能凭听觉分辨声源的方位。频率 500Hz，方向性已相当明显，而 2500Hz、5000Hz 声音的方向就尤为明显了。

（三）遮蔽效应

一个声音（主体声）被另一个声音（遮蔽声）掩盖的现象，称为遮蔽。

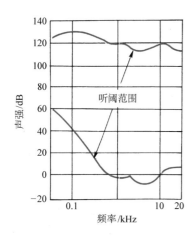

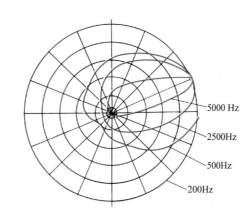

图 4-13　听觉的频率范围
和声压级范围

图 4-14　右耳听觉的方向敏感性
与声音频率的关系

主体声的听阈因遮蔽声的遮蔽作用而提高的效应，称为遮蔽效应。遮蔽声强，遮蔽声的频率与主体声的频率接近，都会使遮蔽效应加大。低频遮蔽声对高频主体声的遮蔽效应较大；反之，高频遮蔽声对低频主体声的遮蔽效应较小。

听觉遮蔽与听觉传达设计和语言通信关系重大。

# 第二节　显示装置的类型、设计与布置

## 一、显示装置的类型与性能特点

显示装置按信息的种类可分为：视觉显示装置、听觉显示装置以及触觉显示装置。视觉显示用得最广泛，听觉显示次之，触觉显示只在特殊场合用于辅助显示。

视觉显示的主要优点是：能传示数字、文字、图形符号，甚至曲线图表、公式等复杂的信息和科技方面的信息，传示的信息便于延时保留和储存，受环境的干扰相对较小。听觉显示的主要优点是：即时性、警示性强，能向所有方向传示且不易受到阻隔，但听觉信息与环境之间的相互干扰较大。

显示装置按显示的形式可分为：仪表显示、信号显示（信号灯、听觉信号、触觉信号）、荧光屏显示等。

显示仪表的两种常见类型是：刻度指针式仪表和数字式仪表，两者各有不同的特性和使用条件，见表 4-3。

表 4-3　刻度指针式仪表与数字式仪表的性能对比

| 对比内容 | 刻度指针式仪表 | 数字式仪表 |
|---|---|---|
| 信息 | ①读数不够快捷准确<br>②显示形象化、直观，能反映显示值在全量程范围内所处的位置<br>③能形象地显示动态信息的变化趋势 | ①认读简单、迅速、准确<br>②不能反映显示值在全量程范围内所处的位置<br>③反映动态信息的变化趋势不直观 |
| 跟踪调节 | ①难以完成很精确的调节<br>②跟踪调节较为得心应手 | ①能进行精确的调节控制<br>②跟踪调节困难 |
| 其他 | ①易受冲击和振动的影响<br>②占用面积较大，要求必要照明条件 | 一般占用面积小，常不需另设照明 |

表 4-3 所示两类仪表的不同优缺点，决定了它们不同的适用场合，下面结合实例分析，说明两者应用场合的区别。汽车上有显示车速的速度表，但驾驶员需要了解的是车速的约值，并不需要十分精确。显示油箱里剩油量，也只需知道约数即可。日常生活里的钟表也是如此。凡这类情况，刻度指针式仪表较为合适，瞥一眼就很快掌握了信息。但记录运动员跑步成绩必须精确，所以电子计时器、手揿秒表，都是数字显示的。飞机降落前需要不断调整航向，根据仪表指针的偏离情况进行跟踪调节，直观而且符合人的自然行为方式；倘若用数字显示航向的偏离，飞行员跟踪调节的视觉和脑力负担就大多了。

## 二、显示仪表设计的人机学因素

与数字式仪表对比，刻度指针式仪表的人机学因素更加丰富。

### （一）仪表刻度盘

**1. 仪表刻度盘的形式**

刻度指针式仪表的常见形式见图 4-15。图 4-15a 所示为开窗式，可看成数字式仪表的一种变形，认读区域很小，视线集中，因此读数准确快捷，但对信息的变化趋势及状态所处位置不易一目

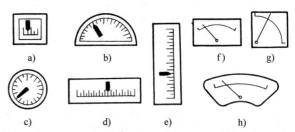

图 4-15　刻度指针式仪表的形式
a) 开窗式　b) 半圆形　c) 圆形　d) 水平直线形
e) 铅垂直线形　f)、g)、h) 非整圆形

了然，跟踪调节也不方便。图 4-15d、e 所示为直线形的仪表盘，观察时视线的扫描路径长，认读慢，误读率高，是较差的形式，且铅垂直线形比水平直线形更差。图 4-15c 所示为圆形仪表盘，视线的扫描路径短，认读较快，缺点是读数的起始点和终止点可能混淆不清。图 4-15b 所示的半圆形仪表盘与图 4-15f、g、h 所示的非整圆形仪表盘的特点类似，但后三种式样更显灵活。它们的优点是：视线扫描路径不长，认读方便，起始点和终止点也不会混淆。总的来说，圆形较好，半圆形、非整圆形认读性更好一些。

图 4-16 所示为上述仪表刻度盘的形式与误读率。可以看出，误读率与上面讲的认读时间相关：认读时间长，则误读率比

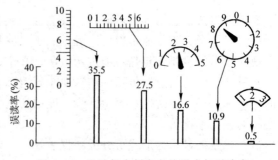

图 4-16　几种仪表刻度盘的形式与误读率

较高。

**2. 仪表刻度盘的尺寸**

仪表刻度盘尺寸选取的原则是：在能清晰分辨刻度的条件下，选取较小的直径。刻度盘尺寸太小，分辨刻度困难，固然不行，但加大刻度盘尺寸，将使视线扫描路径增加，认读时间加长，误读率上升。另外，刻度盘大了也不利于仪表的紧凑布置。

刻度盘外轮廓对应的视角通常取 $\alpha = 2.5° \sim 5°$。其主要影响因素是：刻度盘上刻度线的数量、光照条件及其变化，以及对仪表占据的空间有无限制等。

由视角 $\alpha = 2.5° \sim 5°$，通过式（4-1）能获得一般条件下刻度盘外轮廓尺寸（如圆形刻度盘的直径）$D$ 与观察距离（视距）$L$ 的关系，即

$$\alpha = (2.5 \times 60') \sim (5 \times 60') = 150' \sim 300'$$

所以

$$D = \frac{\alpha}{3438}L = \frac{150 \sim 300}{3438}L$$

$$D = \frac{L}{23} \sim \frac{L}{11}$$

即刻度盘外轮廓尺寸可在视距的 1/23~1/11 之间选取。

表 4-4 给出了刻度盘最小尺寸、标记数量与视距的关系。

**表 4-4 刻度盘最小尺寸、标记数量与视距的关系**

| 刻度标记的数量 | 刻度盘的最小直径/mm | |
|:---:|:---:|:---:|
| | 视距为 500mm | 视距为 900mm |
| 38 | 26 | 26 |
| 50 | 26 | 33 |
| 70 | 26 | 46 |
| 100 | 37 | 65 |
| 150 | 55 | 98 |
| 200 | 73 | 130 |
| 300 | 110 | 196 |

仪表盘外轮廓的宽窄、颜色深浅都影响仪表的视觉效果。外边缘界线太宽、颜色太深或太鲜艳，会过于"吸引"视线而影响仪表的认读；反之，外边缘界线太窄、颜色太浅淡，又缺乏对视线的"吸引力"，也不利于认读。从视觉考虑，以能"拢"得住视线，又不过于"抢眼"、不干扰认读为佳。

**（二）数码与字符**

仪表盘上数码与字符标注涉及的因素有：①数码与字符的尺寸大小；②字符的宽高比和笔画的粗细；③字体的选择；④数码、字符主体色与背景色的搭配等。其中后三方面的要求，是视觉传达设计中的共同问题，将在第七章中讲述。下面仅讨论仪表盘上数码与字符的尺寸问题。

仪表盘上数码与字符对应的视角，可取 $\alpha = 10' \sim 30'$。由式（4-1）可算出字符尺寸 $D$ 与视距 $L$ 的关系为

$$D = \frac{10}{3438}L \sim \frac{30}{3438}L = \frac{L}{350} \sim \frac{L}{110}$$

即数码、字符的尺寸应在视距的 1/350~1/110 之间。这个变动范围较大，原因是影响因素很多：光照强弱、字符与背景的明度与色彩对比、要求认读的快慢以及客观条件对字符尺寸的限制程度等。

在中等光照及通常条件下，可取 $D \approx L/250$。表4-5所列数据可供设计参考。

表4-5 仪表盘上字符的高度与视距

| 视距/m | 字高/mm | 视距/m | 字高/mm |
|---|---|---|---|
| 0.5以内 | 2.3 | 1.8~3.6 | 17.3 |
| 0.5~0.9 | 4.3 | 3.6~6.0 | 28.7 |
| 0.9~1.8 | 8.6 | | |

（三）刻度及刻度线

**1. 刻度标值**

刻度值的标注数字应取整数，避免小数或分数。刻度值的递增方向应与视线运动的适宜方向一致，即从左到右、从上到下，或顺时针转向。刻度值标注在长刻度线上，一般不在中刻度线上标注，尤其不标注在短刻度线上。图4-17所示为刻度标值适宜与不适宜的示例。

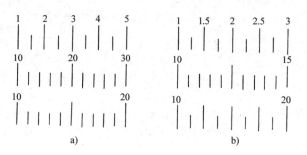

图4-17 刻度标值适宜与不适宜的示例
a）适宜 b）不适宜

**2. 刻度间距**

刻度盘上两个最小刻度标记间的距离称为刻度间距，简称刻度。刻度太小，视觉分辨困难；但刻度过大，则使认读效率下降。在一般照明条件下，仪表刻度对应的视角宜取 $\alpha = 5' \sim 11'$。由此可代入式（4-1）算出刻度 $D$ 与视距 $L$ 关系为

$$D = \left(\frac{5}{3438} \sim \frac{11}{3438}\right) L \approx \frac{L}{700} \sim \frac{L}{300}$$

刻度最小值还受到刻度盘材料的影响，钢、铝和有机玻璃的最小刻度为1.0mm，黄铜和锌白铜的最小刻度为0.5mm。

**3. 刻度线**

刻度线一般分短、中、长三级，见图4-18。刻度线的宽度一般为刻度间距的1/3~1/8。刻度线的宽度按短线、中线、长线顺序逐级加粗一些，有利于快速地正确认读。刻度线的长度取决于视距，参考值见表4-6。

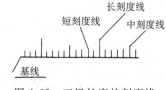

图4-18 三级长度的刻度线

表4-6 刻度线长度与视距的关系

| 视距/m | 刻度线长度/mm | | |
|---|---|---|---|
| | 长刻度线 | 中刻度线 | 短刻度线 |
| 0.5以内 | 5.5 | 4.1 | 2.3 |
| 0.5~0.9 | 10.0 | 7.1 | 4.3 |
| 0.9~1.8 | 20.0 | 14.0 | 8.6 |
| 1.8~3.6 | 40.0 | 28.0 | 17.0 |
| 3.6~6.0 | 67.0 | 48.0 | 29.0 |

（四）仪表的结构因素举例

**1. 指针与盘面**

指针的形状应有鲜明的指向性，见图4-19。指针的色彩与盘面底色应形成较鲜明的对

比。指针头部宽窄宜与刻度线宽窄一致。长指针在与刻度线保留间隙的前提下，尽量长些；短指针的长度应兼顾可视性，及与长指针有明显的区别。

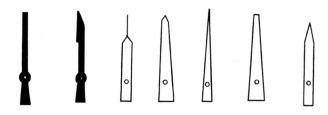

图 4-19　指针造型的指向性示例

指针的旋转面高于盘面的刻度线，会造成读数误差。结构设计中应使两者处在同一或贴近的平面上，图 4-20 是实现这一要求的几种结构方案示例。

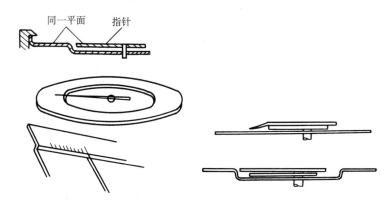

图 4-20　指针旋转与刻度线在同一平面上的方案示例

**2. 盘面结构与字符数码的立位**

字符与数码的上下朝向，称为字符数码的"立位"。字符数码立位的选择，与指针盘面的运动关系有关。图 4-21a、b 是盘面固定、指针旋转，其中图 4-21a 中字符铅垂正向立位，容易认读；而图 4-21b 中的字符认读就困难了，"60"看着像"09"，等等。图 4-21c、d 是盘面旋转、"▼"标记固定不动，其中图 4-21c 的字符与图 4-21b 一样，但所有字符随盘面转到标记"▼"位置时，都成为铅垂的正立位，便于认读。而图 4-21d 中的字符则认读困难。

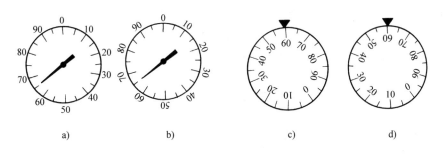

| a) | b) | c) | d) |

图 4-21　刻度盘结构与字符数码的立位

a)、b) 盘面固定，指针旋转　c)、d) 盘面旋转，标记固定

### 三、显示仪表的布置

单个的仪表或仪表板上多个显示装置的布置，应遵循的一般原则如下：

1）显示装置平面应与人的正常视线（在水平线以下）近于垂直。图 4-22a 为立姿、坐姿及适宜视距下的显示板平面位置。现在汽车的仪表板都按这一原则安置，见图 4-22b。

2）显示装置的布置应紧凑，按重要性和观视频度分区布置。图 4-23 所示为视距约

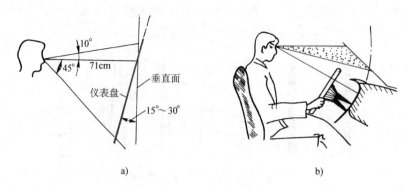

图 4-22　显示装置平面与视线尽量垂直

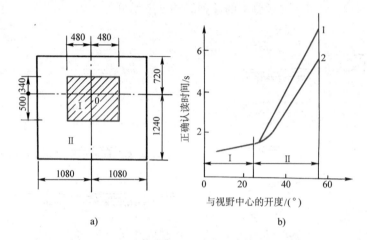

图 4-23　显示装置布置区域及认读效果的示例

a) 仪表板的尺寸（mm）与分区：Ⅰ—最佳认读区；Ⅱ—一般认读区

b) 不同区域的正确认读时间：1—认读右半部；2—认读左半部

800mm 的条件下，仪表布置的示例。图中 0 点是双眼正对的中心点，布置区域对于 0 点左右对称，但由于正常视线在水平线之下，所以布置区域对于 0 点上下并不对称。图中画阴影线的Ⅰ区为最佳认读区，左右边缘的视线偏离中心线约 24°；从图 4-23b 可知，在此区域内正确认读快捷。其Ⅱ区为一般认读区，图 4-23b 中的曲线表明，对Ⅱ区的正确认读时间随偏离中心角度的加大而迅速增加。图 4-23b 中 1、2 两条曲线还表明，对左半区的认读时间略短于右半区。

显示装置多、仪表板总面积大时，宜将仪表板做成弧围形或折弯形，见图 4-24。这样做，可减小观察边缘位置时眼球的转动范围，减轻眼睛晶状体调节焦距的负担。

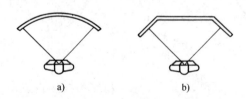

图 4-24　弧围形、折弯形仪表板

a) 弧围形　b) 折弯形

3）有固定观察顺序的仪表，应按目光巡视特性，依观察顺序从左到右、从上到下，按顺时针转向布置。

4）"功能分区"原则。例如在汽车吊、挖掘机等工程机械上，行驶时关注与发动机有关的仪表，像燃油表、水温表、速度表等；到达施工现场后关注施工操作的仪表，如起吊电动机、液压系统运行状态等仪表。两类仪表应分区布置，便于操作，减少失误。图 4-25 所示的示例中，左半部是发动机仪表，右半部是传动系仪表，中部为驾驶操作用仪表。

5）检查或警戒类仪表，不显示具体量值，却要求突出醒目地显示工作状态是否偏离正常，在大型化工厂、电站监控室里常见。这类仪表的布置应注意：第一，表示"正常状态"的指针位置（也叫"零位位置"），应以钟表上 12 点、9 点或 6 点的方位排列，即指向正上方、正下方或水平向左方向为好，见图 4-26a、b；第二，仪表多时，在整齐排列的仪表间添加"辅助线"，能使异常情况凸显出来，有利于监控发现，见图 4-26c。图中上部 3 个图的每个图里都有仪表偏离了正常位置，但并不容易发现；下部 3 个图，由于辅助线对视线的引导作用，非正常仪表凸显出来，一眼就能发现。

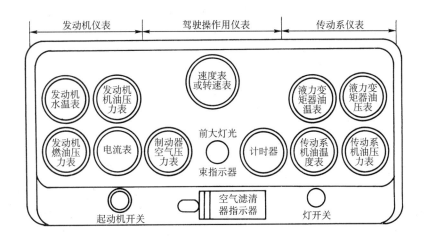

图 4-25　美国推荐的一种仪表功能分区布置示例

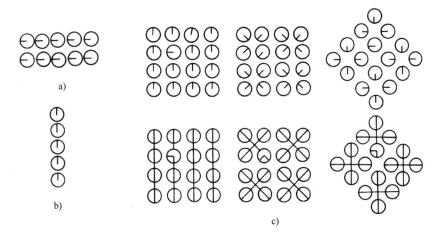

图 4-26　检查类仪表的零位选择和辅助线的应用

6）显示装置应与被显示对象有容易理解的一一对应关系。例如教室顶棚的吊灯或电扇，常按横竖阵列形式安置，例如 2 排 3 列或 3 排 4 列等，开关安置在某面墙上。若两者对应关系不好，想开某个吊灯或电扇时，亮起来或转起来的却是另外的吊灯或电扇，让人"不爽"。显示装置及其对象具有空间几何的一致性，是良好对应关系最自然、最简单的形式。例如电器控制柜里的模板插块，与柜门上所贴的模块说明应在几何上一一对应。图 4-27a 所示为 12 个模块插板实物的排列情况，图4-27b 所示的说明与实物空间几何关系一致，容易理解。而图 4-27c 中模块与图示的对应关系混乱，易造成困惑或混淆。

显示装置布置还应遵循显示与操纵的互动协调原则，将在第五章第六节中讲述。

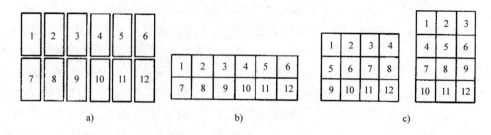

图 4-27　显示与被显示对象对应关系正确与不正确的示例
a）功能模块的实际排列　b）图示与模块——对应，避免混淆——正确
c）图示与模块对应性不好，容易引起混淆——不正确

# 第三节　信 号 显 示

## 一、信号显示的类型与特点

信号显示有视觉信号、听觉信号、触觉信号 3 种类型。

3 种类型都可以是有源信号或无源信号。前者由能源控制，可迅速改变状态；后者由持久不变的设置提供信息。GB 18209.1—2010《机械电气安全　指示、标志和操作　第 1 部分：关于视觉、听觉和触觉信号的要求》给出的 3 类有源和无源信号示例，见表 4-7。

表 4-7　视觉、听觉和触觉的有源和无源信号示例

| 信　号 | 视　觉 | 听　觉 | 触　觉 |
| --- | --- | --- | --- |
| 有源 | 以下各项的通/断或变化：<br>——颜色<br>——亮度<br>——对比（反差）<br>——（视觉）饱和<br>闪光<br>位置改变 | 以下各项的通/断或变化：<br>——频率<br>——强度（声级）<br>声音类型 | 振动<br>位置改变<br>定位销/按扣<br>刚性制动器定位 |
| 无源 | 安全标志<br>辅助标志<br>作标记<br>形状、颜色 | 安静 | 形状<br>表面粗糙度<br>凹凸<br>相对位置 |

3 种类型信号的不同功能特点和使用条件如下。

**1. 视觉信号**

由稳光或闪光的信号灯构成。

1）信号灯是远距离信息显示的常用方法，特点和优点是：刺激持久、明确、醒目。闪光信号灯的刺激强度更高。

2）信号灯的管理和维护容易，便于实现自动控制。

3）信号灯不适于传达复杂和量大的信息。一种信号一般显示一种状态（情况），或表示一种提示、指令。例如显示机器在正常运行，或出现故障需要检修等。

十字路口的交通信号灯，要求提供"禁行""准备改变"和"通行"三种指令，内容简单，但要求明确、醒目、能自动切换，是视觉信号扬长避短应用的典型。

**2. 听觉信号**

1）听觉信号有铃、蜂鸣器、哨笛、信号枪、语言等形式，适于远距离信息显示。听觉

信号即时性、警示性强于视觉信号；尤其是语言，能传达复杂、大量的信息，是它优于视觉信号的主要方面。报警、提示是听觉信号应用的主要领域。

2）听觉信号对无关人群形成侵扰，不适宜持续地提供，这是它不及信号灯应用广泛的主要原因。

3）听觉信号常需要配以人员守护管理。

一般听觉信号装置的功能参数和应用场合参看表4-8。

表4-8 一般听觉信号装置的功能参数和应用场合

| 装置类型 | 声压级范围/dB（距装置2.5m处） | 主频率/Hz | 适用条件、应用场合举例 |
|---|---|---|---|
| 低音蜂鸣器 | 50～60 | ≈200 | 低噪声、小区域的提示信号 |
| 高音蜂鸣器 | 60～70 | 400～1000 | 低噪声、小区域内的报警 |
| 1～3in① 的铃 | 60～65 | 1200～800 | 电话铃、门铃，低噪声、小区域内的报警 |
| 4～10in 的铃 | 65～90 | 800～300 | 学校、企业上下班铃，不大区域内的报警 |
| 哨笛、汽笛 | 90～110 | 5000～7000 | 噪杂的、大区域中的报警 |

① 1in=0.0254m。

### 3. 触觉信号

触觉信号只是近身传递信息的辅助性方法，用物体表面轮廓、表面粗糙度的触觉差异传达信息。图4-28所示为GB 18209.1—2010提供的仅用触觉可识别形状的示例，用来表示不同的机械操作。在一种应用场合选用的形状不宜超过5个。

## 二、信号灯的亮度、颜色与闪光

### 1. 信号灯的视距与亮度

为保证醒目性，信号灯与背景的亮度比应大于2。为避免"眩光"刺激，信号灯的背景亮度应较低。

信号灯的亮度取决于视距，相关因素较多，例如：①室内、室外，白天、黑夜等环境因素；②室外信号灯的醒目性受气候的影响很大，其中交通信号灯、航标灯须保证在恶劣气象下清晰可辨；③信号传示的险情、警戒级别高，则要求亮度高、可达距离远；④亮度还与大小、颜色有关。针对具体问题的参数选择，可查阅相关的技术资料。

图4-28 仅用触觉可识别形状的示例

### 2. 信号灯的颜色

信号灯的颜色与图形符号颜色的使用规则基本相同，例如：红色表示警戒、禁止、停顿，或标示危险状态的可能；黄色为提请注意；蓝色表示指令；绿色表示安全或正常；白色无特定含义等。表4-9为GB/T 1251.3—2008《人类工效学 险情和信息的视听信号体系》给出的险情信号颜色分类表。

表4-9 险情信号颜色分类表

| 颜色 | 含义 | 目的 | 备注 |
|---|---|---|---|
| 红色 | —危险 —异常状态 | —紧急状态 —警报 —停止 —禁止 —失败 | 红色闪光应当用于紧急撤离 |

（续）

| 颜色 | 含义 | 目的 | 备注 |
|---|---|---|---|
| 黄色 | 注意 | —需要注意<br>—状态改变<br>—干预 | |
| 蓝色 | 采取强制性行动的指示（见IEC 73：1991） | —反应<br>—防护<br>—特别注意<br>—安全方面的规定或优先次序安排 | 用于没有被红、黄或绿色明确规定的目的 |
| 绿色 | —警报解除<br>—正常状态 | —恢复正常<br>—继续进行 | |

### 3. 稳光与闪光信号的闪频

与稳光信号灯相比，闪光信号灯可提高察觉性，造成紧迫的感觉，适宜用于警示、险情警示及紧急警告等用途。

路障警示等一般警示，常用的闪频为 0.67~1.57Hz；紧急险情、重大险情，应提高闪频，并与声信号结合使用，例如消防车、急救车所使用的信号。人的视觉感受光刺激以后，会在视网膜上有一段暂短的存留时间，称为"视觉暂留"，因此闪频过高（例如10Hz以上），将丧失闪光效果。闪光信号闪亮和熄灭的时间间隔应大致相等。

### 4. 信号灯的形状、组合和编码

把信号灯与图形符号相结合，可增加信息含量，已被广泛应用，例如：

用箭头"←""→""↖""↗""↙""↘"表示前进方向；

用"×""\""/"或"⊘"表示禁止；

用"！"表示注意险情或警告等。

多个信号灯的组合，可显示较复杂的内容。例如飞机着陆信号系统，是在机场跑道两侧各安置一组信号灯，向飞行员显示其着陆过程的状态是否适宜。图 4-29 所示 3 种信号灯组合，形象地显示出 3 种状态：图 4-29a 所示的"⊥"形阵列，表示飞机下降航迹过低；当飞机出现危险的俯冲，"⊥"形阵列进一步改变为闪光的红色；图 4-29b 所示的"⊤"形阵列，表示飞机下降的航迹过高；而出现图 4-29c 所示的"十"形阵列时，表示飞机下降航迹合适。

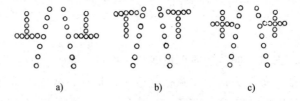

a)      b)      c)

图 4-29　显示飞机着陆过程的信号灯系统

# 第五章 操纵装置

# 第一节　手足尺寸与人体关节活动

## 一、人体手足尺寸

在声控及其他非接触式智能控制技术充分发展以前，手足操纵尤其是手动操纵，是主要的操纵方式。因此，在操纵装置和器物设计中，手足的操纵特性包括手足尺寸、肢体的施力与运动特性等，是人的因素的重要方面。

四肢传递的信息可以是力、位移、速度等物理量，实际上操纵使用的主要是力，一般只要求在一定方向上施力，不要求精确的力值和准确控制位移。

**1. 人体手足尺寸**

人体手足尺寸是操纵器尺寸设计的基本依据。GB/T 10000—1988 给出了中国成年人的手部基本尺寸和足部基本尺寸，见图5-1、表5-1和图5-2、表5-2。

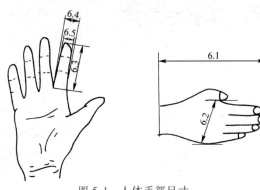

图5-1　人体手部尺寸

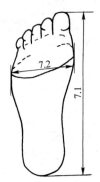

图5-2　人体足部尺寸

**2. 手部控制部位尺寸的回归方程**

GB/T 10000—1988 给出的中国成年人手部尺寸5项、足部尺寸2项，只是手部和足部的基本尺寸，对于实际应用是不够的。在产品设计中需要用到的其他手部尺寸还很多，如手提包的提手环、包装箱侧的手握孔洞等尺寸，都与四指并拢后近位关节处的宽度、手指厚度等尺寸有关。在 GB/T 16252—1996《成年人手部号型》中，把手长、手宽以外的其他尺寸称为**手部控制部位尺寸**，并以手长和手宽两参数的回归方程，给出了20个手部控制部位尺寸的计算公式，其中长度类尺寸以手长为回归方程的自变量，宽度、围度类尺寸以手宽为回归方程的自变量，见表5-3。

表5-1　人体手部尺寸　　　　　　　　　　　　　　　　（单位：mm）

| 测量项目 \ 年龄分组 百分位数 | 男（18~60岁） | | | | | | | 女（18~55岁） | | | | | | |
|---|---|---|---|---|---|---|---|---|---|---|---|---|---|---|
| | 1 | 5 | 10 | 50 | 90 | 95 | 99 | 1 | 5 | 10 | 50 | 90 | 95 | 99 |
| 6.1 手长 | 164 | 170 | 173 | 183 | 193 | 196 | 202 | 154 | 159 | 161 | 171 | 180 | 183 | 189 |
| 6.2 手宽 | 73 | 76 | 77 | 82 | 87 | 89 | 91 | 67 | 70 | 71 | 76 | 80 | 82 | 84 |
| 6.3 食指长 | 60 | 63 | 64 | 69 | 74 | 76 | 79 | 57 | 60 | 61 | 66 | 71 | 72 | 76 |
| 6.4 食指近位指关节宽 | 17 | 18 | 18 | 19 | 20 | 21 | 21 | 15 | 16 | 16 | 17 | 18 | 19 | 20 |
| 6.5 食指远位指关节宽 | 14 | 15 | 15 | 16 | 17 | 18 | 19 | 13 | 14 | 14 | 15 | 16 | 16 | 17 |

表5-2 人体足部尺寸 　　　　　　　　　　　　　　　（单位：mm）

| 测量项目 \ 年龄分组 \ 百分位数 | 男（18~60岁） | | | | | | | 女（18~55岁） | | | | | | |
|---|---|---|---|---|---|---|---|---|---|---|---|---|---|---|
| | 1 | 5 | 10 | 50 | 90 | 95 | 99 | 1 | 5 | 10 | 50 | 90 | 95 | 99 |
| 7.1 足长 | 223 | 230 | 234 | 247 | 260 | 264 | 272 | 208 | 213 | 217 | 229 | 241 | 244 | 251 |
| 7.2 足宽 | 86 | 88 | 90 | 96 | 102 | 103 | 107 | 78 | 81 | 83 | 88 | 93 | 95 | 98 |

表5-3 男子、女子手部控制部位尺寸的回归方程 　　　　　　　（单位：mm）

| 控制部位项目 | 男子 回归方程 | 女子 回归方程 |
|---|---|---|
| 掌长 | $Y = 7.89 + 0.53X_1$ | $Y = 3.20 + 0.55X_1$ |
| 虎口食指叉距 | $Y = 4.92 + 0.21X_1$ | $Y = 3.66 + 0.20X_1$ |
| 拇指长 | $Y = -4.96 + 0.32X_1$ | $Y = -2.79 + 0.32X_1$ |
| 食指长 | $Y = -0.85 + 0.38X_1$ | $Y = -0.25 + 0.38X_1$ |
| 中指长 | $Y = -5.04 + 0.44X_1$ | $Y = -3.52 + 0.44X_1$ |
| 无名指长 | $Y = -6.19 + 0.42X_1$ | $Y = -4.81 + 0.42X_1$ |
| 小指长 | $Y = 5.02 + 0.28X_1$ | $Y = -11.12 + 0.37X_1$ |
| 尺侧半掌宽 | $Y = 10.10 + 0.37X_2$ | $Y = 34.67 + 0.02X_2$ |
| 大鱼际宽 | $Y = 10.64 + 0.59X_2$ | $Y = 34.32 + 0.23X_2$ |
| 掌厚 | $Y = 6.51 + 0.27X_2$ | $Y = 9.23 + 0.21X_2$ |
| 食指近位指关节宽 | $Y = 6.89 + 0.14X_2$ | $Y = 12.80 + 0.05X_2$ |
| 中指近位指关节宽 | $Y = 8.65 + 0.12X_2$ | $Y = 12.01 + 0.06X_2$ |
| 无名指近位指关节宽 | $Y = 6.88 + 0.13X_2$ | $Y = 11.09 + 0.05X_2$ |
| 小指近位指关节宽 | $Y = 6.96 + 0.10X_2$ | $Y = 10.38 + 0.04X_2$ |
| 掌围 | $Y = 29.30 + 2.12X_2$ | $Y = 122.68 + 0.81X_2$ |
| 拇指关节围 | $Y = 26.01 + 0.48X_2$ | $Y = 40.08 + 0.25X_2$ |
| 食指近位指关节围 | $Y = 22.58 + 0.49X_2$ | $Y = 40.82 + 0.21X_2$ |
| 中指近位指关节围 | $Y = 23.72 + 0.50X_2$ | $Y = 41.11 + 0.22X_2$ |
| 无名指近位指关节围 | $Y = 21.92 + 0.46X_2$ | $Y = 36.79 + 0.22X_2$ |
| 小指近位指关节围 | $Y = 17.63 + 0.43X_2$ | $Y = 34.36 + 0.17X_2$ |

注：1. $X_1$ 为手长，$X_2$ 为手宽，$Y$ 为各对应项目的尺寸。

2. 表5-3中20个手部控制部位尺寸项目的图示和测量方法说明，可查阅 GB/T 16252—1996。

下面是3个手部控制部位尺寸的简单算例。

例　试求：①女子5百分位数的掌厚；②男子95百分位数的掌厚；③男子95百分位数的掌围。

解　1）由表5-3查得，女子掌厚的回归方程为

$$Y = 9.23 + 0.21X_2$$

由表5-1查得：女子5百分位数的手宽为 $X_2 = 70$mm，代入上面的回归方程，即得到女子5百分位数的掌厚为

$$Y = 9.23 + 0.21X_2 = [9.23 + (0.21 \times 70)] \text{mm} = 24.14 \text{mm}$$

2）读者试用同样方法计算男子95百分位数的掌厚，并与下式对照检验

$$Y = 6.51 + 0.27X_2 = [6.51 + (0.27 \times 89)] \text{mm} = 30.54 \text{mm}$$

3）读者试用同样方法计算男子95百分位数的掌围，并与下式对照检验

$$Y = 29.30 + 2.12X_2 = [29.30 + (2.12 \times 89)]mm = 217.98mm$$

## 二、人体关节的活动

### 1. 手部关节活动范围

手部的关节活动包括腕关节活动和指关节活动两种。

腕关节活动有两个自由度：①向手心或手背方向的转动，分别称为掌侧屈、背侧屈，见图5-3a；②向拇指或小手指方向的转动，分别称为桡侧偏、尺侧偏（两根前臂骨中大拇指一侧的叫"桡骨"，小手指一侧的叫"尺骨"，桡侧偏、尺侧偏的名称由此而来），见图5-3b。图5-3中标注了几个"可达"的参考数据，需要注意的是：这是能够活动到的限度，但在接近限度的状态下工作是劳累的，时间长了容易致伤，应该避免。

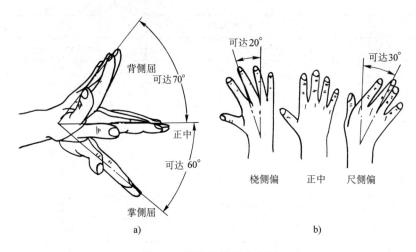

图5-3　腕关节的活动范围

a）掌侧屈和背侧屈　b）桡侧偏和尺侧偏

与手掌相连的指关节活动有两个自由度：手指握拳或伸开的伸屈活动；指间张开或并拢的张合活动。不与手掌相连的指关节只能做伸屈活动。

### 2. 人体的其他关节活动

人体全身有很多关节，这些主要关节的最大活动范围和能舒适调节的范围见表5-4。表列数值适用于一般情况，年岁较高或衣着较厚时，关节活动范围有所减少。人体可以看作是由多个关节连接而成的一个连环结构，正像腰关节总的转动角度是由几对腰椎骨间的转角累加的结果，全身各部位能够达到的活动角度，也是各有关关节转动角度的累加。

表5-4　人体主要关节的最大活动范围和能舒适调节的范围

| 关节 | 身体部位 | 活动方式 | 最大角度/(°) | 最大活动范围/(°) | 舒适调节范围/(°) |
|---|---|---|---|---|---|
| 颈关节 | 头至躯干 | 低头、仰头 | +40~-35[1] | 75 | +12~-25 |
| | | 左歪、右歪 | +55~-55[1] | 110 | 0 |
| | | 左转、右转 | +55~-55[1] | 110 | 0 |
| 胸关节腰关节 | 躯干 | 前弯、后弯 | +100~-50[1] | 150 | 0 |
| | | 左弯、右弯 | +50~-50[1] | 100 | 0 |
| | | 左转、右转 | +50~-50[1] | 100 | 0 |
| 髋关节 | 大腿至髋关节 | 前弯、后弯 | +120~-15 | 135 | 0（+85~+100）[2] |
| | | 外拐、内拐 | +30~15 | 45 | 0 |

（续）

| 关节 | 身体部位 | 活动方式 | 最大角度/(°) | 最大活动范围/(°) | 舒适调节范围/(°) |
|---|---|---|---|---|---|
| 膝关节 | 小腿对大腿 | 前摆、后摆 | +0~-135 | 135 | 0（-95~-120）② |
| 脚关节 | 脚至小腿 | 上摆、下摆 | +110~+55 | 55 | +85~+95 |
| 髋关节<br>小腿关节<br>脚关节 | 脚至躯干 | 外转、内转 | +110~-70① | 180 | +0~+15 |
| 肩关节<br>（锁骨） | 上臂至躯干 | 外摆、内摆<br>上摆、下摆<br>前摆、后摆 | +180~-30①<br>+180~-45①<br>+140~-40① | 210<br>225<br>180 | 0<br>（+15~+35）③<br>+40~+90 |
| 肘关节 | 下臂至上臂 | 弯曲、伸展 | +145~0 | 145 | +85~+110 |
| 腕关节 | 手至上臂 | 外摆、内摆<br>弯曲、伸展 | +30~-20<br>+75~-60 | 50<br>135 | 0⑤<br>0 |
| 肩关节，下臂 | 手至躯干 | 左转、右转 | +130~-120①④ | 250 | -30~-60 |

① 得自给出关节活动的叠加值。

② 括号内为坐姿值。

③ 括号内为在身体前方的操作。

④ 开始的姿势为手与躯干侧面平行。

⑤ 拇指向下，全手对横轴的角度为12°

# 第二节　人体的施力与运动输出特性

## 一、人体的肌力及其影响因素

### 1. 人体主要部位的肌肉力量

人体施力来源于肌肉收缩的力量，称为肌力。影响肌力大小的生理因素很多。20~30岁中等体力的男女青年主要部位的肌力数值见表5-5。

表5-5　身体主要部位的肌力数值

| 肌肉的部位 | | 力/N | | 肌肉的部位 | | 力/N | |
|---|---|---|---|---|---|---|---|
| | | 男 | 女 | | | 男 | 女 |
| 手臂肌肉 | 左 | 370 | 200 | 手臂伸直时的肌肉 | 左 | 210 | 170 |
| | 右 | 390 | 220 | | 右 | 230 | 180 |
| 肱二头肌 | 左 | 280 | 130 | 拇指肌肉 | 左 | 100 | 80 |
| | 右 | 290 | 130 | | 右 | 120 | 90 |
| 手臂弯曲时的肌肉 | 左 | 280 | 200 | 背部肌肉<br>（躯干曲伸的肌肉） | | 1220 | 710 |
| | 右 | 290 | 210 | | | | |

女性的肌力一般比男性低20%~30%。右利者右手肌力比左手约高10%；左利者左手肌力比右手约高6%~7%。

人们使用器械、操纵机器所用的力称为操纵力。操纵力主要是臂力、握力、指力、腿力或脚力，有时也用到腰力、背力等躯干的力量。操纵力与施力的人体部位、施力方向和指向（转向），施力时人的体位姿势、施力的位置以及施力时对速度、频率、耐久性、准确性的要求等多种因素有关，详尽的描述是很复杂的。各国人机学者进行过大量测定研究，积累了大

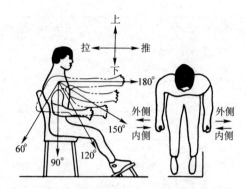

图 5-4　坐姿手臂操纵力的测试方位和指向

量数据资料。下面依次简介的坐姿手臂操纵力、立姿手臂操纵力和坐姿脚蹬力，是操纵力中与操纵设计关系较密切的部分。

2. 坐姿手臂操纵力

中等体力的男子（右利者），坐姿下手臂在不同角度、不同指向上的操纵力，可对照参看图 5-4 和表 5-6。

表 5-6　坐姿的手臂操纵力（中等体力的男子，右利者）

| 手臂的角度/（°） | 拉力/N | | 推力/N | |
|---|---|---|---|---|
| | 左手 | 右手 | 左手 | 右手 |
| | 向　　后 | | 向　　前 | |
| 180 | 225 | 235 | 186 | 225 |
| 150 | 186 | 245 | 137 | 186 |
| 120 | 157 | 186 | 118 | 157 |
| 90 | 147 | 167 | 98 | 157 |
| 60 | 108 | 118 | 98 | 157 |
| | 向　　上 | | 向　　下 | |
| 180 | 39 | 59 | 59 | 78 |
| 150 | 69 | 78 | 78 | 88 |
| 120 | 78 | 108 | 98 | 118 |
| 90 | 78 | 88 | 98 | 118 |
| 60 | 69 | 88 | 78 | 88 |
| | 向内侧 | | 向外侧 | |
| 180 | 59 | 88 | 39 | 59 |
| 150 | 69 | 88 | 39 | 69 |
| 120 | 88 | 98 | 49 | 69 |
| 90 | 69 | 78 | 59 | 69 |
| 60 | 78 | 88 | 59 | 78 |

分析表 5-6 中的数据，可以看出：①在前后方向和左右方向，都是向着身体方的操纵力大于背离身体方的操纵力；②在上下方向，向下的操纵力一般大于向上的操纵力。表 5-6 是测试右利者男子所得数据，右手操纵力大于左手；对于左利者，情况相反。

3. 立姿手臂操纵力

立姿屈臂操纵力的一项测试结果如图 5-5 所示。这是手钩向肩部的操纵力与前臂、上臂间夹角的关系，从图中可以看出：前臂上臂间夹角约为 70°时，操纵力最大。设计风镐、凿岩机、大型闸门开启装置等器具和设施时，都应考虑人体屈臂操纵力的特性。

在图 5-6a 所示立姿、前臂基本水平的姿势下，男子、女子的平均瞬时向后的拉力分别约为690N和380N；男子连续操作的向后拉力约为300N；向前的推力比向后的拉力小一些。在图5-6b所示内外方向的拉推姿势下，向内的推力大于向外的拉力，男子平均瞬时推力约为395N。

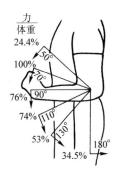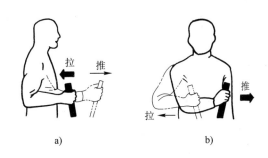

图5-5 立姿屈臂
操纵力的分布

图5-6 立姿、前臂在水平面两方向上的推拉力
a）前后方向的推拉 b）内外方向的推拉

**4. 握力**

两臂自然下垂、手掌向内（朝向大腿）的条件下，男子优势手的握力约为自身体重的47%～58%；女子约为自身体重的40%～48%。年轻人的瞬时最大握力高于这个水平，非优势手的握力小于优势手。若手掌朝上，握力值增大一些；手掌朝下，握力值减小一些。

所有的施力状态下，力量的大小都与持续时间有关。施力持续时间加长，力量逐渐减小。如某种肌力持续到4min时，会衰减到最大值的1/4左右；肌力衰减到最大值1/2所经历的持续时间，多数人是基本相同的。

**5. 坐姿脚蹬力**

在有靠背的座椅上，由于靠背的支撑，可以发挥较大的脚蹬操纵力。脚蹬操纵力的大小与施力点位置、施力方向有关，一项实测的结果见图5-7。图5-7中粗线箭头所画、与铅垂线约成70°的方

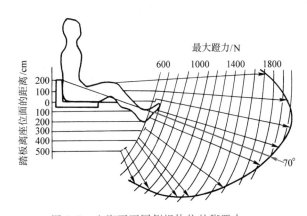

图5-7 坐姿下不同侧视体位的脚蹬力

向是最适宜的脚蹬方向。此时大腿并非水平，而是膝部略有上抬，大、小腿夹角在140°～150°之间。

## 二、反应时和运动时

从驾驶人发现紧急情况，到完成急速转向避让或用脚踩踏制动，共由两个时段构成：第一个时段是感知的时间，称为**反应时**；第二个时段是动作的时间，称为**运动时**。人机系统中各种操作的时间均由这两部分构成。

**（一）反应时**

反应时指从刺激呈现，到人开始做出外部反应的时间间隔，也称为反应潜伏期。反应时是如下知觉过程的全部时间：感觉器官接收外界刺激，刺激由传入神经传至大脑神经中枢，神经中枢综合处理发出反应指令，指令由传出神经传至肌肉，直至肌肉收缩开始反应运动。

影响反应时的有人的主体因素，也有刺激的各种客体因素，分述如下。

**1. 简单反应时、辨别反应时与选择反应时**

如果刺激只有一种，要求做出的反应也是一种，且两者都是不变的，这种条件下的反应

时称为简单反应时。如果刺激多于一种，将出现哪种刺激事先不知道，要求只对其中特定刺激做出反应，这种条件下的反应时称为辨别反应时。如果可能呈现的刺激不止一种，即将出现哪种刺激事先不知道，要求对不同的刺激做出一一对应的不同反应，这种条件下的反应时称为选择反应时。

三种反应时中，简单反应时最短，辨别反应时次之，选择反应时最长。辨别反应时和选择反应时都随可能呈现的刺激数目增多而延长。表5-7是刺激数目对辨别反应时影响的一项测试结果。

表 5-7　刺激数目对辨别反应时影响的一项测试结果

| 刺激数目 | 1 | 2 | 3 | 4 | 5 | 6 | 7 | 8 | 9 | 10 |
|---|---|---|---|---|---|---|---|---|---|---|
| 辨别反应时/ms | 187 | 316 | 364 | 434 | 485 | 532 | 570 | 603 | 619 | 622 |

**2. 刺激类型与反应时**

反应时随刺激类型即接受刺激的感觉器官不同而不同。各种感觉器官对应的简单反应时范围见表5-8。

表 5-8　各种刺激类型（感觉器官）的简单反应时范围

| 刺激类型 | 触觉<br>（触压、冷热） | 听觉<br>（声音） | 视觉<br>（光色） | 嗅觉<br>（物质微粒） | 味觉（唾液<br>可溶物） | 深部感觉<br>（撞击、重力） |
|---|---|---|---|---|---|---|
| 感觉器官 | 皮肤、皮下组织 | 耳朵 | 眼睛 | 鼻子 | 舌头 | 肌肉神经和关节 |
| 简单反应时/ms | 110～230 | 120～160 | 150～200 | 210～390 | 330～1100 | 400～1000 |

从表5-8可以看出，触觉、听觉和视觉反应时比较短，味觉和深部感觉反应时比较长。另外触觉反应时与接受刺激的人体部位有关，脸部、手指的反应时短，腿部脚部的反应时长。味觉反应时中，对咸、甜、酸的反应时分别约为308ms、446ms和536ms，而对苦的反应时则长得多，约为1082ms。

**3. 刺激强度与反应时**

任何一种外界刺激都要达到一定的强度才能被人感受，人能感受的最低刺激量称为该种感觉的阈值。反应时与刺激的强度有关：刺激很弱、刚达到阈值的条件下，反应时比正常值长得多；刺激强度加大，反应时缩短；到达一定的刺激强度后，反应时就基本稳定不再缩短了。从表5-9所示不同强度刺激的反应时，可以看出上述变化规律。

表 5-9　刺激强度与反应时的关系

| 刺激类型 | 刺激强度 | 简单反应时/ms |
|---|---|---|
| 听觉声刺激 | 刚超过阈值 | 779 |
| | 较弱的强度 | 184 |
| | 中等强度 | 119 |
| 视觉光刺激 | 弱光照 | 205 |
| | 强光照 | 162 |

**4. 刺激的对比度与反应时**

反应时还受刺激量值与背景量值对比度的影响。例如同样的声刺激，因背景噪声的强度、频率不同而有不同可辨性，反应时也随之不同。视觉刺激中，刺激颜色与背景色的对比影响刺激的可辨性，因而也影响反应时，一项测试结果见表5-10。例如，红—橙颜色对比下反应时较长，原因是这两种刺激的对比较弱。

表 5-10 颜色对比对反应时的影响

| 颜色对比 | 白—黑 | 红—绿 | 红—黄 | 红—橙 |
|---|---|---|---|---|
| 简单反应时/ms | 197 | 208 | 217 | 246 |

影响反应时的其他刺激因素还有刺激持续的时间、是否有预备信号等。

**5. 人的主体因素与反应时**

影响反应时的人的主体方面，有先天性的个体差异，当时的状况和培训练习差异等几方面。先天性的个体差异来源于素质、性别、个性等因素；当时状况指年龄、健康状况、疲劳状况、情绪、生理节律等状态；培训对反应时的影响更是明显，驾驶汽车、打字、速记等工作都可以通过培训和练习减少反应时，从而有效地提高工作效率。

**（二）运动时**

运动时指从人的外部反应运动开始到运动完成的时间间隔。运动时的时间组成包含运动神经传导时间、肌肉活动时间及两者交互的时间等部分。由于知觉和运动是人体两种性质不同的过程，所以反应时和运动时之间没有显著的相关性。运动时随着人体运动部位、运动形式、运动距离、阻力、准确度、难度等的不同而不同，影响因素非常多。作为"人体功能"基础数据的，是最简单的运动，如用手按压或触摸身体前方不远的某物、某点，而这对于操纵装置设计的应用显然是不够的。实际操纵运动的情况很复杂，如就旋转旋钮而言，由于旋钮尺寸、阻力、安放位置、要求调节准确度等条件不同，操作运动时间就大有差异。各种操作运动的时间不属于人体功能基础数据，而是属于操纵设计中肢体运动的输出数据。

## 三、肢体的运动输出特性

**（一）运动速度与频率**

影响肢体运动速度、频率的因素较多，下面就运动部位、运动形式、运动方向、阻力（阻力矩）、运动轨迹等因素的影响，各举一些数据实例来作简要说明。

**1. 人体运动部位、运动形式与运动速度**

表 5-11 给出了主要人体部位完成一次简单运动最少平均时间的参考数据。

表 5-11 人体完成一次动作的最少平均时间

| 人体运动部位 | 运动形式和条件 | 最少平均时间/ms |
|---|---|---|
| 手 | 直线运动 抓取 | 70 |
| | 曲线运动 抓取 | 220 |
| | 极微小的阻力矩 旋转 | 220 |
| | 有一定的阻力矩 旋转 | 720 |
| 腿脚 | 向前方、极小阻力 踩踏 | 360 |
| | 向前方、一定阻力 踩踏 | 720 |
| | 向侧方、一定阻力 踩踏 | 720～1460 |
| 躯干 | 向前或后 弯曲 | 720～1620 |
| | 向左或右 侧弯 | 1260 |

**2. 运动方向与运动速度**

人的肢体在不同方向上运动的快捷程度是不同的。一项测试实验的结果如图 5-8 所示：从人体前方水平面上某定点起始，用右手向 8 个方向上 8 个等距离的点运动；不同方向上的平均运动时间，成比例地以到中心点的距离用黑圆点标定在该方向上，得到 8 个黑点；这 8 个点可连接成一个椭圆，椭圆的短轴大约在 55°～235°的方向上，长轴大约在 145°～325°的方向上。这表明，右手在 55°～235°方向，即"右上—左下"方向运动较快；而在 145°～325°方向，即"左上—右下"方向运动较慢。对左手测试结果与此明显不同，读者可试对左手测试结果做出判断。

**3. 运动轨迹与运动速度**

运动轨迹对运动速度的影响有以下几点：

1）人手在水平面内的运动快于铅垂面内的运动；前后的纵向运动快于左右的横向运动；从上往下的运动快于从下往上；顺时针转向的运动快于逆时针转向。

2）人手向着身体方向的运动（向里拉）比背离身体方向的运动（向外推）准确度高。多数右利者右手向右的运动快于左手向左运动，多数左利者左手向左的运动快于右手向右运动。

3）单手可以在此手一侧偏离正中60°的范围之内较快地自如运动，见图5-9a；而双手同时运动，则只在正中左右各30°的范围以内能较快地自如运动，见图5-9b。当然，正中方向及其附近是单手和双手能较快自如运动的区域见图5-9c。

4）连续改变方向的曲线运动快于突然改变方向的折线运动。

**4. 运动频率**

表5-12是人体不同部位、几种常用操作动作能够达到的最高频率。表列数据的条件是：运动阻力（或阻力矩）微小，运动行程（或转动角度）很小，由优势手脚测试。表列数据是一般人运动能达到的上限值，适宜的工作操作频率应小于这些数值，长时间工作的操作频率必须更小。

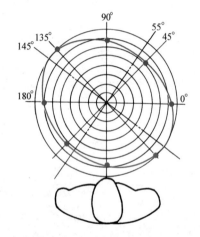

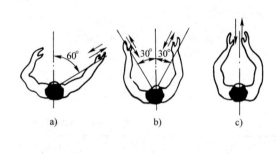

图 5-8　右手在水平面内
8个方向上运动时间的对比

图 5-9　单手与双手能较快自如运动的区域

表 5-12　人体各部位常用操作动作的最高运动频率　　　　（单位：次/s）

| 运动部位 | 运动形式 | 最高频率 | 运动部位 | 运动形式 | 最高频率 |
|---|---|---|---|---|---|
| 小指 | 敲击 | 3.7 | 手 | 旋转 | 4.8 |
| 无名指 | 敲击 | 4.1 | 前臂 | 伸屈 | 4.7 |
| 中指 | 敲击 | 4.6 | 上臂 | 前后摆动 | 3.7 |
| 食指 | 敲击 | 4.7 | 脚 | 以脚跟为支点蹬踩 | 5.7 |
| 手 | 拍打 | 9.5 | 脚 | 抬放 | 5.8 |
| 手 | 推压 | 6.7 | | | |

**（二）运动准确性及其影响因素**

**1. 运动准确性**

操作运动准确性包括以下几方面：①运动方向的准确性；②运动量（操纵量），如运动距离、旋转角度的准确性；③运动速度的准确性，一般操作要求平稳的速度变化，跟踪调节要求更准确的操作速度；④操纵力的准确性。

**2. 运动准确性的影响因素**

除了人先天的个体差异、当时的健康和觉醒水平、培训练习状况以外，运动准确性与运动速度、方向、位置、动作类型等因素有关，下面对部分因素做简略说明。

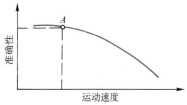

图 5-10　运动速度-准确性特性曲线

**（1）运动速度与准确性**　运动速度加快，准确性通常会降低，两者呈图 5-10 所示的曲线关系：在曲线点 A 以左的低速范围内，速度对准确性的影响很小；速度高到一定数值以后，运动准确性加速降低。因此在图 5-10 中点 A 附近选点，能兼顾速度和准确性两方面的要求。

**（2）运动方向与准确性**　图 5-11 所示为手臂运动方向对准确性影响的一个实测例子：受试者手握细杆沿图示的几种槽缝中运动，记录细杆触碰槽壁的次数，触碰次数多表示运动准确性低。4 种方向触碰次数之比为 247∶202∶45∶32。可见手臂在左右方向的运动准确性高，上下方向次之，而前后方向的运动准确性差，且对比的差别是明显的。

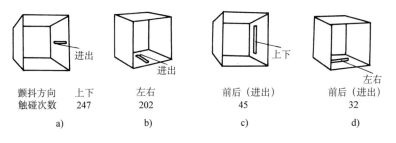

| 颤抖方向 | 上下 | 左右 | 前后（进出） | 前后（进出） |
| --- | --- | --- | --- | --- |
| 触碰次数 | 247 | 202 | 45 | 32 |
| | a) | b) | c) | d) |

图 5-11　手臂运动方向对准确性影响的一个实例

**（3）动作类型与准确性**　使用操纵器和工具有各种不同的动作类型，肢体完成不同动作的准确性、灵活性是不同的。图 5-12 给出了优劣不同的三组对比：上面三个图所示操作的准确性，均优于对应的下图。图 5-12 所示只是少数几个示例。

**（4）运动量与准确性**　准确性一般还与运动量大小有关，如手臂伸出和收回的移动量较小（如 100mm 以内）时，常有移动距离超出的倾向，相对误差较大；移动量较大时，则常有移动距离不足的倾向，相对误差较小。旋转运动量与准确性的关系与此类似。

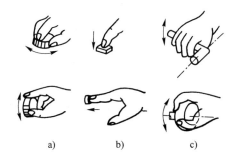

图 5-12　准确性随动作类型不同的例子

# 第三节　操纵器的人机学原则

## 一、操纵器的类型与选用

操纵器又称为操纵装置、控制器、控制装置。人机系统中，操纵器可能是简单的元器件，也可能是元器件的组合，人机学不研究其工作原理、结构等科技问题，只研究与它的操作有关的解剖学、生理学、心理学诸因素。

（一）操纵器的类型

操纵器种类很多，可以从不同的角度进行分类，简述如下。

**1. 按操控方式分**

可以分为手动操纵器、脚动操纵器、声控操纵器等操控类型。

也可以分为直动操纵器、遥控操纵器等操控方式。

**2. 按操控运动轨迹分**

手动操纵器按操控运动的轨迹，可分为：

旋转式操纵器，如旋钮、摇柄、十字把手、手轮（转向盘）等。

移动式操纵器，如操纵杆、手柄、推扳开关等。

按压式操纵器，如按钮、按键等。

**3. 按操控功能分**

一般分为开关式操纵器、转换式操纵器、调节式操纵器、紧急停车操纵器等类型。

（二）操纵器的选用

表5-13、表5-14给出了各种常用操纵器使用功能及功能对比，可供选用时参考。

表5-13　常用操纵器的使用功能

| 操纵器名称 | 使用功能 | | | | |
|---|---|---|---|---|---|
| | 起动 | 不连续调节 | 定量调节 | 连续调节 | 输入数据 |
| 按钮 | ○ | | | | |
| 扳钮开关 | ○ | ○ | | | |
| 旋转选择开关 | | ○ | | | |
| 旋钮 | | ○ | ○ | ○ | |
| 踏钮 | ○ | | | | |
| 踏板 | | | ○ | ○ | |
| 手摇把 | | | ○ | ○ | |
| 手轮 | | | ○ | ○ | |
| 操纵杆 | | | ○ | ○ | |
| 键盘 | | | | | ○ |

表5-14　常用操纵器的使用功能对比

| 操纵器 / 使用情况 | 按钮 | 旋钮 | 踏钮 | 旋转选择开关 | 扳钮开关 | 手摇把 | 操纵杆 | 手轮 | 脚踏板 |
|---|---|---|---|---|---|---|---|---|---|
| 开关控制 | 适合 | | 适合 | | 适合 | | | | |
| 分级控制(3~24个档位) | | | | 适合 | 最多3档 | | | | |
| 粗调节 | | 适合 | | | | | | 适合 | 适合 |
| 细调节 | | 适合 | | | | | | | |
| 快调节 | | | | | 适合 | 适合 | | | |
| 需要的空间 | 小 | 小—中 | 中—大 | 中 | 小 | 中—大 | 中—大 | 大 | 大 |
| 要求的操纵力 | 小 | 小 | 小—中 | 小—中 | 小 | 小—大 | 小—大 | 大 | 大 |
| 编码的有效性 | 好 | 好 | 差 | 好 | 中 | 中 | 好 | 中 | 差 |
| 视觉辨别位置 | 可以 | 好 | 差 | 好 | 可以 | 差 | 好 | 可以 | 差 |
| 触觉辨别位置 | 差 | 可以 | 差 | 好 | 好 | 差 | 可以 | 可以 | 可以 |
| 一排类似操纵器的检查 | 差 | 好 | 差 | 好 | 好 | 差 | 好 | 好 | 差 |
| 一排类似操纵器的操作 | 好 | 差 | 差 | 好 | 好 | 差 | 好 | 好 | 差 |
| 在组合式操纵器中的有效性 | 好 | 好 | 差 | 中 | 好 | 差 | 好 | 好 | 差 |

## 二、操纵器的一般人机学原则

某老旧型号货车上，前照灯和刮水器两个开关的大小、形状、颜色都差不多，安装的位置也很靠近，驾驶员行车中常凭感觉伸手去开或关，于是常常弄错：想开前照灯时却开了刮水器，或者相反。还有过与此相似而后果严重得多的历史事件：第二次世界大战中，美军某型号的飞机一而再、再而三地发生类似的事故，后调查发现，原因是有两个功能相反的操纵器，大小、形状、颜色、安装位置都很接近，造成飞行员情急中的误操作。我国某地一个企业，某年曾在某型号的冲压机上连续发生三次断指、伤臂的人身事故。经调查，三次事故中精神、心理因素虽然互不相同（精力不集中、疲劳、情绪不佳等），但三次事故当事人的主诉中有一条却是共同的，即"我只轻轻地碰着了一下开关，当时都没注意到……"。这说明，该型号冲压机的开关过于"灵敏"，工作阻力太小了……上述事例非常值得深思，它们都是操纵器设计应该研究的人机学因素。

操纵器设计的一般人机学原则如下：

1）操纵器的尺寸、形状，应适合人的手脚尺寸及生理学解剖学条件。

2）操纵器的操作力、操作方向、操作速度、操作行程、操作准确度要求，都应与人的施力和运动输出特性相适应。

3）有多个操纵器的情况下，它们的形状、尺寸、色彩、质感以及安置位置等方面应有明显区别，使它们易于识别，避免互相混淆。

4）让操作者在合理的体位下操作，考虑给操作者的手脚或身体提供依托支承，减轻操作者疲劳和单调厌倦的感觉。

5）操作运动与显示器或与被控对象，应有正确的互动协调关系。此种互动关系应与人的自然行为倾向一致。

6）形状美观、式样新颖，结构简单。合理设计多功能操纵器，如带指示灯的按钮，能把操纵和显示功能结合起来等。

## 三、操纵器的形状和式样

1）手动操纵器的握持部位应为圆滑的圆柱、圆锥、卵形、椭球等形状，以求握持牢靠、方便、无不适感。手掌按压的操纵器表面，采用蘑菇形球面凸起形状。手指按压的表面要有适合指形的凹陷轮廓。按钮应为圆形或矩形，按键应为矩形。

2）脚控操纵器应使踝关节在操作时减少弯曲，脚踏板与地面的最佳倾角约为30°，操作时脚掌与小腿接近垂直，踝关节的活动不大于25°（参看图5-39a、图5-40、图5-42）。

3）操纵器的式样应便于使用，便于施力。例如操纵阻力较大的旋钮，其周边应制成棱形波纹或压制滚花（参看图5-28）。

4）有定位或保险装置的操纵器，终点位置应有止动限位机构。分级调节的操纵器应有各档位置的标记，以及各档位置的定位、自锁机构。

5）操纵器的形状最好能对其功能有所隐喻、暗示（参看图5-14），以利于辨认和记忆。这属于"造型语义"方面的要求。

## 四、操纵器的尺寸和操作行程

操纵器尺寸与人体尺寸的适应性包括两方面：第一，操纵器上握持、触压、抓捏部位的尺寸，应与人的手脚尺寸相适应；第二，操纵器的操作行程，应与人的关节活动范围、肢体活动范围相适应，可参照 GB/T 13547—1992《工作空间人体尺寸》、GB/T 14775—1993《操纵器一般人类工效学要求》等国标。

图 5-13a 所示为双手操控的手轮，轮缘直径宜取 25~30mm，依据是人的"手长"。一次连续转动的角度宜在 90°以内，最大不得超过 120°，依据是肢体活动范围。图 5-13b 所示为一种操纵杆，杆端球径取值为 32~50mm，依据是手抓较为舒适并能自如施力。而操纵杆的适宜"动态尺寸"是：长 150~250mm 的短操纵杆，左右方向的转角不大于 45°，前后方向的转角不大于 30°；长 500~700mm 的长操纵杆，转角为 10°~15°，依据是人的肢体活动范围。

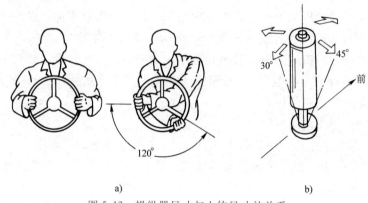

a)                                    b)

图 5-13　操纵器尺寸与人体尺寸的关系

## 五、操纵器的操纵力

操纵器操纵力的人机学因素有肌力体能适宜性、操纵准确度要求、操纵施力体位与操纵依托支点等方面，分述如下。

### （一）操纵力与肌力体能的适宜性

操纵频次较高，操纵器的操纵力应不大于最大肌力的 1/2；操纵频次较低，操纵力允许大一些。依此原则，即可参照表 5-5、表 5-6、图 5-5、图 5-6、图 5-7 等资料选择操纵器的操纵力。

国际标准 ISO/TR 3778—1987《农业拖拉机操纵控制的最大操纵力》中规定的最大操纵力参看表 5-15。

表 5-15　农业拖拉机操纵控制的最大操纵力

| 被操纵的装置 | 操纵方式 | 最大操纵力/N | 备　注 | |
|---|---|---|---|---|
| 制动器 | 脚踏板 | 600 | 压力 | 施加此力应能得到有效的制动性能 |
| | 手　柄 | 400 | 拉力 | |
| 停车制动器 | 脚踏板 | 600 | 压力 | |
| | 手　柄 | 400 | 拉力 | |
| 离合器 | 脚踏板 | 350 | 压　力 | |
| 双作用离合器 | | 400 | | |
| 动力输出轴联轴器 | 脚踏板 | 350 | 压　力 | |
| | 手　柄 | 200 | 拉　力 | |
| 人力转向系统 | 转向盘 | 250 | 施加此力，可以由向前直线行驶改变为能得到 12m 半径转向圆所需的转向角度 | |
| 液压加力转向系统，且当该系统加力失效时 | | 600 | | |
| 液压提升系统 | 手　柄 | 70 | 压力和拉力 | |

（二）操纵力与操纵准确度

能否准确地对操纵器进行操纵、跟踪、调节，与操纵力大小有关，还与"位移-操纵力特性"有关。

**1. 操纵力大小与操纵准确度**

为利于轻松地操纵，操纵器通常追求小操纵力。但操纵力过小（即过于"灵敏"）会有以下三方面的问题：①容易引发误触动事故；②对操作的信息反馈量太弱，使操纵者不知是否确已完成操作，不放心；③不容易精确地跟踪、调节与控制。由于以上原因，对各种操纵器设定了最小操纵阻力的参考数据，见表5-16。

表 5-16 各种操纵器的最小操纵阻力参考值

| 操纵器类型 | 最小操纵阻力/N | 操纵器类型 | 最小操纵阻力/N |
|---|---|---|---|
| 手推按钮 | 2.8 | 曲 柄 | 由大小决定：9~22 |
| 脚踏按钮 | 脚不停留在操纵器上：9.8 | 手 轮 | 22 |
| | 脚停留在操纵器上：44 | 杠 杆 | 9 |
| 脚踏板 | 脚不停留在操纵器上：17.8 | 扳钮开关 | 2.8 |
| | 脚停留在操纵器上：44.5 | 旋转选择开关 | 3.3 |

**2. 位移-操纵力特性**

常见的四种操纵阻力及相应的位移-操纵力特性如下：

**（1）操纵阻力为摩擦力** 起动的瞬时阻力（静摩擦力）较大，位移发生后阻力下降并趋于稳定。这种操纵器较难准确操纵，但有利于减少操纵器的起动事故。

**（2）操纵阻力为弹性变形力** 操纵阻力与操作位移成正比，易于准确操纵；放手后可自动返回零位，适用于需要紧急停止的操纵。

**（3）液体的黏滞阻力** 操纵阻力与操作运动速度成正比，易于进行准确操纵。

**（4）构件的惯性阻力** 操纵阻力与操作运动的加速度成正比，易于进行平稳操纵，防止起动事故。但快速反向移动和转动不方便。

（三）施力体位与操纵依托支点

**1. 合理的施力体位**

施力时的姿势、位置、指向等综合因素称为施力体位。同样大小的操纵力，在不同施力体位下，轻松或困难的差别甚大。设计及安置操纵器应依从合理的施力体位。例如，借助身体部位的重力作为自然的操纵力。而大幅度、长时间弯腰、侧身、踮脚都应避免。

**2. 避免静态施力**

人体施力是通过肌肉收缩实现的。肌肉交替收缩和放松，可在血液循环中维持正常的新陈代谢。肌肉在固定的收缩状态下持续用力，称为静态施力。静态施力中血液循环与代谢过程受阻，容易酸累，引起肌肉及肢体抖动，施力不能持久。持续提举重物，持续用手指按压或用脚掌踩压，持续紧捏螺钉旋具把手等，都是静态施力的例子。不合理的静态施力在现实中依然存在，例如某些喷漆罐、罐装喷雾剂使用时需要用手指持续按压开关钮，时间长了会很累。设计中应该避免静态施力或缩短静态施力时间。

**3. 提供操纵依托支点**

图5-7所示的坐姿脚蹬操作，应以腰椎为依托支点，顶靠着座椅的靠背，以缓解疲劳。在振动、冲击、颠簸等特殊条件下进行调节，更应为肢体设置操作依托支点：

1）肘部作为前臂和手关节运动时的依托支点。

2）前臂作为手关节运动时的依托支点。

3）手腕作为手指运动时的依托支点。

4）脚后跟作为踝关节运动时的依托支点。

### 六、操纵器的识别编码

通俗地说，对一类事物进行编码（Coding），就是使其中每一事物具有特征或给予特定代号，以互相区别，避免混淆。

有多个操纵器并存时，应该使它们各有鲜明的特征，易于快速准确地识别，避免误操作，这就是操纵器的识别编码。常用的操纵器编码方式有：形状编码、大小编码、色彩编码、操作方法编码、位置编码、字符编码等。

**1. 形状编码**

使不同功能的操纵器具有各自不同、鲜明的形状特征，便于识别，避免混淆。操纵器的形状编码应注意：①形状最好能对它的功能有隐喻、暗示，以利于辨认和记忆；②在照明不良的条件下能分辨，或在戴薄手套时能靠触觉进行辨别。

图 5-14 所示为美国空军飞机操纵器的形状编码示例。各操纵杆的杆头形状互相区别明显，戴着薄手套，能凭触觉辨别它们。杆头形状与功能还有内在联系。例如"着陆轮"是轮子形状的；飞机即将着陆时为了很快减速，原机翼、机尾壳体上有些板块要翘起来以增加空气阻力，"着陆板"便具有相应的形状寓意。图 5-15 所示为常用旋钮的形状编码，其中图 5-15a 和图 5-15b 所示用于 360°以上的旋转操作；图 5-15c 所示用于 360°以下的旋转操作；图 5-15d 所示用作定位指示。

图 5-14　美国空军飞机操纵器形状编码（摘录）

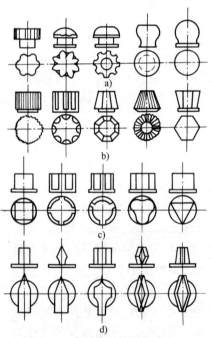

图 5-15　常用旋钮的形状编码

**2. 大小编码**

大小编码，也称为尺寸编码，通过操纵器大小的差异来互相区别。

由于操纵器的大小需与手脚尺寸相适应，变动范围有限。且两级控制器的尺寸差异要大于 20%才能较快被感知，所以大小编码的档级有限，例如旋钮等操纵器只能分大、中、小 3 个档级。

**3. 色彩编码**

色彩编码只在较好的照明下才有效，一般不单独使用，而是同形状编码、大小编码结合起来，增强分辨识别功能。一般只用红、黄、蓝、绿及黑、白等有限几种色彩。

操纵器色彩编码还需遵循广泛认可的色彩表义习惯。例如停止、关断操纵器用红色；起动、接通用绿色、白色、灰色或黑色；起、停两用操纵器用黑色、白色或灰色；复位操纵器蓝色、黑色或白色。

**4. 位置编码**

操纵器之间应拉开足够的距离，以避免混淆或连带触动。最好不用眼看就能正确操作而不错位。例如拖拉机、汽车上的离合器、制动器和加速踏板因位置不同，不用眼看就能操作。

**5. 操作方法编码**

用不同的操作方法（按压、旋转、扳动、推拉等）、操作方向和阻力大小等因素的差异进行编码，通过手感、脚感加以识别。

**6. 字符编码**

以文字、符号在操纵器的近旁做出简明标示的编码方法，其优点是编码量可以很大，为其他编码方法无法比拟，如键盘上的键、电话机的按键等。但字符编码要求较高的照明条件，也不适用于紧迫的操作。

以上几种编码方式结合起来，可以达到很大的编码量。

编码方法使用不当即不能发挥作用，举一个实例：曾有一种叫"家庭蒸汽浴罩"的产品，见图 5-16a，产品上有六七个操纵器，集中安置在底座的一侧，有电源指示灯、温度钮（调节水温）、功率钮（调节蒸汽），还有淋浴键、蒸汽键和加热键。设计者对操作键采用了色彩编码，三个键三种颜色。但是请看图 5-16b，使用蒸汽浴罩的时候，使用者很难侧头向下观看底座一侧的操作键，几个键的颜色虽不同，却根本起不到作用。这种情况下应该采用形状编码、大小编码和位置编码，让使用者凭触觉分辨键的功能。电源指示灯亮不亮，使用者也看不见，应改用蜂鸣器提供声音显示。

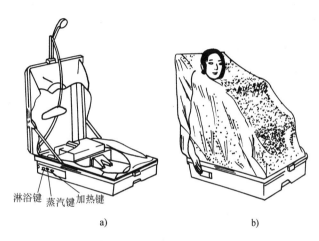

图 5-16　家庭蒸汽浴罩上操纵器编码的问题
a）操纵器安置在底座的一侧　b）使用时无法观看操纵器

# 第四节　操纵器的布置和控制台

## 一、操纵器布置的一般原则

**（一）布置在手脚操作灵便自如的位置**

操纵器应优先布置在手脚活动便捷、肢力较大的位置。

1）手动操作的手柄、按键、旋钮、扳钮等操纵器，应按重要性和使用频度进行分区布置，见表 5-17。

2）双手操作的操纵器应布置在正中矢状面附近，单手操作的布置在操作手一侧。

3）脚动操纵器的脚踏板、脚踏钮布置参看图 5-39~图 5-42。

**（二）按功能分区布置，按操作顺序排列**

**1. 按功能分区布置**

以挖掘机、汽车吊之类的工程机械为例，行驶中操作的和现场作业时操作的是两组操纵器，应分区布置，用明显界限加以区分。

表 5-17 手动操纵器按重要性和使用频度的分区布置

| 操纵器的类型 | 躯体和手臂活动特征 | 布置的区域 |
|---|---|---|
| 使用频繁 | 躯体不动,上臂微动<br>主要由前臂活动操作 | 以上臂自然下垂状态的肘部附近为中心,活动前臂时手的操作区域 |
| 重要<br>较常用 | 躯体不动,上臂小动<br>主要由前臂活动操作 | 在上臂小幅度活动的条件下,活动前臂时手的操作区域 |
| 一般 | 躯体不动,由上臂和前臂活动操作 | 以躯干不动的肩部为中心,活动上臂和前臂时手的操作区域 |
| 不重要、不常用 | 需要躯干活动 | 躯干活动中手能达到的存在区域 |

**2. 按操作顺序排列**

有固定操作顺序的多个操纵器,横向按从左到右、竖向按从上到下、环状按顺时针的顺序排列。

**(三) 避免误操作与操作干扰**

**1. 各操纵器间保持足够距离**

为避免互相干扰和连带误触动,相邻操纵器间应保持足够距离,见图 5-17 和表 5-18。

表 5-18 几种操纵器布置时内侧间距的要求 　　　　　(单位:mm)

| 操纵器形式 | 操纵方式 | 间隔距离 $d$ | |
|---|---|---|---|
| | | 最小 | 推荐 |
| 扳钮开关 | 单(食)指操作<br>单指依次连续操作<br>各个手指都操作 | 20<br>12<br>15 | 50<br>25<br>20 |
| 按钮 | 单(食)指操作<br>单指依次连续操作<br>各个手指都用 | 12<br>6<br>12 | 50<br>25<br>12 |
| 旋钮 | 单手操作<br>双手同时操作 | 25<br>75 | 50<br>125 |
| 手轮/曲柄<br>操纵杆 | 双手同时操作<br>单手随意操作 | 75<br>50 | 125<br>100 |
| 踏板 | 单脚随意操作<br>单脚依次连续操作 | 100<br>50 | 150<br>100 |

脚动操纵器如车辆制动与加速踏板,应有 100~150mm 的间距。

**2. 操纵器不安置在胸腹高度的近身水平面上**

胸腹高度水平面上的按钮、旋钮等操纵器,容易被肘部误触动,见图 5-18a。改进方法是:将安置平面倾斜一定角度,如图 5-18b 中标示"4""5"的平面。

**3. 特殊开关应特殊处置**

总电源开关、紧急制动、报警等特殊操纵器应与普通操纵器分开,标志明显醒目,尺寸应较大,并安置在无障碍区域,能很快触及。

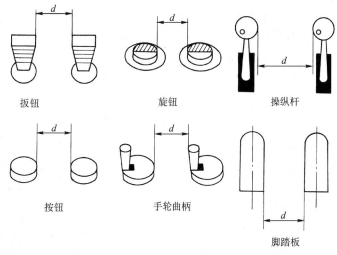

图 5-17　几种操纵器布置时的内侧间距

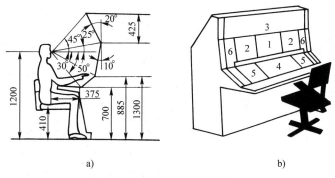

a)　　　　　　　　　　b)

图 5-18　肘部误触操纵器及其防止

**4. 不妨碍和干扰视觉**

操纵器及对应的显示器虽宜相邻安置，但需避免操作时手或手臂遮挡了观察显示器的视线。

（四）操纵器与相应显示器布置的互动协调关系

操纵器与相应显示器的互动协调关系是重要问题，详见本章第六节。

专门行业或大的产品门类，有操纵器布置的技术标准，必要时可查阅参考，如 GB/T 13053—2008《客车车内尺寸》、GB/T 6235—2004《农业拖拉机驾驶员座位装置尺寸》、JB/T 3683—2001《工程机械　操纵的舒适区域与可及范围》等。

## 二、控制台

显示装置和操纵装置组合成的作业单元称为控制台，或操纵台。控制台设计的基本要求有：①尺度宜人，能提供舒适的操作姿势和适宜的身体支承；②显示器布置合理，适合人的视觉特性；③操纵器布置合理，方便操作。

**1. 控制台的水平作业区域**

以女性小百分位数的动态人体尺寸为依据，可得到控制台的水平作业区域，见图 5-19。图中画阴影的是操作者手眼能协调配合的区域，适合安置常用的操纵器。

**2. 平直型控制台和弯折型控制台**

显示器和操纵器不多，可采用图 5-18b 所示的平直型（也称为"一字型""直柜型"）控制台。图 5-18b 中，"1"为常用与重要的显示器安置区，"2"为一般显示器的安置区，

"6"为不常用的操纵器安置区;"1""2""6"的平面对于铅垂面后倾10°~20°。"4"为常用的操纵器安置区,"5"为一般的操纵器安置区;"4""5"的平面对于水平面上抬10°左右。"3"为总开关及不常用的显示器安置区,"3"的平面对于铅垂面前倾10°~20°。

平直型控制台的宽度不宜超过1m,否则会降低认读边缘显示器及操作边缘操纵器的速度。显示器和操纵器数量多,宜将控制台做成弯折型,见图5-20。

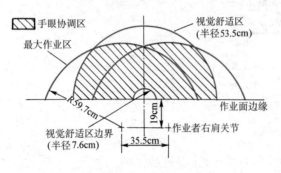

图5-19　控制台的水平作业区域

图5-20　弯折型控制台

**3. 坐姿与坐立两用控制台的参考尺寸**

图5-21a所示为坐姿控制台,适于中等身材的操作者、显示器和操纵器数量少的情况。显示器和操纵器数量多时采用图5-21b所示的式样,主要显示器安置在后倾10°的面板上,它的下方以较大倾角的面板安置操纵器。

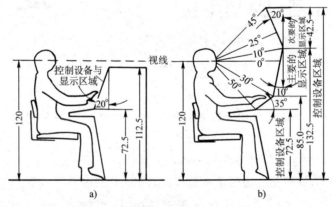

图5-21　坐姿操作的控制台（单位:cm）

立姿操作的控制台,只需把工作台面加高,其他尺寸和式样与坐姿控制台相同。加高量

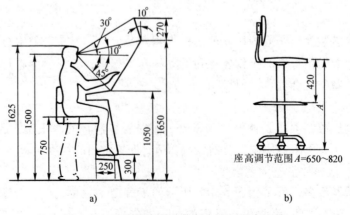

图5-22　立姿坐姿两用控制台及可调高座椅

是"立姿眼高与坐姿眼高差"。为减少疲劳，应避免过长时间的立姿操作，让操作者交替采用立姿与坐姿进行操作。坐姿立姿两用控制台见图5-22a：基本按立姿要求设计，配以高度可调的高座椅，操纵台下部设置搁脚的小踏台，见图5-22b。

# 第五节 常用操纵器的人机学要素

操纵器的人机学参量，包括形状、尺寸、操纵力、操作体位和方向等。

## 一、按压式操纵器

常见的小型按压式操纵器是按钮，多个排列在一起的按钮称为按键。按钮只有两种工作状态，如"接通"或"断开"，"起动"或"停车"等。

### （一）按钮按键的人机学参量

按钮按键的截面形状，通常为圆形或矩形。圆截面的直径 $d$，或矩形截面的两边长 $a \times b$，应与人手或手指的尺寸相适应。表5-19为按钮按键基本尺寸、操纵力（按压力）和工作行程3项人机学参量的国标。

表5-19 按钮按键3项人机学参量（摘自 GB/T 14775—1993）

| 操纵器及操作方式 | 基本尺寸/mm | | 操纵力/N | 工作行程/mm |
|---|---|---|---|---|
| | 直径 $d$（圆形） | 边长 $a \times b$（矩形） | | |
| 按钮 用食指按压 | 3~5 | 10×5 | 1~8 | <2 |
| | 10 | 12×7 | | 2~3 |
| | 12 | 18×8 | | 3~5 |
| | 15 | 20×12 | | 4~6 |
| 按钮 用拇指按压 | 18~30 | | 8~35 | 3~8 |
| 按钮 用手掌按压 | 50 | | 10~50 | 5~10 |

注：戴手套用食指操作的按钮最小直径为18mm。

### （二）设计注意事项举例

除表5-19所列参量以外，按钮按键还有其他一些人机学因素，举例如下：

1）按钮的颜色。"停止""断电"用红色；"起动""通电"优先用绿色，也可用白、灰或黑色；反复变换功能状态的按钮，忌用红色和绿色，可用黑、白或灰色。

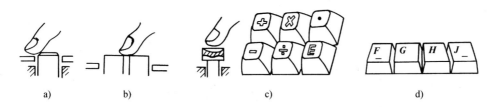

a)　　　　　b)　　　　　c)　　　　　d)

图5-23 按键造型的一些要求

2）用作两种工作状态转换的按钮，应附加显示当前状态的信号灯；按钮处在较暗的环境下，提供指示按钮位置的光源。

3）按钮上手指接触的表面多为微凸的球面，操作手感好。

按键与按钮的造型特点不同。如计算机键盘需适应"盲打"要求，可凭触觉而不限于依赖视觉操作，若上表面凸起高度不够，（图5-23a），影响触觉感受，盲打即成问题；若相邻按键的间距太小，盲打中容易把两个按键同时按下去，也不好（图5-23b）；另外，为了盲打手指的稳定定位，按键表面应成微凹形状（图5-23c）。计算机键盘上"F""J"两键上还各有一个"－"形凸起标记，供盲打者左右手区分定位，见图5-23d。

好　　　　不好

图5-24　产品上按钮的安置是否得当

4）产品上按钮的安置，还应分析操作手型。例如图5-24所示产品上用拇指操作的按钮，因安置位置和按压方向不同，操作宜人性的差别很大。

（三）计算机键盘

多年研究改进的结果，现行计算机键盘按键的尺寸、形状等已经较为完善，但仍然存在一些问题。

**1. 字符的排布**

现行的计算机键盘，字母第一行自左向右依次是"Q，W，E，R，T，Y…"，称为"柯蒂（Qwerty）"键盘。这是谢尔斯（C. L. Sheles）1874年设计的，见图5-25a。这种排列适应当时机械打字机结构上的要求，无可非议。但后来发现，这种字母排列存在以下三方面的操作宜人性缺陷[⊖]：

1）打英文各类读物，左右手负担的比例为57：43，左手工作量比右手大，对占多数的"右撇子"不利。

2）"A""S""I""O"等使用频度高的字母由不灵活的小指、无名指来敲击，不合理。

3）顶行中常用字母多，如"E""U""I""O"等，敲击时要移动手和前臂，费时且不便。

早在1932年就有Dvorak的改进型键盘问世，见图5-25b。用Dvorak键盘打英文读物时左右手负担为44：56，适合右利者。手指击打中间基准行字母的比例明显提高，食指、中指与小指、无名指间的分配也更合理。但现今普遍应用的还是Qwerty键盘。这是人们的"惯性"使然，不属于人机学问题了。

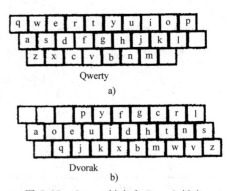

Qwerty

a)

Dvorak

b)

图5-25　Qwerty键盘和Dvorak键盘

**2. 操作尺侧偏与手腕伤害**

传统键盘上字符呈一字形横向排列，操作时两手均向小手指一侧偏转，形成尺侧偏状态，见图5-26a。尺侧偏使手腕关节紧张受压，腕管易受伤害，甚至引起疾患。这一问题早已发现。克罗沫（K. Kroemer）1972年即提出了"K键盘"设计：把整个键盘分为斜向两边的两部分，略似中文的"八"字形。操作K键盘时两手腕保持顺直，自然舒适，见图5-26b。近年K键盘和"腕托"一起，作为"人体工程键盘"已经"闪亮登场"了。后续更"前卫"的设计构思也层出不穷。使用计算机的人数急剧攀升，操作时间又越来越长，"计算机操作综合紧张症"呈蔓延之势，"计算机人机学"问题确需设计界倾心关注。

---

⊖ 此三条分析只适用于英文打字，未必适用于汉字输入的情况。现在汉字输入的软件甚多，有"联想""智能""谷歌""微软""搜狗"等丰富的输入方法。现行字母排布对汉字输入适宜性如何，迄今还较少见诸文献。

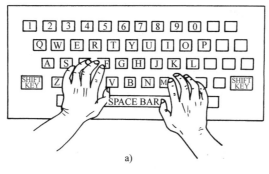

a)

b)

图 5-26　计算机键盘

a）传统键盘操作，手腕尺侧偏　b）K 键盘，手腕能保持顺直

 **课堂讨论**（参考时间：15 分钟）

关于"计算机人机学"的问题，现今在图书文献、网络、产品说明书上有丰富的论述资料，除键盘外，还论及鼠标、显示器、计算机桌椅等。大学生是"计算机族"中的一大"族群"，你是否从切身体验出发进行过思考、研究？请踊跃发言，尤其是：

1. 对提到的论述你有什么不同的、独特的看法？

2. 除读到的论述以外，你发现还有什么新问题？

## 二、转动式操纵器

常用的手动转动式操纵器有旋钮、手轮、带柄手轮等。

（一）旋钮

**1. 式样与形态**

**（1）多样的造型方案**　除图 5-15 中常用旋钮的不同形态外，图 5-27 给出了定向指示旋钮的另一些造型方案，它们便于转动操作，也易于互相区别。

**（2）有利于施加操纵力矩**　旋钮应能施加足够的转动力矩。这对捏握处有台阶的、多边形或有凸棱的旋钮，都不成问题。唯圆柱形的旋钮，表面不可太光滑，应做出齿纹、刻痕，见图 5-28。

**（3）有利于捏握转动操作**　经过操作手型的研究知：图 5-29a 所示尺寸的同心三层旋钮，在操作某一层时不会带动另一层。若各层的尺寸关系不当，操作时将可能产生各层间的干扰，几种干扰的情况见图 5-29b。

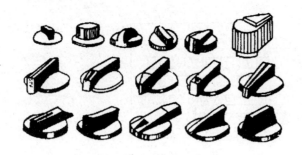

图 5-27　定向指示用
旋钮的造型方案

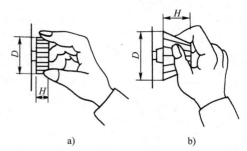

图 5-28　两种常见的旋钮
a）捏握连续调节旋钮　b）指握断续调节旋钮

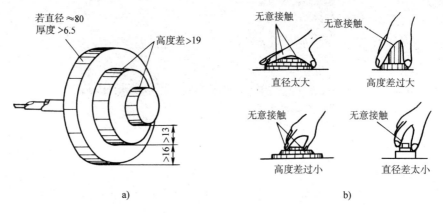

图 5-29　三层旋钮的尺寸关系和操作干扰
a）避免操作干扰的尺寸关系　b）产生操作干扰的几种情况

**2. 尺寸与操作力矩**

图 5-28 所示两种常见的旋钮，GB/T 14775—1993《操纵器一般人类工效学要求》给出了它们的尺寸和操纵力矩数值，摘录在表 5-20 中供参考。

表 5-20　两种常见旋钮的尺寸和操纵力矩（摘自 GB/T 14775—1993）

| 操纵方式 | 直径 $D$/mm | 厚度 $H$/mm | 操纵力矩/N·m |
| --- | --- | --- | --- |
| 捏握和连续调节 | 10~100 | 12~25 | 0.02~0.5 |
| 指握和断续调节 | 35~75 | ≥15 | 0.2~0.7 |

**（二）手轮与带柄手轮**

与汽车转向盘类似的操纵器，在其他产品上称为手轮。还有带柄手轮，也称为摇把，在各种机床上常见。

**1. 式样和操作姿势**

**（1）造型式样**　手轮和带柄手轮的造型很丰富，设计因素有尺寸大小、操作力矩、操作速度、操作体位与姿势等。带柄手轮由于手柄使质量中心偏离旋转轴线，转动时会产生离心力，造型时需考虑质量平衡。图 5-30 所示为一些手轮造型方案。

**（2）操作姿势与体位**　操作手轮、带柄手轮的宜人性与很多因素有关，如手轮位置的高低、中心轴在空间的方向、操作者的姿势和体位等。图 5-31 所示为立姿下的操作手轮：离地面 1000~1100mm，有利于施加较大的转矩（图 5-31a），在肩部高度推拉手柄的力量最大

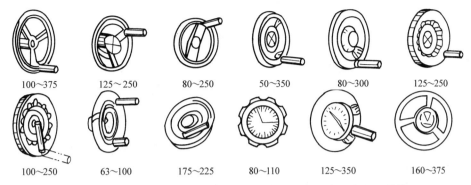

图 5-30　手轮的造型方案（图下方的数字为该形式手轮适合的直径，单位：mm）

（图5-31b）。图 5-32 所示为操纵汽车转向盘的情况。图 5-32a 所示为驾驶小型车辆，转向盘的转矩小，用前臂操作，可采取舒适的后仰坐姿，转向盘对水平面 60°～90°。图 5-32b 所示为驾驶中型车辆，转矩略大，需要用肩和上臂的力量操作，坐姿可略有后仰倚靠，转向盘平面与水平面在 30° 左右。图 5-32c 所示为驾驶大型车辆，转矩大，除肩及上臂外，还要用腰部的力量，不能采取后仰坐姿，转向盘应接近水平，位置应较低。

（3）手柄形状　图 5-33 中画出了 a、b、c、d、e、f 等 6 种手柄的形状。

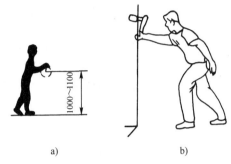

图 5-31　操作手轮的有利体位

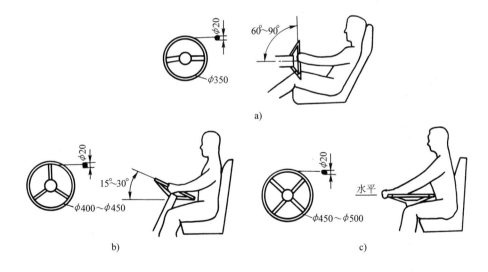

图 5-32　转向盘的空间位置与操作姿势
a）小型车辆　b）一般车辆　c）大型车辆

 课堂讨论（参考时间：5分钟）

同学们对手柄不陌生，金工实习中操作过机床的就更熟悉了，那么，请发表意见：图 5-33所示的6种手柄形状中，哪种最好？简述你的理由。

会有同学认为图 5-33d 所示的形状最好，理由是"与手掌的形状吻合，又圆润，握着舒

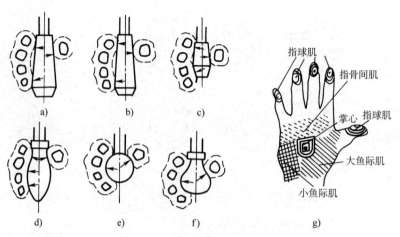

图 5-33 手柄的形状及其解剖学分析

适（曲线也优美呀！）。"——但这个回答是错的。正确的回答是：图 5-33a、b 所示的形状好，图 5-33d、e、f 所示的形状都不好。为什么？手掌的肌肉分布见图 5-33g：肌肉最厚的是大、小鱼际肌，其次是指骨间肌和指球肌。丰富的肌肉是"天赐减振器"，此处受挤压或击打，对于手及手臂不易造成伤害。反之，掌心肌肉最薄，神经、血管离掌面最浅，对挤压或击打敏感，容易造成损伤。人类手掌掌心处下凹成一个小窝，是进化的结果，作用是避免掌心受压。可见使手柄与手掌"吻合"的设计，是"聪明反被聪明误"了。另外，握着手柄每转动手轮一圈，手掌必与手柄摩擦一圈，手掌与手柄"吻合"使摩擦面积加大，操作不灵活。而握着图 5-33a、b 所示的手柄，掌心空着，操作才灵便。若把手柄做成轴套式，手握的手柄套可绕手柄轴转动，可彻底消除手掌与手柄间的摩擦。

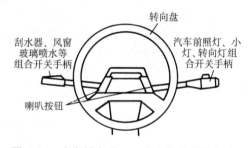

图 5-34 汽车转向盘——多个操纵器的综合

**（4）多功能手轮** 操纵复杂的手轮，应设计成多功能手轮，以提高操纵效能。图 5-34 所示现代汽车转向盘，就是多个操纵器的综合体。

**2. 尺寸和操纵力**

操作力矩大、中、小的三种汽车转向盘的参考尺寸，在图 5-32 中已做了标注。手轮尺寸与操纵力数据可参看 GB/T 14775—1993（略）。

**（三）操纵杆**

操纵杆不宜用作连续控制或精细调节，常用于几个工作位置的转换操纵，如汽车速度的换档等。其优点是可取得较大的杠杆比，用于克服大阻力的操纵。

**1. 形态和尺寸**

操作阻力大时用长操纵杆，操作频率高则用短操纵杆。例如操纵杆长度分别为 100mm、250mm、580mm 时，每分钟的最高操作次数分别只能达到 26 次、18 次和 14 次。操纵杆端头为球形、梨形、锭子形、圆柱形等。

**2. 行程和扳动角度**

操作操纵杆的人机学原则是：操作时只用手臂而不移动身躯。以图 5-35 中的短操纵杆为例：设在座椅扶手前边，前臂放在扶手上靠转动手腕操作，比较轻松。手腕在两个方向上的易达转动角度见图 5-36，500～600mm 长操纵杆的行程一般为 300～350mm，转动角度 30°～60° 为宜。

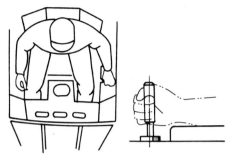

图 5-35　坐姿下的短操纵杆操作

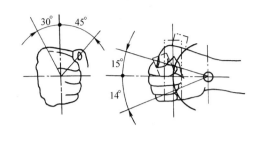

图 5-36　手腕易达的转动角度

**3. 操纵力**

用前臂和手操作的操纵杆，如汽车变速杆，适宜的操纵力为 20～60N。若操作频率高，每个班次中操作达 1000 次，则操纵力应不超过 15N。

**4. 操纵杆的安置位置**

立姿在肩部高度操作最有力，坐姿在腰肘部高度操作最有力，见图 5-37a；当操纵力较小时，上臂自然下垂位置的斜向操作更为轻松，见图 5-37b。

**5. 多功能操纵杆**

操纵对象复杂时，可用多功能操纵杆提高操纵效能。图 5-38a 所示为飞机上的复合操纵杆：可用拇指、食指操作端头上的多个按钮进行多功能操作。图 5-38b 所示为机床多功能复合手柄，操纵杆在十字槽内前后、左右推移时，机床的溜板箱做对应的慢速移动，当拇指按压着顶端的"快速按钮"进行同样操作时，溜板箱改为同方向的快速移动。

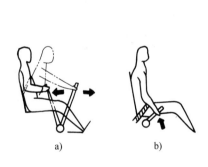

图 5-37　操纵杆的操作位置

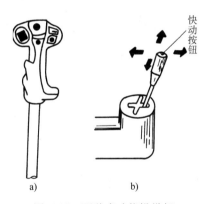

图 5-38　两种多功能操纵杆
a）飞机复合型操纵杆　b）机床上的多功能复合手柄

## 三、脚动操纵器

脚动操纵器用在下列两种情况下：①操纵工作量大，只用手动操作难以完成；②操纵力大，如操纵力超过 50N 且需连续操作，或虽为间歇操作但操纵力更大。脚动操作不能完成精确操作。

常见脚动操纵器有脚踏板和脚踏钮。

**1. 脚踏板**

分调节踏板和踏板开关两类。前者如汽车上的制动踏板、加速踏板；后者如冲压机、剪床或汽车上的踏板开关。

**（1）调节踏板**　操作力小的调节踏板以脚后跟为支点，转动踝关节下踩，使踏板绕轴转动，如汽车加速踏板，见图 5-39a。未踩踏时，脚与小腿约成 90°角，操作脚的转角不应大于

20°，否则踝关节易感疲劳。踏板的安置在正中矢状面 100~180mm 的范围内，对应大小腿偏离矢状面 10°~15°，见图 5-39b。

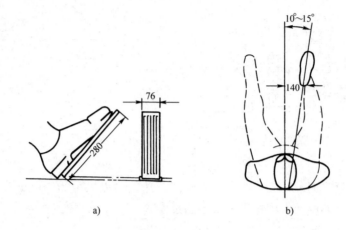

图 5-39　后跟支承踩踏的脚踏板及其操作位置

a）以后跟为支点操作的脚踏板　b）适宜的操作位置

操纵力大的调节踏板是悬空踩踏操作的，例如汽车的制动踏板，依操纵力的大小分为三种类型，见图 5-40。

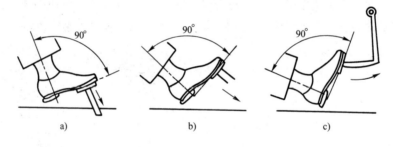

图 5-40　悬空踩踏的踏板的高度与操纵力

a）操纵力≤90N　b）操纵力 90~180N　c）操纵力>180N

（2）踏板开关　踏板开关面积大，不用眼看操作，冲压机、剪床之类需要集中精神双手工作的条件下更适用。图 5-41 中给出了踏板开关的工作情况与参考形状和尺寸。

2. 脚踏钮

脚踏钮的形式与手动按钮类似，但尺寸、行程、操纵力均大于手动按钮，见图 5-42 中的标注。为避免踩踏时的滑脱，脚踏钮的表面宜加垫防滑材料，或在表面做出防滑齿纹。

3. 脚动操纵器的操纵力

为避免不经意的误碰触发，脚动操纵器的操纵力不得太小，停歇时脚可能搁放在上面的操纵器尤其如此，见表 5-21。

表 5-21　脚动操纵器的操纵力（摘自 GB/T 14775—1993）　　　　（单位：N）

| 操纵方式 | 作用力 | |
|---|---|---|
| | 最　小 | 最　大 |
| 停歇时脚搁放在操纵器上 | 45 | 90 |
| 停歇时脚不搁放在操纵器上 | 45 | 90 |
| 仅踝关节运动 | | 45 |
| 整个腿部运动 | 45 | 750 |

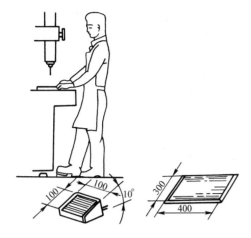

图 5-41　踏板开关的工作情况与参考形状和尺寸

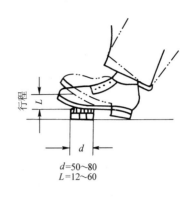

$d=50\sim80$
$L=12\sim60$

图 5-42　脚踏钮及其参数

# 第六节　操纵与被操纵对象的互动协调关系

## 一、引例——操控主从协调关系的重要性

操纵器的操纵对象可能是整个机器（产品），如整辆汽车；也可能是机器上的一部分，如冲压机的冲头，机床的刀架；操纵对象还可能是液体、气体、电压、电流、温度、湿度、速度、方向、亮度、音量等。当操控对象的状态通过显示器显示，则显示器也是一种被操纵对象。

操纵与被操纵对象的互动协调关系，简称"操控主从协调关系"，是操纵设计中的重要问题。

人机学的创始者之一英国人默雷尔（K. F. H. Murrrll）在 1971 年举过一个水压机操作事故的经典案例。该水压机的操作方法为：下压操纵杆压头升起，抬起操纵杆压头下压，和操作支点在中间的杠杆相同。经过培训的操作者能在平稳、安定中正常地操作，但在突发情况要紧急停止压头下压时，操作者却慌忙地上抬操纵杆，使压头更重地向下压去，酿成惨重事故。这是操控主从协调关系不当的典型案例。人们本能的、下意识的反应方式，即人的自然行为倾向是：想要操纵对象向什么方向运动，手脚就向该方向操作。培训虽可以使人改变行为方式，但自然行为倾向或者说本能的反应，是更强势的因素。上述水压机事故的原因就是：为了使压头停止下压立即回升，人的本能反应是立即向上提起操纵杆。作为对比，汽车转向盘的操控主从关系则是正确的：转向盘与汽车的转向一致，符合人的自然行为倾向，学习容易，行驶得心应手，紧急情况下能自然地避免差错。

日常生活中也常遇到这类问题，如调手表、挂钟、闹钟的时间，应该往哪个方向转动旋钮？便后冲水，该下压扳柄还是上扳扳柄？这个问题在"闭环人机系统"中更加突出，如飞机降落过程就是典型的例子：飞行员要根据仪表显示的飞行状态，不断调整航向偏差和高程要求，调整的时间很紧迫，操纵与显示的互动协调至关紧要。

下面再举一些操控主从互动关系的实例，以引起思考。

——图 5-38b 所示的机床多功能手柄，操控主从关系符合人的自然行为倾向：往哪个方向操作，被控物刀架就向哪个方向运动，设计合理。那么计算机 3D（带滚轮）鼠标，操作时食指向前推、向后钩与"桌面"运动之间，怎样才是协调的互动关系，从而能让多数人自然地适应呢？水龙头及水管、气管的阀门开关，要把水流、气流接通，把柄与管道应该垂直还是方向一致？现在我国的水龙头，上述两种接通方式并存，同学们有何感受与评价？

——教室天花板上顶灯、吊扇开关安置，也属于操控主从协调关系问题。这种问题在控制台、化工、交通指挥等控制室里更重要。

——随身听、收音机的音量调节方向，电灯的亮度调节方向，用钥匙开关门锁、柜锁、抽屉锁、车锁的旋转方向……生活中类似的例子很多，请读者思考补充。

## 二、操控主从协调的一般原则

### （一）操控主从运动方向一致

**1. 操控主从运动方向一致的基本形式**

操控主从双方在同一平面、平行（或接近平行）平面上，操控主从协调的原则是双方运动方向一致。

图 5-43 中的操纵器和显示器处在接近平行的两个平面上，正确的设计是：顺时针转动操纵器，显示器也顺时针转动，如图中旋钮 1 和仪表 1 处的箭头所表示；或两者均为逆时针转动，如图中旋钮 3 和仪表 3 处的虚线箭头所表示。

**2. 操纵器和显示器都是旋转运动，且两者离得很近，见图 5-44，"两者运动方向一致"体现为两者临近（相切）那个点向同一方向运动**

图 5-44 左图上，操纵器和显示器临近（相切）那个点的运动方向一致，都是向上运动，操控主从关系协调。但此情况下两者转向不同。同样，图 5-44 右图情况类似。

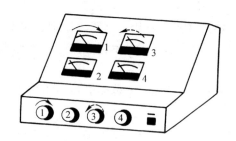

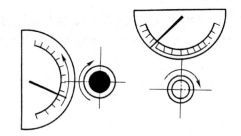

图 5-43 操控主从运动方向一致——同为
顺时针转动或同为逆时针转动

图 5-44 操控主从运动方向一致——两者
相切的那点向同一方向运动

**3. 以旋转运动操纵直线运动时，应使操纵器上靠近操纵对象那个点与操纵运动方向一致**

图 5-45 所示的左、中、右三种情况，都是转动旋钮操纵显示器直线运动，现以右侧的小图为例进行说明：图中旋钮上靠近显示器的点在最上面，顺时针转旋钮时该点向右运动，若显示器指针也向右移动，操控主从关系是协调的，如一对实线箭头所示。反之，旋钮逆时针转动使显示器指针向左移动，如一对虚线箭头所示。图 5-45 的左侧、居中两小图与此类似。

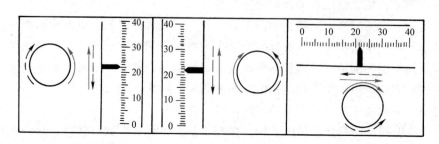

图 5-45 操纵器上靠近被操纵对象那个点与操纵对象的运动方向一致

**（二）操控主从在不同平面时的互动协调**

图 5-46 表示操控主从在不同平面时的互动协调关系，图中操纵器、显示器旁所画的箭头是互动协调的。

**（三）操纵方向与功能要求的协调关系**

操纵的功能要求有开通和关闭、增多和减少、提高和降低、起动和制动等。表 5-22 和图 5-47 给出了一些操纵方向与这些功能要求的协调关系。

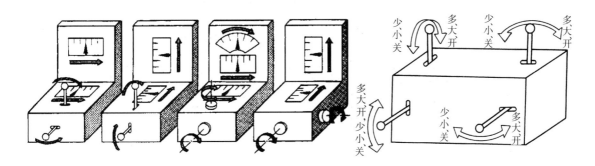

图 5-46　操控主从在不同平面时互动协调的一些研究结果　　图 5-47　操纵方向与功能要求的协调关系

**表 5-22　操纵方向与功能要求的协调关系**（参照 GB/T 14777—1993《几何定向及运动方向》）

| 操纵器的运动方向 | 受控对象物的变化状况 | | |
| --- | --- | --- | --- |
| | 位　置 | 状　态 | 动　作 |
| 向右、向上、离开操作者、顺时针旋转 | 向右、向右转、向上、顶部、向前 | 明、暖、噪、快、增、加速、效果增强（如亮度、速度、动力、压力、温度、电压、电流、频率、照度等） | 合闸、接通、起动、开始、捆紧、开灯、点火、充入、推 |
| 向左、向下、接近操作者、逆时针旋转 | 向左、向左转、向下、底部、向后 | 暗、冷、静、慢、减、减速、效果减弱（如亮度、速度、动力、压力、温度、电压、电流、频率、照度等） | 拉闸、切断、停止、终止、松开、关灯、熄火、排出、拉 |

**（四）操控主从在空间的相似对应或顺序对应原则**

若存在多个操纵器和多个操纵对象，空间布置时使两者具有相似且一一对应的关系，主从协调关系为最佳。如果做不到，则提高两者的顺序对应性。如果还做不到，则用图形符号、文字或指引线等进行标识。

图 5-48a 中下面 8 个操纵器和上面 8 个被操纵对象在空间布置是相似且一一对应的，主从协调关系好。图 5-48b、c 中主从双方在空间没有相似关系，但还都遵从从左到右的顺序排列。其中图 5-48b 操纵器少，不太容易出错；图 5-48c 操纵器多，出错几率比较大。

人机学的创始人之一恰帕尼斯（Chapanis）做过一项研究：以煤气灶的四个旋钮开关操纵灶眼的通气打火，变换四个灶眼的位置和四个旋钮的顺序，形成四种主从对应关系，见图 5-49。各进行 1200 次打火操作，四种配置下的出错率依次为 0%、6%、10% 和 11%，已分别标注在图上。很明显，顺序对应关系好的，出错率低。进一步的测试还表明，在顺序对应不太好的情况下，采用图文、引线等方法指示对应关系，如把图 5-49b 中对应的旋钮与灶眼用指引线连接起来，见图 5-50，也有利于降低出错率。

第四章图 4-27 所示模块插板的标识说明：与实物保持在空间上相似且一一对应的关系，见图 4-27b，最易于对应查找和避免差错，这也是主从对应的例子。

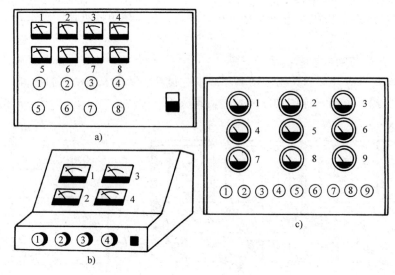

图 5-48　操控主从在空间的相似对应或顺序对应

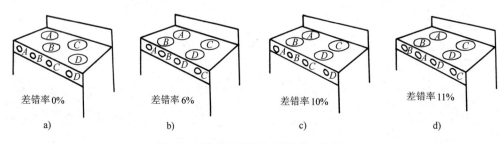

图 5-49　煤气灶开关与灶眼的对应关系

### （五）遵循右旋螺纹运动的规则

广泛应用右旋螺纹已有二三百年、若干代人。在空间任意方向，右旋运动对应"向前"，逐渐从人们的习惯定式向强势的潜意识转化。因此，符合右旋运动规则的操控主从关系是协调的。

把顺时针转动操作与开启、接通、增加、上升（向上）、增强效果等功能协调配对，在一般情况下是正确的，例如调节音响的音量、灯具的亮度、电器的开关等。但有不少例外。例如液化气管道闸门、螺旋式水龙头、螺旋式瓶盖、钢笔笔帽等，用顺时针转动使之关闭却符合人们的潜意识。但这些"例外"符合"右旋操作——向前"这个更简单的对应关系。

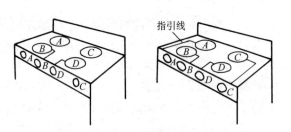

图 5-50　用指引线改善对主从对应的识别

### 三、操控主从协调与行为科学简述

人机工程与行为科学有密切的关系。像人的差错分析、事故分析与防止、激励机制、行为培育与改变等，均与行为科学有关，是劳动学、管理学等领域里的人机学课题。产品设计中的操控主从协调关系也与行为科学有关。

上述操控主从协调的一般原则，多来自人们的习惯，来自人的自然行为倾向，但这是没有完全探索清楚的问题。拿"习惯"来说，形成、影响因素很多，具有国家、民族、地域、时代的差异性和不稳定性。明显的例子是电灯开关，英国人习惯向下拨为"ON（接通）"，而美国人却相反，习惯向上拨为"ON"。人的自然行为倾向的成因，也没有公认的准则。譬如"对于正前方来的突然袭击，多数人向左偏侧躲避""听到背后呼叫姓名时，多数人向右转头后望""情侣接吻，多数头向右偏侧"等，都被认为是人的自然行为倾向，但例外的比例有多大？成因是什么？并没有权威的回答。人们拧干毛巾的时候，多数人是右旋拧还是左旋拧？与优势手有没有关系？"点头表示肯定、摇头表示否定"，主要是先天的本能还是后天的"从众"所致？同学们到大教室来上课，大多数喜欢坐基本固定的座位，这种行为倾向的驱动原因是什么？因此，关于"人的自然行为倾向与设计"，作为一个研究课题，具有深入探索的价值。

# 第六章 产品设计人机学的若干专题

# 第一节 手工具及其使用方式

"工欲善其事，必先利其器"，《论语·卫灵公》的名言在我国已流传两千多年。但手工具的进步总体落后于人类文明的进程，一些老式工具使用不便、工效不高，长期使用容易导致疾患。应用人机学的方法，综合工程技术、解剖学、生理学、心理学、人体力学等多学科的知识，研究和改进工具，是值得关注的课题。

## 一、手工具的人机学因素

### 1. 手工具与人手解剖

手工具人机学因素重点在人手的解剖，几种手工具涉及的两方面人手解剖知识简单介绍如下。

**（1）手指和手部的活动** 手指的伸屈、抓握，手部的偏屈、转动都是由肌肉力量带动的，而肌纤维只能产生拉力，不能产生压力。因此，手指的屈拢，是肌肉从掌心这一边拉动的结果；手指伸开，是肌肉从手背一边拉动的结果。图 6-1a 所示为从手掌面看到的肌肉，位于表层的多为"屈肌"；少数"伸肌"不在手掌面的表层，而位于下层（深层）。图 6-1b 所示为从手背面看到的肌肉，表层多为"伸肌"，仅能看到两条下层的"屈肌"。牵动手指伸屈的肌肉在图 6-2 中可以看得更清楚。

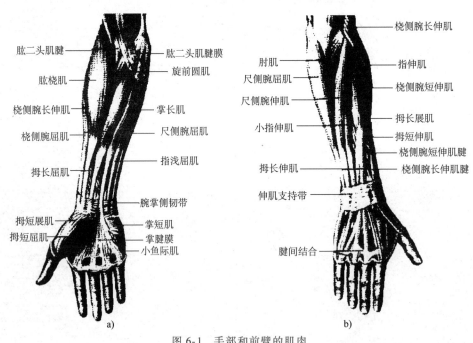

图 6-1 手部和前臂的肌肉
a) 手掌面 b) 手背面

手腕各方向的偏转活动，同样靠肌肉拉动来实现。由此可知：第一，手部的活动，由从手连到前臂、上臂、肘关节的多束肌肉、肌腱群牵动实现；第二，这些肌肉重叠交错，如果手臂扭曲、手腕偏屈，使各肌肉束互相干扰，将影响肌肉发挥其正常功能。

**（2）手腕状态和腕管** 腕部是多自由度的关节，骨关节的结构复杂，很多条肌肉、肌腱、血管、神经都经过这里，穿越复杂骨关节间狭窄的缝隙，通往手部，见图 6-3。因此，如果腕关节有较大的偏屈、偏转，其间的肌肉、肌腱、血管、神经就会受到压迫，影响手部、手指活动。时间长了，还会导致损伤和疾患，如腱鞘炎、腕道综合征等。正如一条电缆，过度折弯将损伤里面的电线。

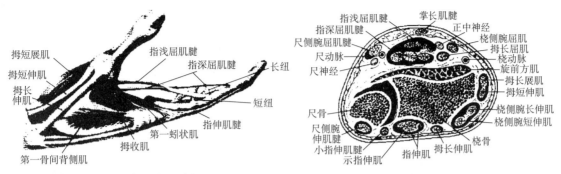

图6-2 手部肌肉（桡侧面）　　图6-3 桡腕关节横断面（掌心朝上）

**2. 手工具的一般人机学要求**

1）手工具的大小、形状、表面状况与人手的尺寸和解剖条件适应。

2）使用时保持手腕顺直；避免掌心受压过大；尽量由大小鱼际肌、虎口等部位分担压力。

3）避免手指反复的弯曲扳动操作；避免或减少肌肉的"静态施力"。使用手工具时的姿势、体位应自然、舒适，符合手和手臂的施力特性。

4）不让同一束肌肉既进行精确控制，又出很大的力量；应让准确控制的肌肉与出力大的肌肉互相分开。

5）照顾女性、左手优势者等群体的特征和需要。

## 二、几种手工具

### （一）尖嘴钳等双握把工具

**1. 改进尖嘴钳形制，使操作时腕部顺直**

传统尖嘴钳或钢丝钳的钳把为对称形，使用时手腕呈尺侧偏状态，见图6-4a；将其改进为图6-4b所示的非对称形，使用时手腕可保持顺直状态。两者使用的舒适性差别很大。泰恰尔（Tichauer）在研究报告里指出（1976年），将40名电子装配工分为两组，使用图6-4中两种不同的钳子，对比结果见图6-5：使用改进后尖嘴钳的工人中腱鞘炎患者明显减少；工作10周以后，对比更加突出。可见使用手工具时保持手腕顺直很重要。

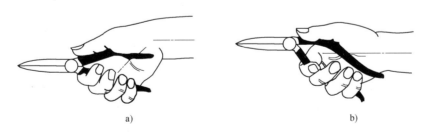

a)　　　　　　　　　　　　　b)

图6-4 尖嘴钳：传统设计与改进设计

a）传统钳把，操作时手腕尺侧偏　b）改进设计，操作时手腕顺直

**2. 双握把工具的抓握空间**

钳子、剪刀这类双握把工具，应使抓握空间的大小与手的尺寸和解剖适应。两握把大体平行者，间距50~60mm为佳。两握把成夹角者，捏握力的一项测试结果见图6-6：适合女性的抓握空间（握把大端的间距）为60~80mm，适合男性的为70~90mm。女性、男性捏握力

的 5 和 50 百分位数可从图 6-6 看出。此测试数据来源于欧美人群。

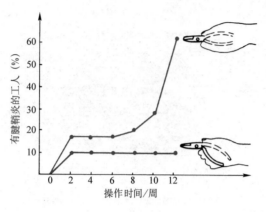

图 6-5　两种尖嘴钳握
把使用者中腱鞘炎患者比例

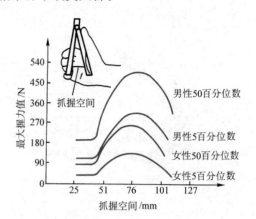

图 6-6　双握把工具的抓握
空间与捏握力

### （二）刀、锤、手工钢锯

用直柄刀裁纸，手腕需要"掌侧屈"；用直柄锤子敲击，锤头接触物体时手腕呈"尺侧偏"。使刀柄与刀刃、锤柄与锤头成一定角度，见图 6-7，即可缓解使用中手腕的偏屈。对美国森林工人进行的调查表明，这些弯柄工具普遍受到欢迎，证实它们便于操作，能减轻疲劳。

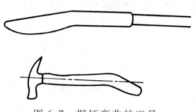

图 6-7　握柄弯曲的工具

使用老式手锯时，两手的状态见图 6-8a，前手"背侧屈"且"桡侧偏"，后手"尺侧偏"，操作别扭难受。图 6-8b 所示为新式手锯，后把柄改为竖向前倾，便于后手手腕顺直地握持与前推用力；前手控制方向的同时只需下压施力，手腕形态也得到改善。

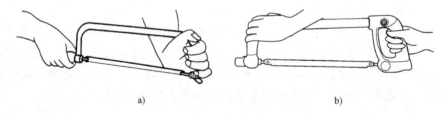

图 6-8　传统手锯与新式手锯
a）传统手锯，使用时两手腕偏屈用力　b）新式手锯，使用时两手腕基本顺直

### （三）旋拧工具的握把

旋拧工具的把手多为圆柱形，用力大者直径要大，常取 30~40mm；手指捏握精细操作的，直径宜小，常取 8~16mm。

为加大旋拧力矩，螺钉旋具把手外轮廓应有凹凸纹槽。纹槽的转折处应光滑，以免操作时硌痛手掌，见图 6-9。

手掌上布满尺动脉、桡动脉等血管与神经，手掌（尤其掌心部位）持续受压，妨碍血液循环，会引起麻木与刺痛感。好的把手应减小掌心的压强，使大、小鱼际肌为主要的施力部位。另外拇指与食指间的"虎口"皮质坚韧，适于承受力量。图 6-10b 所示的改进设计的旋具把手，由虎口处的凸起增大旋拧力矩，比图 6-10a 所示的传统把手操作方便，抓握更加轻松。

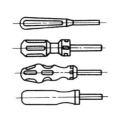

图 6-9 螺钉旋具手把的形状

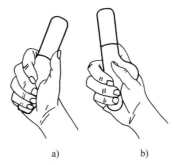

图 6-10 利用虎口增大旋拧力矩
a）传统把手 b）改进设计

**（四）其他几种手工具**

**1. 避免手指反复的扳动操作**

指屈肌和指伸肌的力量较小，频繁用力影响它的灵活性；长期使用手指（通常是食指）弯曲扳动工具，会导致手指的疾患。开关安置在手把上的气动或电动工具，用拇指按压较合理，见图 6-11a；而图 6-11b 所示用食指弯曲的操作则不合理。

**2. 避免或减少肌肉的静态施力**

肌肉的力量是在肌纤维束紧张收缩中产生的，肌肉轮替着施力与放松，在肌肉放松的间隙里血液回流、补充养分，这是正常合理的肌肉施力情况。若工作或操作中肌肉持续处于紧张收缩状态，称为肌肉的静态施力。

能否避免或减少静态施力是评价手工具优劣的重要标准。例如图 6-10a 所示传统旋拧工具，靠手与把手间的摩擦力形成旋拧力矩，手必须紧紧握住把手，肌肉持续地静态施力。而使用图 6-10b 所示工具操作时，消除了手掌持续受压的静态施力，操作者的手感觉放松，舒坦得多。

**3. 使准确控制和用力大的肌肉互相分离**

同一束肌肉要准确控制动作又要出大力，是很难的。譬如举刀剁排骨，使劲一刀下去没剁开，再使劲剁第二刀，想将刀口准确落在第一刀的口缝里，很不容易。将准确控制和用力互相分开，就很容易了：把刀轻放到定好的位置上，可以很准确，再举锤用力击打刀背。再如用手电钻钻孔，既要控制钻头的方向不偏不斜，又要使劲下压，单手操作兼顾两方面比较难。图 6-12 所示的手电钻侧面加了一个辅助小把手，钻孔时，一只手主要掌握方向，另一只手在侧面小把手上使劲往下压，操作就容易了。

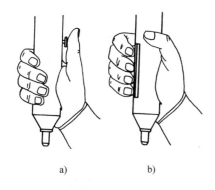

图 6-11 拇指按压操作优于食指弯曲操作
a）拇指按压操作 b）食指弯曲操作

图 6-12 控制与用力分离、
左右手都适用的手电钻

**4. 顾及女性、左手优势者等人群的需要**

顾及女性的需要指工具的尺寸、操纵力与女性身体条件相适应，进一步应考虑造型符合女性审美特点。提供适合左手优势者的工具，关怀社会所有群体的需要，是文明进步的标志；对人机学工作者来说，更是一种职业责任。

适合左手优势者的工具有两种类型：一种是左手专用品，另一种是通过简单变换，让右利者、左利者都便于使用的工具。例如图6-12所示的手电钻，侧面那个小把手既可安装在这一侧，也可很容易地安装到另一侧去，右利者和左利者都能方便地使用。

### 三、手工具的使用方式

手工具的使用方式，主要指使用手工具时的姿势、体位。

典型例子是用镰刀割麦、割稻，真是又苦又累的活啊！烈日当头、灰土扑面、90°的弯腰，没有历练过的人干几分钟就会直不起腰来。其实割麦或割稻，用镰刀割断稻杆、麦秸耗费的体能并不大，累就累在弯腰拱背的劳动姿势上，见图6-13a。改革开放之初，我国曾推广一种稻麦收割推铲，手把长，直身往前推铲，铲断的稻麦便依次往一侧倒下，大大减轻了劳动强度，提高了工效，在当时还用不上收割机的地区大受欢迎，见图6-13b。

a)                    b)

图6-13　直身作业的推铲和弯腰收割的镰刀
a）弯腰拱背——又苦又累　b）直身作业——高效轻松

应该深思的是：镰刀收割这么苦累，为什么几千年来没有得到改进呢？是当年人们的智慧达不到，创造不出收割推铲之类的工具吗？绝不是！张衡在两千年前的东汉时期设计了地动仪，那是何等的精巧！翻开《考工记》《天工开物》，比收割推铲复杂的器物比比皆是。有能力做到的事情却一代代下来没有人做（或做出来了而没大范围推广），到底为什么？这可能跟传统使用方式的束缚作用有关。最初的镰刀把手不长，收割需要弯腰，年复一年，脸朝黄土背朝天地收割，祖辈父辈割，子辈孙辈割……延续了几千年。于是割稻、割麦要弯腰，成为一代代人的思维定式：弯腰拱背的使用方式，既然从来如此，似乎也就本该如此、只能如此，成为一代代人改进收割工具的桎梏！"大众创业，万众创新"的第一道出口在哪里？就在冲破固有思维的牢笼。因此，冲破固有思维的牢笼，是迈向革新广阔天地的关键一步。并不限于镰刀与工具，其他的事物同样如此。

图6-14a所示为作业者使用直柄电烙铁的情景，耸肩提肘，肩部肌肉紧张，容易酸痛，难以持久。将电烙铁的手柄改成折弯形，工作姿势就改观了，肩部自然松弛下垂，舒服得多，见图6-14b。

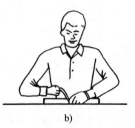

a)                    b)

图6-14　手工具设计对作业姿势的影响
a）工作时提肘耸肩　b）肩部放松下垂

又如第一章图 1-11 所示的电动螺钉旋具，手持操作吃力，拿起放下和对准位置操作困难。在现代生产线上，这类工具用弹性吊索吊挂在工作台上空，有效地减轻了劳动强度，提高了工效。这个例子里，工具本身没有改变，改变的只是使用方式。

# 第二节　手机设计中的人机学

从 1983 年第一台手机 DynaTAC 8000X 诞生到现在，经历三十多年的发展，手机从最初笨重、功能简单的"大哥大"，变成轻巧便携、功能强大的智能手机，见图 6-15。在现今互联网时代，手机不仅仅是单纯的移动通信工具，更是集上网、购物、娱乐、出行服务为一体的移动终端。

手机品牌众多，型号繁复，其中美国苹果公司的 iPhone 具有代表性且多年引领全球智能手机的设计潮流。自 2007 年第一代 iPhone 上

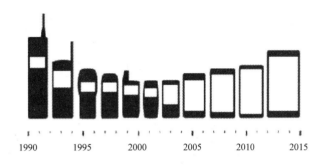

图 6-15　手机的发展变迁

市，每一代 iPhone 都有令人耳目一新的设计亮点。本节以 iPhone 手机为例进行分析，探讨人机学在智能手机上的体现及发挥的重要作用。

智能手机（Smartphone），指具有独立的移动操作系统，可自主选择安装多种开放性应用软件以扩充功能，能无线上网的新型手机。

现今的智能手机，可以看成是移动电话和笔记本式计算机的集合体。

## 一、手机的尺寸与屏幕

人们使用手机最初直接感受到的是外观，手机外观的重要因素有尺寸、色彩、材质、按键的大小和布局、屏幕上的图文图标等。

**1. 手机的屏幕尺寸**

手机屏幕尺寸分为物理尺寸和显示分辨率两个方面。

（1）**屏幕物理尺寸**　手机屏幕物理尺寸以屏幕对角线长度的英寸（in）值计量标识。1in 等于 2.54cm 所以 4.3in 智能手机的对角线长度换算后是 10.92cm。但同样对角尺寸的屏幕面积不一定相等，这与屏幕的长宽比相关。

（2）**屏幕显示分辨率**　手机屏幕显示分辨率以 VGA、QVGA、WVGA 等标识。VGA 是基础值，屏幕分辨率为 640×480 像素。QVGA（Quarter VGA）表示 VGA 分辨率的 1/4，即 320×240 像素，这是最常见的非智能手机屏幕显示分辨率。WVGA（Wide VGA）表示分辨率是 800×480 像素。随着科技的发展，为使用户获得更好的视觉体验，目前已经出现了 1280×720 像素、1920×1080 像素等更高的屏幕显示分辨率。

（3）**屏幕尺寸与手机操控**　屏幕大小不仅影响视觉感受，而且直接关系到用户对手机的触控操作感受。苹果公司前 CEO 史蒂夫·乔布斯（Steve Jobs）曾指出"3.5in 是智能手机的最佳尺寸"。所以早期的 iPhone 产品，从 iPhone 第一代到 iPhone 4s，屏幕尺寸都为 3.5in，见图 6-16。

图 6-17 所示为中等大小人手和 3.5in iPhone 手机的比例关系。

右手拇指操作 3.5in iPhone 手机时，按触控的难易程度可将屏幕分为 3 个区域，分别是

iPhone  iPhone 3G  iPhone 3GS  iPhone 4  iPhone 4s

图 6-16 3.5in 屏幕的 iPhone

容易、不难和较难，见图 6-18。

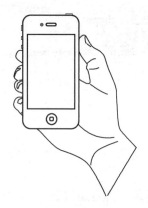

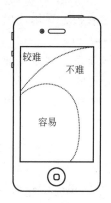

图 6-17 中等大小人手和 3.5in iPhone 手机的比例关系  图 6-18 3.5in 屏幕上不同区域的触控体验

  然而，随着手机功能的不断拓展，仅单手操控不再现实。为适应复杂操作和双手操作的需要，也为了获得更好的视觉体验，触控式智能手机的屏幕尺寸在逐渐增加，以三星（Samsung）手机为代表的大屏手机逐渐占领手机市场。苹果公司也紧随其后，在推出 4in 的 iPhone 5 、iPhone 5s、iPhone 5C 之后，继而推出 4.7in 的 iPhone 6、iPhone 6s，5.5in 的 iPhone 6 Plus、iPhone 6s Plus 等，见图 6-19。

  5.5in iPhone 6s Plus 的使用场景见图 6-20。

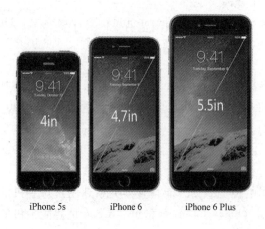

iPhone 5s  iPhone 6  iPhone 6 Plus

图 6-19 iPhone 5 以后逐渐增大了手机屏幕

图 6-20 5.5in iPhone 6s Plus 的使用场景

  然而使用者的手部尺寸还如原先一样，越来越大的屏幕尺寸必然带来单手使用的困难。手掌较小的人，要用两手握持大尺寸智能手机进行操作。

**2. 手掌尺寸与结构对操作的影响**

（1）**手掌尺寸与手掌的肌肉、关节** 手掌尺寸和手掌的肌肉、关节结构，是关系手机操作的两个方面。

手掌尺寸因性别、年龄、族群不同而有所差异，相关的部分数据资料分别在第五章及其他章节中有所介绍。

图 6-21 所示为人的手掌肌群分布及拇指关节示意图。手掌的肌肉主要由指球肌、大小鱼际肌、掌心及指骨间肌等几部分构成。由于掌心部分受压会影响操作的灵活和准确，故手机设计应注意避免发生这种可能。鱼际肌则是手掌活动的主要施力肌群，也是握持和操作手机的支撑部位。指球肌指五个手指指尖的肌群。大拇指的操控动作基于三个关节的活动：拇指第一关节位于拇指中间，自然状态下呈略微前曲状，最大弯曲角度约为 90°；拇指第二关节位于拇指根部，跟第一关节一样自然状态时略微前曲，能前后弯曲；腕掌关节，又称"拇指第三关节"（图 6-21），位于手腕和拇指的连接处，可以进行大幅度的收展、屈伸和内旋运动。

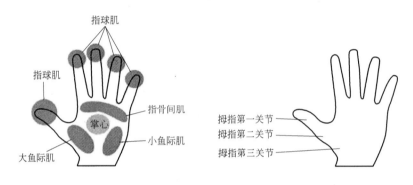

图 6-21 手掌肌群分布及拇指关节示意图

（2）**手机使用场景与操作方式** 与多在室内坐姿下使用台式计算机或笔记本式计算机不同，用户使用手机的场景纷繁得多：室内室外，站立或行走时，在公交、地铁、商场中，在旅游登山中坐车时，抱着小孩或提背包裹时，处于拥挤混乱甚至突发事件的紧急场合等。所以手机必须便携、抓握牢靠、易于手持操作。这是它最显著和突出的特点。

手机通常有三种握持操作方式，分别为单手握持操作、双手抱握单手操作和双手握持双手操作，见图 6-22。一项研究报告指出，用户采用以上三种握持和操作手机的比例依次为 49%、36% 和 15%。

然而在不同环境下，同一用户也会采用不同的操作方式，如浏览网页时单手操作，打字聊天时双手握持双手操作，看电影时横过手机观看等。

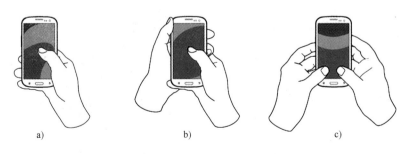

图 6-22 使用智能手机的三种握持操作形式
a）单手握持操作 b）双手抱握单手操作 c）双手握持双手操作

通常人们主要用拇指操作智能手机，其他四指加上手掌支承手机。有时也会用食指握持手机上方，会有更好的稳妥感，见图 6-23。

　　五个手指中，拇指的特点最明显：第一，其运动与其他四指关联最小，独立性强；第二，除以屈曲动作进行触控外，还能方便地做横向、纵向移动及转动操作，见图 6-24。

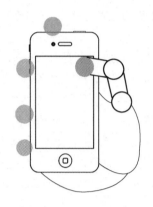

图 6-23　用食指握持手机上方

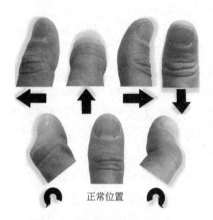

正常位置

图 6-24　拇指的独立运动方式

　　拇指的活动直接影响对手机的操控范围。右手握持单手操作时，根据拇指的活动范围，iPhone 4s 的 3.5in 屏幕基本都能覆盖，见图 6-25a。而对 4.3in 的三星 Galaxy S Ⅱ，则有一部分屏幕拇指无法触控到，见图 6-25b。所以就单手握持操作而言，3.5in 的 iPhone 手机操作易用性更好，相应地安全性、交互性亦更佳（取自不同文献的图 6-25a 与图 6-18 略有差异，可能缘于握持手机位置的高低不同，也可能缘于测试研究的目的不同等原因，两者有差异却并非互相矛盾，均不失参考价值）。

　　一项智能手机尺寸对单手操作影响的试验报告指出：4.3in 触摸屏的操作错误少，而 3.5in 触摸屏的操作时间短。

　　不同人群对手机功能有不同要求，大尺寸手机使屏幕显示更清楚、页面容纳量更丰富，但同时也造成携带、握持操作的不便。因此，确定各类不同用户、不同档次手机屏幕的适宜尺寸，仍是手机设计的长期课题。

　　**3. 手机基本功能实体按键的分布**

　　智能手机主要以触控屏幕的方式进行操作，只有简单的基本功能还保留着实体按键，如电源键、音量键、静音键和 Home 键等。在 iPhone 全系列产品中，屏幕为 3.5in 的 iPhone 4s 有着较为出色的手持操作体验，其实体按键的尺寸和分布见图 6-26、图 6-27。

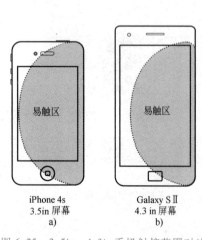

易触区　　　　易触区

iPhone 4s
3.5in 屏幕
a)

Galaxy S Ⅱ
4.3 in 屏幕
b)

图 6-25　3.5in、4.3in 手机触控范围对比

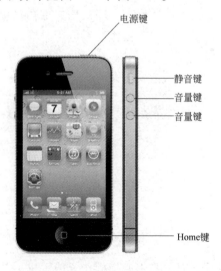

电源键

静音键
音量键
音量键

Home键

图 6-26　iPhone 4s 的按键分布

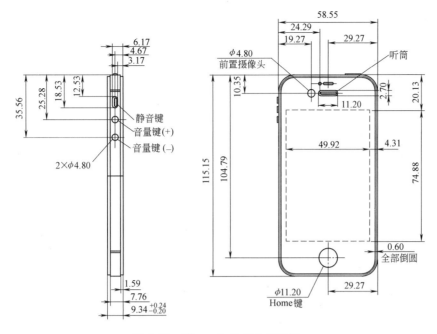

图 6-27 iPhone 4s 外观的工程图

左手握持 3.5in iPhone 4s 手机的情景见图 6-28a，音量键、静音键、电源键都正处在拇指第一关节（上指节）位置，操控非常自如。若用右手握持，则这三个键由绕弯过来的食指或中指操控，因为手机小，一般仍然是不难的，见图 6-28b。4in 的 iPhone 5s 屏幕略有加大，对于某些手指较短的人，可能会觉得使用体验不如 iPhone 4s。

a)

b)

图 6-28 3.5in iPhone 4s 的使用情景
a）左手握持操控 b）右手握持操控

iPhone 6 的屏幕增大到 4.7in，操控体验与操控 3.5in 手机时有了显著不同。为此苹果公司将电源键改设在右边位置，使它正对右手的拇指，这是 iPhone 6 针对右手握持操作在易用性上做出的一个调整，见图 6-29。

在搭载移动操作系统 iOS 的 iPhone 手机正面，有一个唯一的实体按键——Home 键，因此显得突出、醒目（图 6-26、图 6-27）。即使对 iOS 一无所知的人，在拿起 iPhone 手机时，也可能从这个 Home 键开始试探进行手机操作，摸索着"往前走"。实体 Home 键这个经典设计，比虚拟按键简单直观，且能让用户在操作失误或"迷路"时很容易地安全返回，从而提供可

图 6-29 iPhone 6 的电源键调整到右侧

信赖感。

苹果公司赋予了 Home 键单击、双击、长按三种方式，iPhone 5s 之后，Home 键附加了指纹识别功能。

## 二、手机人机界面与交互设计

### 1. 人机界面与人机交互界面

（1）人机交互的概念　人机交互指人与系统之间的互动。系统指人所使用的各种器具、机器，包括计算机（硬件、软件）、手机等。

人机交互的概念出现于 20 世纪 80 年代，远晚于产生于 20 世纪初的人机学。这是因为早年使用器具、机器的时候，主动方只是人，被动方机器、器具罕见与人有"互动"。飞行员单靠目测跑道进行起飞降落的时候，汽车驾驶员单靠后视镜在停车位泊车的时候，就是如此。当机场和飞机上有了一套互联的导航系统、当汽车上装了泊车报警器，飞机起降或汽车泊车时人机间就出现了互动。人机间的互动是人机关系的质变式演进。

在现代产品尤其是 IT 产品的使用中，人机交互广泛存在，且交互过程是反复多频次、多层级的，交互媒介也有文字语音、图形图像、音频视频等多种。对于这类产品，人机交互设计的重要性大为提升。

（2）人机界面与人机交互界面的异同　在人机界面中，承载"互动"功能者常特称为人机交互界面。也就是说，人机界面中包含人机交互界面这一类型，也包含不属于人机交互界面的另一部分。

通过对比"火车站车次告示屏幕"和"地铁自助购票机屏幕"，可以廓清上述两个概念的异同。火车站发车告示屏幕上，从左往右各列依次显示车次、终点站、发车时间、候车室、目前状态（候车或检票）等；从上往下各行依次滚动显示各个车次。到达车次告示屏幕显示的也类似，见图 6-30a。它们是能向乘客传递很大信息量的人机界面，但乘客无法也无需与之互动。地铁自助购票机的屏幕见图 6-30b，乘客依次选择起始站、地铁线号、终点站等，购票机一一做出反馈，随后购票机才能显示出应付金额，指示乘客刷卡或投币购票，人机间发生多次的互动、交互。两者的区别是明显的，后者属于人机交互界面，而前者不是。前者是传统视觉传达设计的工作对象。

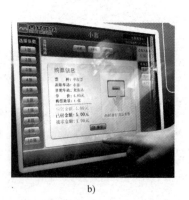

a)　　　　　　　　　b)

图 6-30　人机界面与人机交互界面
a）列车车次告示屏幕　b）地铁自助购票机屏幕

类似地铁自助购票机，如今自助取款机、银行查询缴费机、手机话费充值机、计算机与手机互联网网页的界面，都是人机交互界面。电玩游戏的交互界面更加多样复杂。

（3）**手机的人机界面**　手机的人机界面包含以下 3 部分：

1）外观实体部分。涉及握持操作是否方便、高效等，见前述。

2）平面视觉传达部分。遵循视觉传达设计的要求和准则。

3）人机交互部分。主要体现在手机移动操作系统 iOS 中，将在后面做重点介绍。

**2. 人机交互设计的原则**

由于人机间的互动要在多频次、多层级的"输入指令—反馈"中推进，因此交互界面设计与传统平面设计比较，有很多重要的新要求，如选择、反馈、导航、提示警告、防错纠错、结束告示等。这就要求更深入地了解并遵循人的认知、心理和行为特征。通过不断探索和实践，总结出人机交互界面的设计原则如下：

1）一致性。对相似的操作提供基本一致的操作序列：提示、菜单和帮助；使用相同的术语；保持颜色、布局、字体、大小写等的一致。

2）普遍可用性。可满足新手和专家等不同用户群的需求，如易学易记、低错误率、添加注解及快捷方式等。

3）提供反馈。对用户的每个操作都有系统反馈，以便用户继续下一步操作。不重要的操作，反馈可简短；重要或不常用的操作，反馈应充分。

4）结束告示。操作序列分开始、进行和结束三个阶段。阶段操作结束后，应告知用户该阶段操作已经完成。

5）防错和处理误操作。应预防用户犯严重错误。例如不同功能选项以不同颜色显示。若用户操作失误，系统应该保持状态不变，同时提供警示或恢复操作的说明。

6）允许反向操作。这个方法可以减少用户对错误操作的恐惧心理。

7）减少短时记忆。界面要简单，不同页面应统一。对命令、缩略图等图标的疑问，应提供在线追溯释疑的通道。

**3. 手机触控屏幕**

苹果公司 iPhone 手机触控屏幕的面世，在手机人机交互界面设计中具有划时代的意义。触控"一点即通"的效果，即手指直接在触摸屏上进行目标选择、移动、点击等操作，带来了不同于实体按键的全新操作体验。尤其是触控屏幕为解决手机之类移动通信设备最关键的难题提供了基础：人们可以在行走、驾车甚至餐饮等活动的同时使用，且往往只需单手握持并操作。

## 三、苹果手机移动操作系统 iOS 中的人机交互

与触控屏幕相对应，苹果公司开发的手机移动操作系统 iOS（Internetworking Operating System-Cisco）同样在手机的人机交互设计中处于引领地位。以下以 iOS 系统为例，分析手机操作系统中的人机交互。

**1. iOS 的发展历程**

**（1）iOS 1 系统是革命性的创新**
第一代 iPhone 手机问世而推出。其圆角正方形应用图标和界面底部固定不变的四个应用，堪称经典，见图 6-31。除主屏幕外，iOS 1 中的虚拟键盘、通话界面、地图、移动 Safari 浏览器以及"视觉语音信箱"等界面和设计元素被沿用至今，成为众多软件厂商的模仿对象。

**（2）iOS 2 系统与苹果的 App 时代** 苹果第二代 iPhone 手机在 2008 年 7月份上市，搭载 iOS 2.0 操作系统，同时推出 App Store（图 6-32）。

全球第一款成熟的优化触控移动操作系统 iOS 1，伴随

iPhone

图 6-31 经典的 iOS 1 界面

iOS 2.0 系统中还加入了许多新功能，如独立的联系人应用、全局搜索（在系统搜索框输入关键字，即可直接找到相关功能）以及功能更强大的科学计算器等。

从手机设计来说，App Store 是一个巨大、成功的创新，不仅为苹果公司建立了庞大的应用生态，而且为众多的开发者提供了可贵的商业模式和机会。苹果公司自身也因此积累了数量庞大的应用，为日后的发展奠定了基础。

然而手机与无线互联网的牵手，对整个人类社会科技、经济、文化发展的深远

图 6-32　第二代 iPhone 手机推出 App Store

影响，是人们现今还无法估量的，堪比甚至超越蒸汽机的发明和电力的发现。这是 2015 年 12 月在中国浙江乌镇召开第二次世界互联网大会期间，各国顶级社会精英的共识。特别在"大众创业　万众创新"的中国，为当代青年开辟了无比广阔的发展前景。

（3）iOS 3 系统功能趋于完善　iOS 3.0 系统与 iPhone 3GS 一起于 2009 年 6 月发布，见图 6-33。剪切、复制和全局搜索功能使得手机使用进一步简便，语音拨号等功能让用户感受到新奇的体验。随后 2010 年 4 月发布 iOS3.2 系统，针对大屏幕进行了用户界面（User Interface，UI）功能优化设计。

（4）iOS 4 系统支持多任务服务　iOS 4.0 系统的外观改善很大，图标具有丰富的光影效果，界面更加漂亮，见图 6-34。iOS 4.0 系统还加入了更多的过渡动画效果、键盘自动校正功能、统一的邮件收件箱和 Exchange 服务的支持。

图 6-33　iOS 3.0 系统为 iPhone 用户带来大量功能

图 6-34　iOS 4.0 随 iPhnoe 4 一起亮相

（5）iOS 5 系统及 Siri 开始功能测试　苹果公司于 2011 年 10 月推出 iOS 5.0 系统，见图 6-35。Siri（语音控制功能）首次与用户见面，尝试让用户以不同的方式与 iOS 进行人机互动，并将 Siri 打造为 iOS 中的个人服务助理。

（6）iOS 6 系统告别谷歌，拥抱社交　2012年 6 月苹果公司发布了 iOS 6.0 系统，并以自己的地图服务替换了谷歌地图。

iOS 6 系统中还对社交功能做了深度整合，如可将照片直接发到社交网站上分享，

图 6-35　iOS 5.0 系统预装在 iPhone 4s 上

见图 6-36；同时在 Siri 中设置了留言提示、闹铃，支持了更多的语言，甚至包括中文的粤语。

图 6-36　iOS 6 系统中深度整合了社交功能

（7）iOS 7 系统的扁平化　新的 UI 系统趋于"扁平化"，相比 iOS 6 系统前的拟物设计（模拟实物的材质、质感、细节、光亮等），扁平化的图标视觉上更加简洁清爽，两者的对比示例见图 6-37a。iOS 7 系统整体风格见图 6-37b。

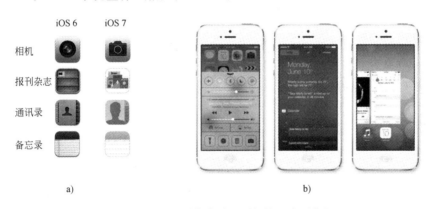

a)　　　　　　　　　　　　　　　　　b)

图 6-37　iOS 7 系统中手机图标的"扁平化"

a）拟物与扁平化图标的示例　b）iOS 7 系统整体风格

iOS 7.0 系统中还新增了控制中心与通知中心，进行人机交互的优化。例如，应用中页面之间的返回，可通过手指从屏幕外侧向右滑动实现（图 6-38b），不必再点击左上角的返回按钮（图 6-38a）。处于主屏幕时，只要手指从屏幕中间位置向下滑动，即可进入搜索页面等，为单手操作做了进一步的手势优化。

（8）iOS 8 系统多处更新，稳步前进　苹果公司于 2014 年 9 月发布 iOS 8.0 系统，推出新的健身软件和其他功能软件，包括 Apple Pay、Continuity（让用户可在 Mac 和 iPhone 间进行特定任务的传输），见图 6-39。

iOS 8 系统中自带相机加入了延时拍摄模式，照片可以"智能编辑"。此外，iOS 8 系统中在通知中心加入了对第三方输入法的支持，以及小部件功能。

（9）iOS 9 系统先进的移动体验　2015 年 9 月苹果公司推出 iOS 9 正式版更新，中文字

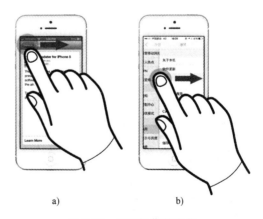

a)　　　　　　　　b)

图 6-38　返回操作的变化

a）iOS 6 系统中的返回操作　b）iOS 7 系统中的返回操作

体变为专为中国设计的"苹方",首次加入了省电功能。在备忘录、地图、邮件等应用中做了更多人性化的改良,如备忘录中添加核对清单和画图功能,帮助用户备忘记录,见图6-40。

图 6-39　iOS 8 系统在相机、短信、健康等多处的更新优化　　图 6-40　iOS 9 系统中的备忘应用

**2. iOS 8 的人机交互准则**

苹果内置 iOS 8 系统的人机交互准则为遵循、清晰、层级,分述如下。

**(1) 遵循**　用户界面遵循人的认知特性,使用户易于理解及互动。·

例如图 6-41 所示为 iOS 8 系统中的天气显示界面,以天气实时图像为背景,图面扩展到屏幕边缘。漂亮的全屏界面直观呈现了某地当前的天气状况(屏幕实际显示为蓝天白云,本书的灰度图未能体现),且利用有效的空间显示每个小时段和未来一周的天气数据。界面显示符合人的认知特性,直观易懂。

**(2) 清晰**　文字易于辨认阅读,图标表意准确清晰,适度页面装饰的目的是引导视觉分辨内容的重点和顺序。为此,iOS 8 系统中采用如下几种设计方法:

1) 使用留白。留白使重要内容和功能更为突出,更易于理解,并营造出安静平和的情境,见图 6-42 中的短信界面。

2) 用色彩简化界面。使用一种主题色彩,给应用带来视觉一致性。例如备忘录界面中所有图标都是黄色,见图 6-43(本书印刷不能体现彩色)。iOS 8 系统中内置 App 使用了一系列纯净的系统颜色,每一种颜色在深色和浅色两种背景中都有良好的视觉效果。

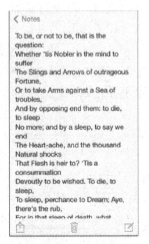

图 6-41　iOS 8 系统中　　　图 6-42　iOS 8 系统的　　　图 6-43　iOS 8 系统
的天气显示界面　　　　　　　短信界面　　　　　　　　中的备忘录界面

3）使用系统字体确保易读性。iOS 8 系统能自动调整字间距和行高，使文本易于阅读，且任意字号都显示良好。无论用户使用系统字体还是自定义字体，都是易于调整大小、字距、行距的"动态字体"，见图 6-44。

4）无边框按钮。iOS 8 系统中所有条栏上的按钮都没有边框。在内容区域，通过文案、颜色以及操作指引标题来表明该无边框按钮的可交互性。当它被激活时，按钮显示较窄的边框或浅色背景作为操作响应，见图 6-45 中的联系人界面。

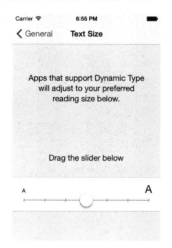

图 6-44　iOS 8 系统中的"动态字体"

图 6-45　联系人界面

**（3）层级**　在视觉分层的界面上（Layers）显示内容，利于用户理解各不同层级对象之间的关系。

例如，在主屏幕上浮现一个半透明背景，以便将文件夹中的内容和屏幕其他部分区分开，见图 6-46 中的主屏幕与半透明背景文件夹。

又如图 6-47 中的提醒事项界面，在多个图层中显示列表，当用户使用其中某一列表时，其他的列表即在屏幕底部被收起。

图 6-46　主屏幕与半透明背景文件夹

图 6-47　提醒事项界面

当用户在日历的年度、月份和日视图之间切换时，转场动画具有良好的层次感，用户一眼就能看到当天的日期，见图 6-48。

当用户选中某个月份时，年度视图即以放大效果消失，随之展现月份视图。当天的日期仍保持红色高亮，而年份则出现在返回按钮中，这样用户便能准确了解现在所处的页面位置从哪里过来，以及如何返回。

类似的转场动画还发生在用户选中某一天时，月份视图会向上下两侧分开，从而将本周

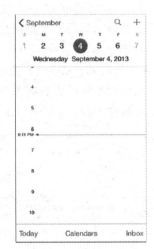

图 6-48　iOS 8 系统中的日历界面

推到屏幕顶部，随之显示被选中的某天的每小时视图。通过这些"转场效果"，日历强化了年度、月份和日视图之间的层级关系。

### 3. iOS 8 系统的设计要求

为达到优良的人机交互效果，对 iOS 8 系统的设计有如下要求：

（1）**勾连功能**　iOS 系统中任一 App 的功能都要在屏幕上以界面显示，通过操控来实现。界面的艺术表现或风格特征固然要追求，但界面首先必须与其功能进行形式的或逻辑的勾连。例如对于游戏，用户会期望乐趣、兴奋和探索，因此屏幕界面要炫丽刺激，与完成严肃或枯燥任务的应用应该决然有别。图 6-49 中从左上到右下 3 幅屏幕界面依次为彩色、蓝底白线、灰白相间，

图 6-49　iOS 8 系统界面与应用功能的勾连

分别体现活跃、清朗、沉稳的视觉效果，均与应用的功能（任务、目标）特性相关。

（2）**一致性**　iOS 8 系统 App 符合一致性要求的考量条款如下：

1）和 iOS 8 系统标准保持一致，正确地使用系统控件、视图和图标。

2）App 自身内部文本使用统一的用词和风格，同样的图标表达相同的意思，用户在不同位置执行同一个操作所得符合预期，见图 6-50。

3）App 在合理范围内与之前的版本保持一致，术语含义、基本概念和主要功能基本不变。

一致性使用户将操控某一 App 的经验和技巧能在他处反复应用，极大地提升"易学""易记""成习惯"的良好体验。

（3）**直接操控**　当用手指直接操控屏幕上的虚拟"物体"，其结果与手指操控真实物体相同时，因为与生活经验一致，操作几乎成为不需学习的、自然的、习惯的动作，用户操作体验轻松愉悦，达到最优，这是 iOS 8 系统交互设计追求的高目标。

例如使用多点触控界面，用户双指开合，即可直接放大缩小图片或者内容区域。又如一款游戏中有个密码锁，玩家可以旋转密码盘去打开。图 6-51 所示为 iOS 8 系统中的部分直接操控手势。

图 6-50　iOS 8 系统 App 内部的一致性

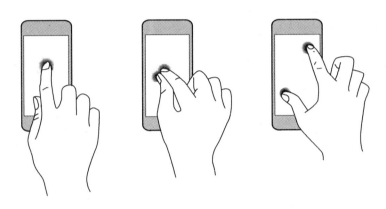

图 6-51　iOS 8 系统中的部分直接操控手势

（4）**反馈**　反馈是向用户发出"操作有效"的响应信号，让用户放心，并了解任务的进程，很重要。

iOS 8 系统的内置 App 对用户的每个操作都提供可感知的反馈。用户点击列表项和控件时，它们短暂地高亮。对超过几秒钟的持续操作，控件会显示已完成的进度。还用精致的动画来做反馈。例如，在列表中添加新条目时有动画，以便人们察觉到变化，见图 6-52。声音可用作反馈，但用户有时可能听不到，必要时提供并行的补充反馈为佳。

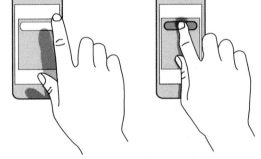

（5）**隐喻**　力求使 App 的操作动作模仿现实生活中的行为，如对电子书翻页模仿实体书的翻页动作等。iOS 8 系统中的隐喻包括如下几方面：

图 6-52　iOS 8 系统中的反馈提示

1）移开图层视图，展现其下方的内容。

2）在游戏中拖拽、轻敲或扫开物体。

3）点击切换开关、滑动滑块或转动选择器。

4）在书或杂志中的翻页。

（6）**用户控制**　应该让用户自主控制操作。App 既为用户操作提供选择的可能性，又为预防误操作提出建议或警告，但不应替代用户做决策。

例如，以右上角"微标"告知用户有若干未开启的微信或短信（图 6-53a），然而是否打开与何时打开，应由用户自主决定。用户期望在操作执行前有机会了解可能的误操作及其后果，从而得以从容地避免，如地图应用中的提示，见图 6-53b。

a)

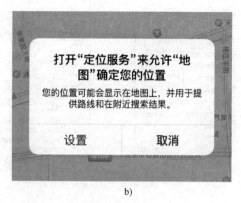
b)

图 6-53　让用户自主控制操作
a）红色微标告知未读短信　b）地图应用中的提示

**4. iOS 8 系统的易用性设计**

易用性是人机交互的关键要求，iOS 8 系统的易用性设计多有创新，内容很丰富，现选择其中若干方面介绍如下。

（1）用户界面组件　iOS 8 系统中应用模块化的前端框架 UIKit 定义用户界面组件。

UIKit 界面组件分为 4 类，见图 6-54，分述如下：

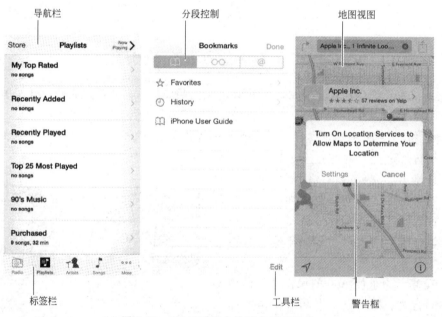

图 6-54　iOS 8 系统中的用户界面组件

1）条栏。包含上下文信息，指引用户所在位置，以控件帮助用户导航或操作，见图6-54中的导航栏、标签栏。

2）内容视图。如集合视图和表格视图，包含应用的内容及某些操作，如滚动、插入、删除、排序等，见图 6-54 中的地图视图。

3）控件。如按钮和滑块，用于执行操作或展示信息，见图 6-54 中的分段控件。

4）临时视图。弹出对话框，给出警告提示或多选择的动作菜单等，见图 6-54 中的警告框。

还有视图控制器，用于管理系列视图，显示视图内容，实现与用户的交互，能在不同的内容间切换。例如，"设置"使用导航控制器展示视图层级，见图 6-55。

iOS 8 系统中视图与视图控制器结合并呈现的示例，见图 6-56。

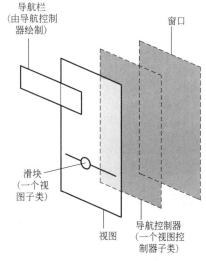

图 6-55 "设置"使用导航控制器展示视图层级　　　图 6-56 视图与视图控制器结合并呈现的示例

（2）**程序的启动和停止**　用户接触新 App 时，往往在最初的一两分钟内决定是否继续使用。iOS 8 系统能迅速呈现有用内容，激发新用户的兴趣，有效缩短对新 App 的适应时间。

iOS 8 系统中，对 App 不显示"关闭"或"推出"选项。用户退出一个 App 的方式是切换到另一个 App、返回主屏幕或者使手机进入睡眠模式。这样能简化交互操作。

（3）**布局**　iOS 系统中交互元素图标的可点击区域不小于 44×44 像素，各图标间均留有足够的间距，力求对某一图标的操作不致启动临近图标，见图 6-57。

对于内容和功能重要程度不同的元素，iOS 8 系统中按从左到右、从上到下递减的顺序布置，见图 6-58，与人们阅读习惯一致，利于用户优先关注到主要任务。

此外，还采用尺寸较大、色彩强烈或色彩对比强烈的方法来显示重要的元素，它们会被优先注意到，容易被点击，如图 6-59 中的电话界面。

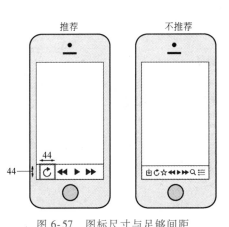

图 6-57 图标尺寸与足够间距

图 6-58 按内容和功能重要程度布置元素

图 6-59 iOS 8 系统中的电话界面

（4）**导航**　iOS 8 系统中的导航原则是：让用户始终知道自己在应用中所处的位置，并清楚如何去往下一个目标。有层级式、扁平式、内容/体验主导式三种导航方式，对应三种不同的应用结构。

1）层级式 App 导航。iOS 8 系统中，导航栏使用户在层级间轻松穿梭。导航栏的标题显示目前层级的位置；用后退按钮轻松回到上一层级。"设置"和"邮件"是使用层级式结构 App 的典型示例，见图 6-60。

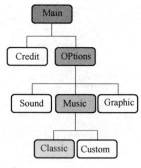

图 6-60  层级式导航（演示画面之一）

2）扁平式 App 导航。用户可从主页面直接选择进入任何一个应用类别，如"音乐""App Store"等。iOS 8 系统中，用标签栏展示平级分类的内容或功能，便于随时自如地在不同类目间切换，见图 6-61。

3）内容/体验主导式 App 导航。例如用户要浏览一本书，可以一页页下移推进，也可以在内容目录中选择某一页；iOS 8 系统中的页码控件能指示多个子项目或多屏内容，告知用户有多少个页面及当前所在的页面。例如，"天气"页码控件可显示打开了多少个特定位置的天气页。

在 iOS 8 系统的游戏中，则由操控时的体验主导着导航。

（5）手势操作  在 App 中使用手势操作，且手势与日常生活中操控实物的方式一致，大大提升操作的人性化水平，增强用户操控屏幕对象的感知。

在 App 中开创性地推出手势操控，是手机发展史上的历史性事件，使苹果公司誉满全球，赢得无数忠实用户的赞叹与喜爱。8 种标准操作手势及其效果见图 6-62。

除 8 种标准手势外，iOS 8 系统中还定义了另外一些操作手势，如从屏幕下端向上滑动展开"控制中心"或从屏幕上端向下滑动展开"通知中心"等。

为了达到最佳的交互体验，iOS 8 系统中提出了如下操作手势设计标准：

1）标准手势的操控效果应固定不变，使人们能"习惯成自然"。

2）不得创建和标准手势具有相同操控效果的自定义手势。

3）可以使用复杂手势作为完成任务的快捷方式，但不能是唯一的执行方式。

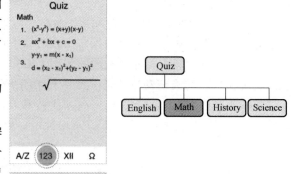
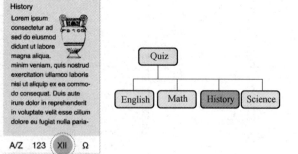
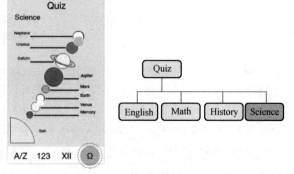

图 6-61  扁平式 App 导航

点击
按压或者选择一个控件或选项

拖拽
拖动某个控件从一边滚动或平移到另一边

滑动
快速滚动或平移

轻扫
单指轻扫以返回上一页，呼出对分视图控制器中的隐藏菜单，或滑出位于列表视图中的删除按钮。此外向上滑动还可以查看快捷操作(查看3D Touch以获取更多内容)
在iPad上，四指向上轻扫可以切换应用

双击
放大缩小图片或内容，中心定位等

捏合
双指张开或捏合放大缩小

长按
呼出编辑状态或隐藏菜单

摇晃
撤销或重做

图 6-62 iOS 8 系统中的 8 种标准操作手势

4）除了在新创的 App 游戏中，应避免定义新的手势。

5）在特定的环境中，可以考虑使用多指操作。

iOS 8 系统最大限度地避免了不必要的警告框。警告框是一种高效有力的反馈形式，但它只应用于传达最重要的信息。因为如果用户看过太多没有包含重要信息的警告框，就会逐渐漠视与忽略这些提示。

（6）信息输入轻松容易　用点击控件或键盘来输入信息较为耗时费力。如果在 App 解决问题前要求输入过多信息，用户的体验会很差。据此 iOS 8 系统做了如下设计：

1）使用选项输入信息。例如，使用选择器或表格视图代替文本框。一般而言，从列表中点击选项比输入文字要方便、容易得多，见图 6-63。

2）从 iOS 8 系统获取信息。在手机中预存很多信息供需要时提取，如联系人或日历信息等。

3）对用户的操作输入提供鲜明反馈。例如搜索框中的光标不停闪烁，告知操作正在进行之中，见图 6-64。

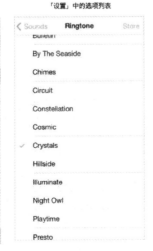

图 6-63 使用选项实现输入　　　　　图 6-64 搜索栏闪动的光标

## 第三节　安全性设计与维修性设计

### 一、安全与防护

双缸洗衣机甩干桶有一个桶盖，桶盖不关上，即使打开电源开关，甩干桶也转不起来。甩干桶在旋转中，一旦掀开桶盖，洗衣机会立即制动而停转，见图6-65。这是典型的安全性设计：从设计上保证使用者的安全，使甩干桶的旋转伤不着人。

图6-65　"打开盖就自动停止转动了"

在生产设备中，可能造成人身伤害的因素很多，如高压电线、高速旋转的部件，以及机器外表锐利的外凸等。图6-66所示为一台压力机，门罩与电源间设有联锁装置，操作者一旦打开门罩，电源即被切断，确保门罩内的运动部件不会伤害人体。图6-67所示为采用光电传感器的非接触式安全装置，身体任何部位进入设定的禁入区域，传感器即发出信号停止机器的运动。

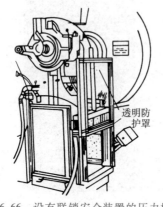

图6-66　设有联锁安全装置的压力机

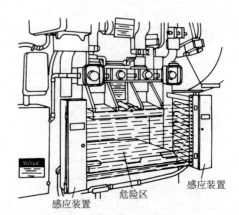

图6-67　采用光电传感器的非接触式安全装置

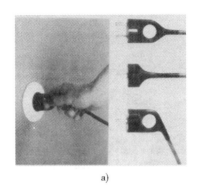

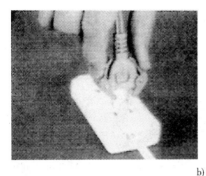

a) b)

图 6-68 安全电插头

生活用品的安全性设计关乎更广大的人群。电插头的两款安全性改进设计见图 6-68。其中，图 6-68a 所示为在插头的绝缘体上开一个小孔，图 6-68b 所示为在插头上安置一对绝缘的侧翼，拇指和食指借助小孔或捏住侧翼便于施力，插拔就容易和安全了。图 6-69 所示为经过安全性改进设计的园艺用剪子，在剪子双把手根部的内侧增加一个凸块，使合剪时两个把手中间留有足够的空档，可避免合剪时手被夹住的安全隐患（产品获 1990 年美国设计银奖）。图6-70所示为为儿童及残障人士设计的安全切面包刀，切面包时面包在底座中向前推移，刀只在竖支架间上下移动，方便又安全。

对旋转零部件加设防护罩是最常见的防护装置，如电风扇的叶片网罩。

图 6-69 能避免夹手的园艺剪

图 6-70 安全切面包刀

## 二、安全标志与警示

安全标志和警示是安全性设计的重要方面。常见的道路安全标志和警示，它们的图形、尺寸、颜色等在国标里有详细的规定，如《道路交通标志和标线》《城市公共交通标志 第 2 部分：一般图形符号和安全标志》等。电路电器安全标志也有专门的国标，需要时可查阅。

GB 2894—2008《安全标志及其使用导则》中共有禁止标志40 个、警告标志39 个、指令标志16 个、提示标志8 个，还有用文字补充结合使用的方法规定。GB 2894—2008 对每种标志的尺寸比例、图案、颜色都有详细具体的规定。现以禁止标志为例做简略介绍。图 6-71 所示为禁止标志的基本形式。

图中所标注参数的关系为：

外径 $d_1 = 0.025L$（$L$——观察距离）

内径 $d_2 = 0.800d_1$

斜杠宽 $c = 0.080d_1$

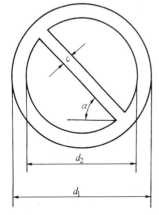

图 6-71 禁止标志的基本形式

斜杠与水平线的夹角 $\alpha = 45°$

现摘录 4 个禁止标志，见图 6-72。注意，这里的图 6-72 所示为黑白图，但禁止标志的颜色应该是：圆边框和斜杠为红色，图像为黑色，背景为白色。

图 6-72　从 GB 2894—2008 中 40 个禁止标志里任选的 4 个标志
a）禁止合闸　b）禁止启动　c）修理时禁止转动　d）禁止攀登

安全标志牌制作时，应在 GB 2894—2008 的基本图形上画制方格，然后按比例在方格上画制。图 6-73 给出了禁止类、警告类、指令类 3 类安全标志的方格图画制示例。

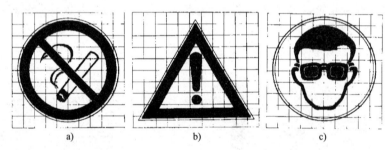

图 6-73　在方格纸上按比例制作安全标志
a）禁止标志　b）警告标志　c）指令标志
（红框红杠白底黑图）（黄底黑框黑图）（蓝底白图）

GB 2893—2008《安全色》中的主要规定有：

红色表示禁止、停止和防火；

蓝色表示指令；

黄色表示警告、注意；

绿色为提示或表示安全状态与可通行；

红色和白的间隔条纹表示禁止越过；

黄色和黑色的斜向间隔条纹表示警告危险。

这些颜色标志在产品上常要用到，图 6-74、图 6-75、图 6-76 所示分别为红色标记、黄色标记与黄黑斜间条纹的应用示例。

### 三、维修性设计

产品与设备的维修包含两个方面：①日常使用运行中的保养维护；②定期的或出现故障时的检查修理。

维修对产品发挥使用效能有重要意义，是人机工程设计的专门研究领域和方向。例如厨房抽油烟机，十天半月就要小拆小卸擦拭清理一番油腻，小拆小卸是否方便？要擦拭清理的地方看不看得见？擦拭清理时的操作体位是否别扭、手伸不伸得进去……这些常成为用户决定选购与否的关键因素，见漫画图 6-77。

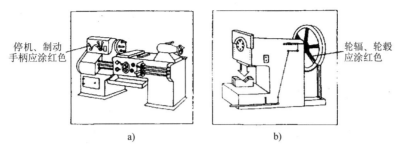

图 6-74　红色标记在产品上的应用示例

a）车床　b）压力机和剪切机

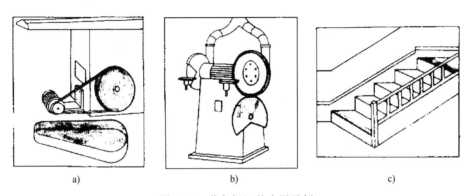

图 6-75　黄色标记的应用示例

a）带轮及其防护罩内壁　b）砂轮机罩的内壁　c）楼梯始末级的踏步前沿

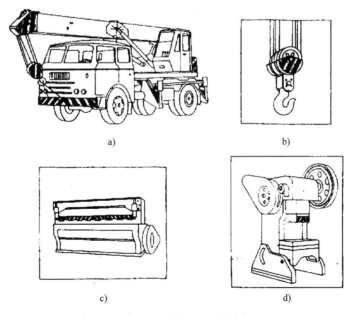

图 6-76　黄黑斜向间隔条纹的应用示例

a）起重机起重臂和前杠　b）动滑轮组前板　c）剪板机的压紧装置　d）压力机的冲头滑块

维修性设计涉及广泛的问题，共同性的要求主要有以下几方面。

**1. 便于迅速查找常规检修和多发故障部位，元器件的装拆方便**

元器件、导线、管道应采用色彩和标记符号予以标识，并使标识朝向检修人员。不用或

图 6-77　"看不见内部结构，修起来真困难！"

少用焊接、铆接等不可拆连接，多用易装拆、易定位的连接。易损件可快速拆换，留有足够的操作空间。外罩外盖采用快锁装置，松开后有挂托结构，以免松拆中需要扶托。装拆检修工作尽可能使用通用工具，若必须使用专用工具，应作为产品附件配放在检修部位附近。

**2. 保护装拆、维修人员的操作安全**

操作中人手出入的孔口应消除尖角锐边，或以橡胶、塑料防护圈将孔口边缘套护，确保检修操作时人员不被尖锐或凸出物所伤害。对转动、往返运动部件及高压电线设置带有联锁机构的隔离盖罩，打开盖罩，机件即停止运动、高压线电源即被切断。盖罩外部明显部位应有警示标志。

**3. 设置合适的检修观察窗和装拆维修孔**

观察窗应满足检修视线的要求。例如图 6-78a 中，检修视线被遮挡，影响正常工作，宜改成图 6-78b 所示部分窗口透明的形式。

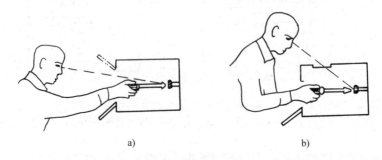

a)　　　　　　　　　　　　　　　　b)

图 6-78　维修观察窗

a）视域狭窄，视点过深　b）合理的观察窗

# 第七章 视觉传达设计与人机学

# 第一节 文字设计

## 一、文字的尺寸

视觉传达设计中文字的合理尺寸涉及多项因素，主要有观看距离（视距）、光照度、字符的清晰可辨性、要求识别的速度等。其中清晰可辨性又与字体、笔画粗细、文字与背景的色彩搭配对比等有关。上述因素不同，文字的合理尺寸相差很大。

在一般条件下，即：①中等光照强度；②字符基本清晰可辨；③视力正常者稍做定睛凝视即可看清，则人机学的基本数据是

$$字符的（高度）尺寸 = \frac{视距}{200} \sim \frac{视距}{300}$$

通常情况下取其中间值，则有

$$字符的（高度）尺寸 = \frac{视距}{250}$$

由这一简单公式，得到视距 $L$ 与字符高度尺寸 $D$ 之间的对照关系见表 7-1。

**表 7-1 一般条件下字符高度尺寸 $D$ 与视距 $L$ 的对照关系**

| 视距 $L$/m | 1 | 2 | 3 | 5 | 8 | 12 | 20 |
|---|---|---|---|---|---|---|---|
| 字符高度尺寸 $D$/mm | 4 | 8 | 12 | 20 | 32 | 48 | 80 |

如果还要求醒目，能引起注意，字符尺寸应适当加大。举例如下：

**例1** 地铁车厢内运行线路图上，车站站名文字的大小。

**分析解决** 1）地铁车厢内的情况与上述"一般条件"的三条基本符合，可参照运用表 7-1 上的数值，能略略加大一些更好。

2）座位上乘客与对面车厢壁上文字之间，视距约为 $L = 2$m，由表 7-1 查得的文字尺寸为 $D = 8$mm。

3）如果车厢内壁整个线路图的尺寸允许，将文字尺寸加大一些，例如取 $D = 9$mm，更适于乘客观看。

**例2** 邮局、储蓄所、人才招聘处等室内，墙上提供信息的告示文字该多大？

**分析解决** 这种告示的文字都是清晰的，人们可在此驻足观看（而非匆匆一瞥），这两个条件均较优越。视距则可设定为 $L = 1.5$m。因此可根据告示处的光照条件分三种情况确定文字的尺寸：

1）有专设的局部照明，可取 $D = L/300 = (1500/300)$mm $= 5$mm。

2）无专设的局部照明，但贴告示的地方光照情况不错，可取 $D = L/250 = (1500/250)$mm $= 6$mm。

3）贴告示处光线灰暗，可取 $D = L/200 = (1500/200)$mm $= 7.5$mm。

广告、招贴、海报、组织机构和店铺牌子上的文字，都要求醒目、引人注意，尺寸设计不单纯只是要求"看得清"，应该根据需要和条件灵活处理。

## 二、字体

### （一）字体的选择

字体要求有美感、传统文化内涵、独特性、象征性、隐喻暗示等。但在人机学中，主要研究字体的可辨性、识别性。在车站码头看车次轮班、在道路上看路牌站牌等，快速、准确获取信息是第一位的。字体的可辨性、识别性是现代视觉传达设计的基本要求。

字体可辨性、识别性优劣的一般结论是：直线笔画和带直角尖角的字形优于圆弧、曲线笔画的字形，正体字优于斜体字。

下面分别就汉字、拉丁字母、数字的字体举例说明。

**1. 汉字字体**

汉字的识别性以仿宋体、黑体（等线体）为最佳，普通宋体也很好。长仿宋体多用于图样上的标注与说明，普通宋体用于书籍报刊印刷，而尺寸较大、要求识别性高的汉字，例如路标路牌、车船航班表、大型包装物上的文字说明等，多用黑体字。现在除书籍报刊上的宋体字用得最广泛以外，其次就是黑体字了，见图 7-1a。

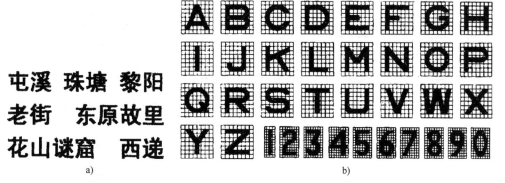

图 7-1　识别性好的字体举例

a）黑体汉字　b）直体大写拉丁字母和阿拉伯数字

**2. 拉丁字母和阿拉伯数字**

大写的拉丁字母中直线笔画多，而小写拉丁字母中圆弧笔画多，因此大写拉丁字母的识别性优于小写。直体（正体）拉丁字母、直体数字的识别性优于斜体。拉丁字母在世界范围内应用最广，图 7-1b 是一些国家推荐的拉丁字母和数字的高识别性字体。

**（二）避免字形的混淆**

汉字和外文字母中，都有一些容易互相混淆的字形，例如汉字中的"千、干、于""土、士""人、入""未、末"，汉字"土"和加减号"±"等。在大小写拉丁字母和阿拉伯数字中，例如大写字母"I"、小写字母"l"与数字"1"，大写字母"O"、小写字母"o"与数字"0"，"B、R、8""G、C""O、D、Q""Z、z、2""S、s、5""U、u、V、v""W、w""8、3"等。另外还有拉丁字母和斯拉夫字母中手写的"a"与希腊字母中的"α"，拉丁字母"B、b、W、w"与希腊字母"β、σ、ω"等。

视觉传达设计中避免字形混淆的基本方法，是把互相间不太明显的差异，加以适当扩大、强调，使差异明显起来。例如把数字"1"顶部向左斜的小撇加以适当强调，把大写字母"I"上、下的短横加以适当强调以后，它们与小写字母"l"就不容易混淆了，见图7-2a。又如把数字"3"上半部的半圆弧改为直线形的一个折弯，它与数字"8"的区别也就明显了，见图7-2b。

另外，笔画过粗会使字形中某些特征显得较为含糊，如图7-3中数字"5"和字母"S"就容易含混。将笔画改得细一些，数字"5"的上半部直角弯"┌"的特征将变得鲜明，与字母"S"上半部圆弧之间视觉区别进一步显现，有利于减少混淆。

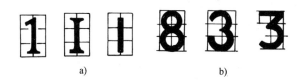

图 7-2　强调和扩大字形中的差异以减少混淆

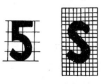

图 7-3　笔画粗
易引起字形混淆

### 三、字形的比例与排布

#### （一）字符的高宽比

**1. 汉字**

汉字以"方块字"为别称，书报印刷普遍采用正方形的宋体字，但视觉传达设计中，常根据版面版式、文字的横排竖排等因素来确定文字的高宽比。一般横排文字的竖高可大于横宽，而竖排文字的横宽宜大于竖高。按人机学的文字识别性要求，汉字高宽比的适宜范围见表7-2。

**表7-2 汉字的高宽比范围**（以识别性要求为前提）

| 排 向 | 一般的高度宽度比范围 | 每行字数较多时的高宽比 |
| --- | --- | --- |
| 横排 | （1.0∶1.0）～（1.0∶0.8） | 可加大到1.0∶0.7 |
| 竖排 | （0.8∶1.0）～（1.0∶1.0） | 可减小到0.75∶1.0 |

横排字形高宽比1.0∶0.8、竖排字形高宽比0.8∶1.0时的字形见图7-4。

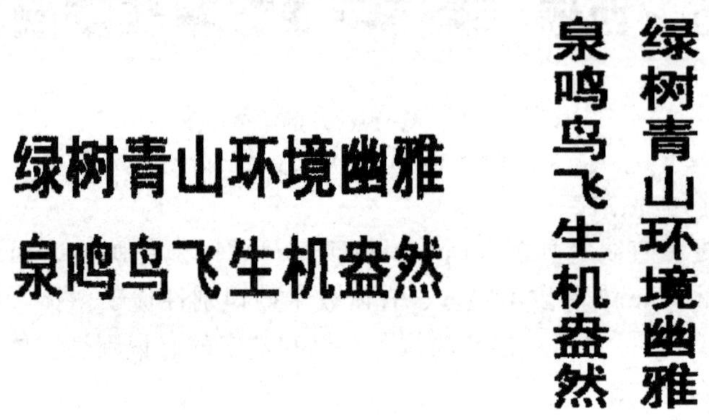

a)                              b)

图7-4 汉字的排布方向与字形的高宽比

a) 横排汉字，高宽比1.0∶0.8 b) 竖排汉字，高宽比0.8∶1.0

**2. 拉丁字母和阿拉伯数字**

拉丁字母和阿拉伯数字一般只能横排，字形均为竖高大于横宽，但少数字母和数字的高宽比与大多数是不同的，分为以下几种：

1）大多数拉丁字母和数字的高宽比为（1.0∶0.6）～（1.0∶0.7）。

2）字母 M、m、W、w 的高宽比为（1.0∶0.8）～（1.0∶1.0）。

3）字母 I、l、数字 1 的高宽比可达到 1.0∶0.5。

#### （二）字符的笔画粗细

**1. 影响字符笔画粗细的因素**

1）笔画少字形简单，笔画应该粗；笔画多字形复杂，笔画应该细。

2）光照弱的环境下笔画需要粗，光照强的环境下笔画可以细。

3）视距大而字符相对小时笔画需要粗，反之笔画可以细。

4）浅色背景下深色的字笔画需要粗，深色背景下浅色的字笔画可以细。

较极端的情况是：白底黑字需要更粗一些，黑底白字可以更细一些。

更极端的情况是：暗背景下发光发亮的字尤其应该细。采用液晶（LCD）显示和发光二极管（LED）显示的屏幕正越来越多，例如火车站的各种告示、体育赛事上的记分牌、商业服务业的信息提示等，它们的笔画都应该细一些。

明度对比悬殊的视觉对象，尤其是暗背景上有发光发亮的对象，会引起视觉上的"光渗效应"。这是由于视网膜上明暗交界线附近的视觉细胞被连带激活，造成明亮的界限略有扩张，使明亮的对象看起来显得增大一些。例如图7-5a、b的两个图像是一样大小的，但看起来图7-5b的图像似乎比图7-5a的图像略大一些。深背景下的浅色字、黑底白字可以细一些，发光发亮的字笔画应该更细，都是因为有这种光渗效应的作用。

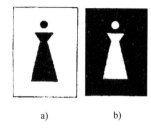

图7-5　光渗效应示例

**2. 字符笔画宽度对字高比例的参考值**

由于有上述四个影响笔画粗细的因素，所以"字符笔画宽度对字高的比例"（以下简称"笔画宽度比"）的变动范围是相当大的。

（1）汉字　像"一""二""人""大"这样笔画很少的字，若为白底黑字且光照很弱、视距大而字相对小，则笔画宽度比可大到1：5；反之，像"鼻""薯""墨""餐"这样笔画多的字，若为黑底白字且光照甚强，笔画宽度比需要小到（1：12）～（1：14）。若笔画多而复杂的字是发光发亮的（液晶屏幕或发光二极管上显示），笔画宽度比甚至应该小到（1：15）～（1：18）。

（2）拉丁字母和阿拉伯数字　拉丁字母和阿拉伯数字笔画宽度比的变动范围为（1：5）～（1：12）。设计时根据前述四个影响因素的情况，在此范围内选取。在白底黑字与黑底白字两种情况下，拉丁字母和阿拉伯数字笔画粗细的视觉效果对比见图7-6。

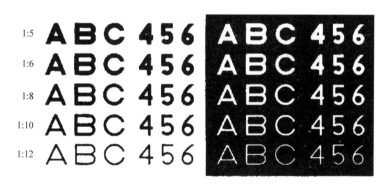

图7-6　笔画粗细的视觉效果对比：白底黑字与黑底白字

**（三）字符的排布**

视觉传达中字符排布的一般人机学原则如下：

1）从左到右的横向排列优先；必要时可从上到下竖向排列；尽量避免斜向排列。

2）行距：一般取字高的50%～100%。

字距（包括拉丁字母和阿拉伯数字间的间距）：不小于一个笔画的宽度。

拼音文字的词距：不小于字符高度的50%。

3）若文字的排布区域为竖长条形，且水平方向较窄，容纳不下一个独立的表意单元（一个词汇或词汇连缀等），汉字可以从上到下竖排，拼音文字应将水平横排逆时针旋转90°排布。

4）同一个面板上，同类的说明或指示文字遵循统一的排布格式。

**四、字符与背景的色彩及其搭配**

字符与背景的色彩搭配不当的问题，在生活中时有所见，见漫画图7-7。例如我国一家大银行的存款单，很长一段时间内是白纸上印橙黄色的字，年轻顾客看得费力，老年人更是叫苦不迭。一些小药品包装袋采用深银灰等颜色作为底色，说明文字则采用蓝色、绿色，字符与背景的明度很接近，字又小，很难认读。印在深蓝色书脊上的黑色书名，看起来也是很费眼。类似的问题也出现在各种广告和大小包装上。

图 7-7　选择字符与背景容易辨认的颜色搭配

字符与背景色彩及其搭配的一般人机学原则如下：

1）字符与背景间的色彩明度差，应在蒙塞尔色系的 2 级以上。

2）照度低于 10lx 时，黑底白字与白底黑字的辨认性差不多；照度在 10～100lx 时，黑底白字的辨认性较优；而照度超过 100lx 时，白底黑字的辨认性较优。这里说的白色、黑色，可以分别扩展理解为高明度色彩、低明度色彩。

3）字符主体色彩的特性决定了视觉传达的效果。例如红、橙、黄是前进色、扩张色，蓝、绿、灰是后退色、收缩色，因此红色霓虹灯（交通灯、信号灯相同）的视觉感受比实际距离近，蓝、绿色霓虹灯视觉感受距离相对要远些。广告、标语、告示上字符颜色的效果也与此相同。

4）字符与背景的色彩搭配对视觉辨认性的影响甚大，清晰的和模糊的色彩搭配关系见表 7-3。公路上路牌、地名和各种标志所采用的色彩搭配，如黑黄、黄黑、蓝白、绿白等都属于清晰的搭配。

表 7-3　字符与背景的色彩搭配与辨认性

| 效果<br>顺序<br>颜色 | 清晰的配色效果 | | | | | | | | | | 模糊的配色效果 | | | | | | | | | |
|---|---|---|---|---|---|---|---|---|---|---|---|---|---|---|---|---|---|---|---|---|
| | 1 | 2 | 3 | 4 | 5 | 6 | 7 | 8 | 9 | 10 | 1 | 2 | 3 | 4 | 5 | 6 | 7 | 8 | 9 | 10 |
| 底色 | 黑 | 黄 | 黑 | 紫 | 紫 | 蓝 | 绿 | 白 | 黑 | 黄 | 黄 | 白 | 红 | 红 | 黑 | 紫 | 灰 | 红 | 绿 | 黑 |
| 被衬色 | 黄 | 黑 | 白 | 黄 | 白 | 白 | 白 | 黑 | 绿 | 蓝 | 白 | 黄 | 绿 | 蓝 | 紫 | 黑 | 绿 | 紫 | 红 | 蓝 |

# 第二节　图形符号及标志设计

## 一、图形符号设计

### 1. 图形符号及其设计的一般原则

图形符号以绘画、书写、印刷或其他方法制作，用来传递事物或概念的信息，而不依赖语言。

图形符号以直观、简明、易懂的形象表达含义，传达信息，可使不同年龄、不同知识水平和不同国家、使用不同语言的人群都能够较快地理解，因此在经济、科技、社会生活中有重要的作用。图7-8是与机动车辆相关的一些图形符号示例。

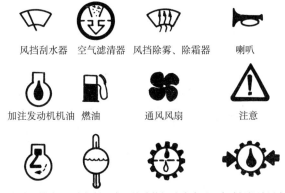

风挡刮水器　空气滤清器　风挡除雾、除霜器　喇叭

加注发动机机油　燃油　通风风扇　注意

发动机转速　冷却剂温度　传动箱机油滤清器　发动机机油压力

图7-8　与机动车辆相关的一些图形符号示例

根据人的视觉和认知特性，图形符号设计应遵循以下原则：

1）图形符号含义的内涵不应过大，使人们能够准确地理解，不产生歧义。

2）图形符号的构形应该简明，突出所表示对象主要的和独特的属性。

3）图形符号的构形应该醒目、清晰、易懂、易记、易辨、易制。

4）图形的边界应该明确、稳定。

5）尽量采用封闭轮廓的图形，以利于对目光的吸引积聚。

**2. 图形符号的视认特征与繁简**

图形符号的设计，除了艺术性方面的形式美学法则以外，从人机学的要求来说主要是视认性，即图形符号能让人们很快意识到它所代表的客体，不产生歧义。为此，第一，**图形符号要能突出表达出客体主要的、独特的属性**。这是图形符号避免歧义、能抗干扰的根本所在。第二，**图形符号要简明**。这是图形符号能快速辨认也是醒目、清晰、易懂、易记、易辨、易制的关键。

这两条原则说起来容易理解，但要做得好，却往往不容易。

例如图7-9中大家熟悉的男士、女士图形，用最简单轮廓表示出头、身躯、四肢、翻领上衣或裙子，这样就充分表达了男士、女士各自的独有属性，其他五官、颈脖、鞋子等全不需要；再增加任何不必要的细节，都不利于达到醒目、清晰、易辨、易制的要求，因而都不是提高而是降低了图形符号的质量。又如图7-9中的无轨电车图形，其独有属性在于车顶的两根导线引导杆，出租车图形的独有属性在于车顶的出租车标识牌。因此，应该用最简单的形象表示出这些独有属性，而省略其他细节。图7-9中的图形基本都符合上面两条原则，无须多加解释。

想做到用简单的图形符号传达复杂的内容，要求设计者对事物特质具有敏锐的观察力、高度的抽象概括力、丰富的想象力，并调动形、色、意等多种手法来加以表现。所以图形符号设计是既富有魅力，也是有挑战性的工作。

中选的北京奥运体育图标可算是优秀的图形符号设计，见图7-10。

下面是一个图形符号设计与测评的分析示例。设计课题：表示紧急情况（例如火灾）时人员撤离的"太平门"（安全出口）的图形符号。科林斯和莱纳尔（Collins and Lerner）在1983年对此做过一项测试研究：共设计出18个图形，考察它们的优劣。测评方法是：在光照很差的条件下，让被试者对每个图形匆匆一瞥，然后让他们说出该图形是不是表示太平门；记录回答的出错率，进行对比分析。其中6个图形的测评结果见图7-11，图注中写明

上楼楼梯　　下楼楼梯　　扶梯　　电话　　饮用水

公共汽车　　无轨电车　　出租车　　男士　　女士

图7-9　表意清晰、构图简洁的图形符号示例

田径　　网球　　羽毛球　　艺术体操

游泳　　举重　　射击　　跆拳道

图7-10　北京奥运体育图标（部分）

了各分图的色彩和测评中的出错率。以下是几条分析意见：①图7-11a是6个图形中唯一没有画出人形的抽象图形。图形简明，箭头和缺口能造成较强视觉感受，虽然图形上没有表达"紧急情况"的要素，但提问"是不是太平门?"相当于在图形边上加了文字说明，所以出错率较小。②图7-11b对火灾和"紧急撤离"两个概念都有形象的表达，因此出错率也低。③对比图7-11c和图7-11f可知，图7-11c把主体图形（紧急出走的人）放在线框（表示门框）之内，加强了图形的视认性，因此图7-11c比图7-11f好。④图7-11d出错率高，因为图形主要的内涵是"门"或"出口"，而

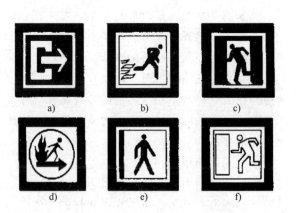

图7-11　太平门图形及其认知性测试

a) 绿和白　出错率10%　b) 黑和白　出错率9%
c) 绿和白　出错率6%　d) 红白黑　出错率39%
e) 黑和白　出错率40%　f) 黑和白　出错率12%

图形中的圆圈不能表达门的特征。⑤图7-11e的出错率也高，因为图形既没有"紧急情况"

的表示，人的形态也缺乏紧急出走的特征。

**3. 箭头的表示方法**

在图形符号中，应用最广泛的莫过于箭头。一份箭头视认性研究报告的结论见图7-12a：图示7个箭头的视认性从左到右一个比一个好，最右边那个视认性最佳。这个箭头的"基准图"见图7-12b。

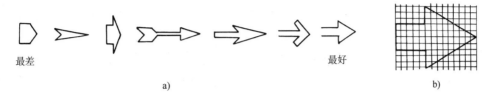

图 7-12 箭头视认性的优劣及好箭头的基准图

a）箭头视认性优劣对比的顺序　b）好箭头的基准图

图形符号设计工作完成时应该提交一份基准图。基准图是按照规定的表示规则画在网格内的图形符号设计图，作为图形符号复制的依据。

表7-4所列为可供参考的箭头画法和用法。

表 7-4 箭头的画法和用法

| 箭头基本形式 | 名称 | 说　明 | |
|---|---|---|---|
| | | 画　法 | 用　法 |
| 运动方向箭头 或 | 运动方向箭头 | 头部角度：84° 尺寸比例如图 箭杆长度按使用情况选定 | 一般用在标志类图形符号中，以指导人的行为 应尽量使用带箭杆的箭头。如空间不够时，可选用没有箭杆的箭头 左列箭头的作用相同，可任意选用 |
| a.不表示量值 或 b.表示量值 | 运动方向箭头 | 头部角度：45°~60° 头部线条和箭杆线条的宽度相同 箭杆长度按使用情况选定 | 一般用在设备用图形符号中，表明机械零部件的运动方向，使用时应考虑参照系 不表示量值时可在a中任选，它们的作用相同。表示量值时选用b |
| 或 | 功能和力箭头 | 头部角度：84° 箭杆宽度：0.5×头部宽度 箭杆长度：（0.5 ~ 1）×头部宽度 | 一般用在设备用图形符号中，其作用和机器运动的坐标轴无直接关系 此种箭头要和其他符号要素结合使用 左列箭头的作用相同，可任意选用 |
| 或 | 尺寸箭头 | 头部角度：90° 终端线和箭头线条宽度相同 画法如图： 90° 终端线 45° | 一般用在需要标定机器零件或功能的尺寸值的设备上。不适用于工程图或图表 此种箭头应成对使用，在使用时要与其他符号要素相结合 |

## 二、标志设计

### （一）标志及其设计原则

**1. 标志和它的应用领域**

标志是给人以行为指示的符号和（或）说明性文字。标志有时有边框，有时没有边框，主要用于公共场所、建筑物、产品的外包装以及印刷品。

图形标志则是图形符号、文字、边框等视觉符号的组合，以图像为主要特征，用以表达特定的信息。

标志的应用很广泛，国旗、国徽、军旗、军徽是国家、军队的标志，各种国际国内组织、学会、协会有标志，企业、学校、医疗等各种机构有标志，奥运会、申奥及各种公益活动、竞赛活动有标志……数不胜数。

图 7-13 所示为 2008 北京申奥标志、北京奥运标志与 2022 冬奥标志。

图 7-13　2008 北京申奥标志、北京奥运标志与 2022 冬奥标志
a）2008 北京申奥标志　b）2008 北京奥运标志　c）2022 冬奥标志

部分标志设计国标的代号、名称开列如下，供查阅参考。

GB/T 7291—2008 《基于消费者需求的技术指南》

GB/T 10001.1—2000 《标志用公共信息图形符号　第 1 部分：通用符号》

GB/T 10001.2—2002 《标志用公共信息图形符号　第 2 部分：旅游设施与服务符号》

GB/T 10001.3—2011 《标志用公共信息图形符号　第 3 部分：客运货运符号》

GB 5768.1~3—2009 《道路交通标志和标线》

GB/T 5845.1~4—2004、GB 5845.5—1986 《城市公共交通标志》

GB 190—2009 《危险货物包装标志》

GB 2894—2008 《安全标志及其使用导则》

GB/T 16903.2—2013 《标志用图形符号表示规则　第 2 部分：理解度测试方法》

**2. 图形标志的设计原则**

前面已经讲述了图形符号的 5 条设计原则，再附加下面的要求，共同构成图形标志的设计原则。

1）图形标志首先要满足醒目清晰和通俗易懂两个基本要求。

2）图形应只包含所传达信息的主要特征，减少图形要素，避免不必要的细节。

3）标志图形的长和宽宜尽量接近，长宽比一般不得超过 1：4。

4）标志图形不宜采用复杂凌乱的轮廓界限，应控制和减小图形周长对面积之比。

5）优先采用对称图形和实心图形。

（二）图形标志的尺寸与视距

**1. 图形标志的公称尺寸**

"图形标志的公称尺寸"，是计量"标志大小"和图形各部分大小比例的基准。

定义图形标志边框内缘的尺寸为图形标志的公称尺寸，以 $S$ 表示：圆形边框以边框内径为公称尺寸，其他正方形、斜置正方形、三角形边框均相同，见图7-14。

**2. 图形标志的公称尺寸与视距**

标志要让人看得清，应根据观看距离（视距）合理确定尺寸。图形标志的最小公称尺寸 $S_{min}$(m)与视距 $L$(m)的关系见表7-5。

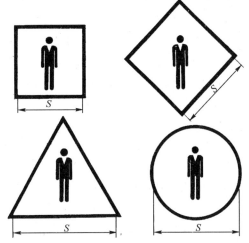

图7-14 图形标志的公称尺寸：边框的内缘尺寸

表7-5 图形标志最小公称尺寸 $S_{min}$ 与视距 $L$ 的关系

| 标志的边框类型 | 保证清晰度的最小公称尺寸 $S_{min}$ | 保证醒目度的最小公称尺寸 $S_{min}$ |
|---|---|---|
| 正方形边框 | 12L/1000 | 25L/1000 |
| 斜置正方形边框 | 14L/1000 | 25L/1000 |
| 圆形边框 | 16L/1000 | 28L/1000 |
| 三角形边框 | 20L/1000 | 35L/1000 |

**3. 其他的构图尺寸与视距**

标志图形在边框内应该匀称、充实，"重心"位置适当。

为保证标志上各构图元素的边界和细节的视觉分辨性，还有几个构图尺寸与视距 $L$ 的关系也是重要的，主要有：构图元素与边框之间的最小间距 $d_1$，各构图元素之间的最小间距 $d_2$，构图元素的最小宽度 $W$，见图7-15。标志上这几个尺寸与视距 $L$ 的比例关系见表7-6。

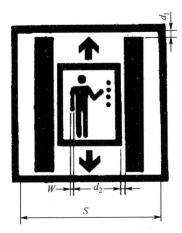

图7-15 标志上的几个构图尺寸

$d_1$—构图元素与边框间的最小间距 $d_2$—构图元素之间的最小间距 $W$—构图元素的最小宽度

表7-6 几个构图尺寸与视距 $L$ 的比例关系

| 构 图 尺 寸 | 与视距 $L$ 的比例关系 |
|---|---|
| 构图元素与边框间的最小间距 $d_1$ | 一般情况： $d_1 = (2/1000)L$<br>构图元素轮廓与边框平行： $d_1 = (3/1000)L$ |
| 构图元素之间的最小间距 $d_2$ | $d_2 = (1/3000)L$ |
| 构图元素的最小宽度 $W$ | 一般情况： $W = (1/1000)L$<br>构图元素间互不干扰： $W = (1/2000)L$ |

**例 3** 制作一个图 7-16 所示的正方形边框的标志，要求在视距 $L = 10\text{m}$ 处看得清，试确定图形标志的最小公称尺寸 $S_{\min}$ 和构图尺寸 $d_1$、$d_2$、$W$。

**计算** 1）由表 7-5 可知，标志的最小公称尺寸

$$S_{\min} = 12L/1000 = 12 \times 10\text{m}/1000 = 0.12\text{m} = 120\text{mm}$$

2）由表 7-6 可知其他的构图尺寸如下：

构图元素与边框的最小间距：$d_1 = 2L/1000 = 2 \times 10\text{m}/1000 = 0.02\text{m} = 20\text{mm}$

构图元素间的最小间距：$d_2 = L/3000 = 10\text{m}/3000 = 0.003\text{m} = 3\text{mm}$

构图元素的最小宽度：$W = L/1000 = 10\text{m}/1000 = 0.01\text{m} = 10\text{mm}$

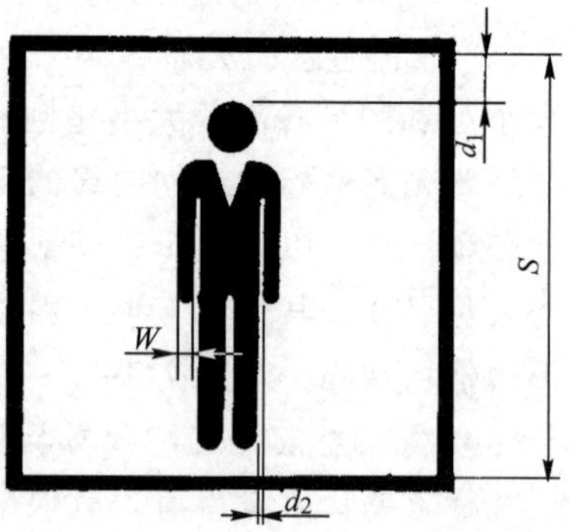

**（三）标志用图形符号的评价测试方法简介**

图形符号设计出来以后，是否符合"易懂""易辨"
的要求，需要进行客观性的测评。即选定一定数量的被试

图 7-16　例 4 要求计算的标志

者进行评价，统计分析后，做出选用、修改或废弃的结论。下面简介几种常用的评价测试方法。如果想要进一步了解，可查阅 GB/T 12103—1990《标志用图形符号的制订和测试程序》。

评价测试通常用于以下情况：对同一个表达对象，已经设计出多个图形符号方案。

**（1）适当性排序测试** 让被试者了解表达对象以后，把设计方案按随机的排列展现给所有被试（每个被试者单独进行），请每一个被试者把方案从好到差排序。

**（2）理解性测试** 不向被试者说明预设的表达对象，把设计方案展现给被试者，请他们说出对每个方案表达对象的理解。

**（3）匹配测试** 向被试者说明表达对象，展现各个方案，请被试者选出与表达对象匹配的方案，不限定选中的个数。

<h1 style="text-align:center">第三节　展 示 设 计</h1>

## 一、展板及其布置

### 1. 展板上的文字

为了吸引观展者的注意，展板上文字尺寸 $D$ 与视距 $L$ 之比一般应不小于 1/100。例如若设定视距为 1.5m，则板面上最小的文字尺寸（高、宽）应达到 15mm。标题、主题关键词、主体物名称等酌情还要加大。

展板上应用尽量少的字数传达尽量多的信息，通常可削减连接词、虚词、助动词等词类，突出展示的主体物和主题。把完整的叙述句改变成字数少、顺口易念易记的警句、对联、顺口溜、口号。

忌文字密密麻麻地布满展板，要适当留出空白。要集中凸显重点亮点。忌一行中字数太多，以免观展者需要晃动脑袋才能换行

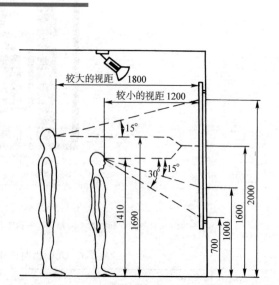

图 7-17　展板布置的适宜高度范围
（注：图中右边四个尺寸为综合
考虑不同身高者在不同视距观展的
情况所得，不完全与其他几个
尺寸满足图示的几何关系）

阅读。

**2. 展板布置的高度**

对于中小型展板,正常的观展视距为 $L = 1.2 \sim 1.8m$。参照第四章表4-2中最佳视区和有效视区的范围,通过图7-17可分析确定立面不同高度上合理布置展板的一般原则。

图7-17中用到的主要人机学数据如下:

中国男子眼高的90百分位数,1690mm(已附加穿鞋修正量,取圆整数值)。

中国女子眼高的10百分位数,1410mm(已附加穿鞋修正量,取圆整数值)。

最佳视区:从视水平线到视水平线下15°。

有效视区:从视水平线上15°到视水平线下30°。

观展视距:1200~1800mm。

分析结论是:重要的展板应布置在高度1000~1600mm的范围内;如果需要,可向上下延伸布置在高度700~2000mm的范围之内,见图7-17。在此高度范围以外不宜布置重要内容。通栏大标题适宜布置在高处,利于向较远处的观展者传递信息。

**3. 展板的方位布置**

展板的方位布置随实际情况不同而千变万化,这里只举一个例子进行讨论,希望读者由此举一反三。现在大型展览会常设置供参展者租用布展的展位;图7-18所示为边长3m×2m、面积6m²的标准展位平面图,除了面向过道一边以外,其他三个立面可布置展板;一般还可设置一些低台展示实物,如图7-18中虚线所示。展位中通常有桌椅供值班员轮守接待。常见的是在三个互成直角的立面上布满了展板,但这样布展,观展者观看两侧面内拐角处的展板时,视线对板面倾斜的角度很大,见图7-18a,会影响展示的效果。若把两内拐角处改进为45°设置的板面,见图7-18b、c,观看起来方便不少,提升了展示效果。

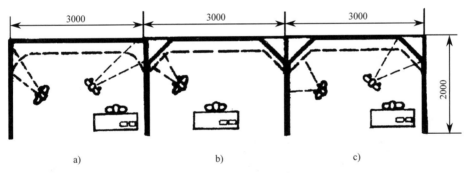

图7-18 展位中的展板布置

**二、展室设置与展示照明**

大型展览会、展览馆、博物馆设计中的人机学内容很多、很丰富,超出本节的范围,这里只讨论中小型展室设置、展示照明中的部分基本问题。

**(一)展室设置**

**1. 展室设置与参观人流**

中小型展览,如校史展览、企业状况展览、研究成果展览、专题收藏品展览等,若布展不当,人们参观中容易有一部分看不到,或在行进观展时,弄不清哪些部分已经看过、哪些部分还没看过等。所以引导观展人流的行进流向,让观展者在轻松的、不经意的行进中能看到展览的全貌,是布展的基本要求之一。

一个主题完整的展览,内容通常形成"序言—第一部分—第二部分……结语"这样一个序列。应该按这样的内容顺序来设计展室分布和参观者行进路线,设置行进方向路牌,图7-19所示为几个展室布置与观展路径设计的例子。

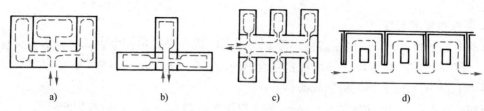

图 7-19　展室的布置与参观人流

**2. 单侧布展与双侧布展**

在参观路线上是单侧布展还是双侧布展？这是布展中常要处理的问题。双侧布展节省空间，但观展不便，易造成部分内容的漏观。单侧或双侧布展的选择，取决于展览的性质：希望人们看得全而又难有机会再次观看的展览，应采用单侧布展；人们可以凭兴趣看的、常设性的展览，可采用双侧布展。前者如卫生与流行病防治展览、交通安全展览、消防展览等。后者如博物馆的文物展览，美术馆的画展等。图 7-20a 和 b 展室格局相同，图 7-20c 和 d 格局也相同。采用单侧布展方式见图 7-20a 和 c，采用双侧布展方式见图 7-20b 和 d，图中实线所画方块位置也可布展，能增加布展面积。

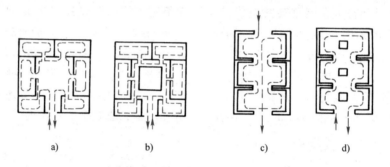

图 7-20　单侧布展与双侧布展

**（二）展示照明**

永久性的展馆、展室中，自然光采光是设计的重点。自然光光质好，可节省能源。非永久性的展室或展览大厅，要根据展览内容变化而搭建不同格局的展位，主要靠人工照明。展示照明设计需掌握的要点如下。

**1. 一般照明、局部照明与混合照明的照度**

一般照明也称为整体照明，满足人们在展室环境中走动、交谈等一般活动的需要。局部照明也称为重点照明，用于增强展板、展品的照明。一般照明和局部照明加起来称为混合照明。展示照明设计的参考数据如下：

1）一般照明的照度：50～150lx。

2）展板、展品上混合照明的照度与一般照明照度之比应≥3∶1。这一条的必要性在于：第一，突出展室中的重点部位；第二，减轻观展者眼睛进行明暗调节的负担。

**2. 灯具的选择布置**

一般照明采用柔和的漫射灯具，例如装在顶部的乳白色半透明罩灯、荧光灯等。把直照式照明改为反射式照明，能使光线较为柔和，有利于营造展区安宁的氛围，但成本较高。

局部照明多采用射灯。也有在顶部设置槽形光带灯的，后者兼有一般照明和局部照明的作用，见图 7-21。对于平面展板，射灯的照射需避免对观看者造成眩光，不让板面的反

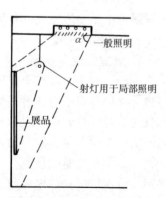

图 7-21　展板的局部照明

射光直指人眼。而对于立体的展品,需注意避免射灯灯光造成有害阴影。

**3. 光环境氛围的营造**

根据展览性质的不同,需要营造不同的展室光环境氛围。展室光环境氛围营造的一般手段,一是选择光色与照度,二是利用光照构造虚拟空间。

**(1) 光色与照度选择** 照度较高的暖色光使人情绪高涨,适宜在商品展销、技术推介的展览中采用。照度较低的冷色光使人宁静沉稳,适于在文化、艺术、历史的展览中采用。

**(2) 利用光照构造虚拟空间** 在展室的局部区域,以明显较强的照度有时还配以不同的光色,可以构造出引人注目的局部虚拟空间,这是突出展览重点的有效方法之一,见图7-22。

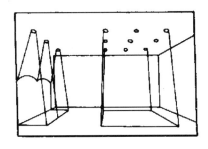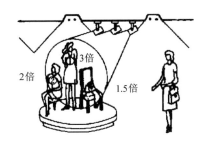

图 7-22 利用光照构造虚拟空间的示例

# 第八章　室内设计与人机学

# 第一节　生活空间与人体尺寸

　　室内生活空间的人机学设计范围很广，从个人的生理、心理、精神需求，到社会与群体的行为与交往需要，是个大课题。但其中最基础的是生活空间应与人体尺寸相适应。本节根据"人体尺寸应用方法"的理论，通过示例分析讲解相应的设计方法。

　　分析说明中用到的人体尺寸数据，取自 GB/T 10000—1988《中国成年人人体尺寸》。若取自其他标准，则另加说明。尺寸单位为毫米，故在文中只用数字。

　　**示例 1　住宅　三人长沙发**（图 8-1）

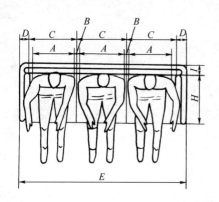

图 8-1　三人长沙发

| 标号 | 名　称 | 尺寸范围/mm | 说　明 |
|---|---|---|---|
| A | 最大人体宽度 | 520 | 男子 95 百分位数的"坐姿两肘间宽"489，加穿衣修正量(2×15)，然后取圆整值，得 520 |
| B | 就座者的间距 | 0~60 | 住宅沙发上就坐的多为较亲密者，因此取较小数值。因为 A 是按男子 95 百分位数取的，是少数；所以取 B＝0 时，对多数就座者来说，人体间还是有间距的。但在正规社交场合，此值应该增大 |
| C | 单人需占宽度 | 520~580 | A＋B |
| D | 两侧扶手宽度 | 80~180 | 木沙发小，布包沙发大，差距较明显 |
| E | 沙发总宽度 | 1720~2100 | 3C＋2D。木沙发小，布包沙发大；而正规社交场合的长沙发常需要更宽 |
| F | 座面前缘高度 | 320~380 | 男、女 50 百分位数"小腿加足高"的均值是(413＋382)/2≈398，考虑穿鞋修正量(正值)和穿衣修正量(负值)后，可取值 410。因坐在沙发上时通常是上身后仰、小腿前伸，所以座面前缘应比这个数值适当降低；降低量的多少，随要求不同而不同，一般布包沙发比木沙发低；但过低的沙发会给老年人的起坐造成不便 |
| G | 坐深 | 457 | 取男子 50 百分位数的"坐深"。也可取男、女 50 百分位数"坐深"的平均值，差别不大 |
| H | 座深 | 500~600 | 工作椅的座深应小于人体尺寸坐深("坐深"是人体尺寸，而"座深"是椅子上的一个尺寸，两者不同)，以免腘窝受压。但就坐沙发时小腿前伸，后背仰靠，基本不存在腘窝受压问题，所以为舒适考虑，座深常大于坐深。市场上的"豪华"沙发座深甚至有超过 650 的，这样的沙发坐久了腰部会难受。人机学分析认为，座深不超过 600 为宜 |
| I | 靠背厚度 | 100~200 | 左边所列数值是图 8-1 所画直靠背或斜度很小的靠背的厚度范围。多数沙发靠背有不同的倾斜度，则靠背在深度方向所占的尺寸可能比所列数值大 |
| J | 茶几沙发间距 | ≥200 | 不妨碍进出即可，就座时脚可伸到茶几底下 |
| L | 两人沙发总宽 | 1200~1520 | 2C＋2D |

示例 2　住宅　六人餐桌（图 8-2）

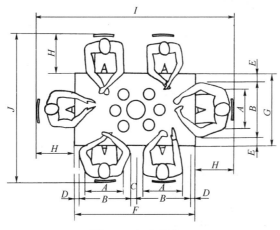

图 8-2　六人餐桌

| 标号 | 名　称 | 尺寸范围/mm | 说　明 |
|---|---|---|---|
| A | 最大人体宽度 | 520 | 同示例 1 中的 A（注意，人体水平尺寸中的"坐姿两肘间宽"与"最大肩宽"很接近，取其中哪一个为依据均无不可） |
| B | 就餐活动宽度 | 620~680 | 取 A+（100~160） |
| C | 就餐者的间距 | 50~80 | 在"就餐活动宽度"之外另加的余裕量，无须太大 |
| D | 纵向余裕长度 | 30~50 | 若用于吃中餐，此值与 B、C 不宜取较大数值，否则坐在纵向两端者取用中线另一侧盘中的菜有困难 |
| E | 横向余裕宽度 | 90~130 | 非人机学方面的关键尺寸，综合有关条件酌定 |
| F | 餐桌长度 | 1350~1540 | 2B+C+2D。若常吃中餐，宜取较小的数值 |
| G | 餐桌宽度 | 800~940 | B+2E |
| H | 椅背餐桌距离 | 440~580 | 这是坐定之后、就餐中的尺寸数据。若加上入座进出过程中需将椅子拖开，这个尺寸需达到 600 以上 |
| I | 就餐区域长度 | 2230~2700 | F+2H。这是坐定之后、就餐中的尺寸数据。考虑入座进出过程中需要移动椅子，就餐区域长度需相应加大 |
| J | 就餐区域宽度 | 1680~2100 | G+2H。这是坐定之后、就餐中的尺寸数据。考虑入座进出过程中需要移动椅子，就餐区域宽度需相应加大 |

示例 3　住宅　厨房的水池和储物柜（图 8-3）

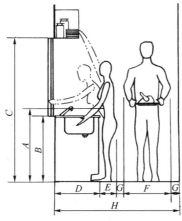

图 8-3　厨房的水池和储物柜

| 标号 | 名　称 | 尺寸范围/mm | 说　明 |
|---|---|---|---|
| A | 立姿肘高 | 980 | 取女子 50 百分位数的"立姿肘高"960，加穿鞋修正量 20，得 980 |
| B | 水池上缘高度 | 780~840 | 取 A-（200~140）。因为立姿下在略低于肘高的位置操作最适宜，这里把它取为水池上缘的高度；因此在水池里洗东西还略需弯腰，并非最佳。但若再增高水池，手在池中进出易弄湿袖子，也造成不便，两者权衡后取中间数值。（此值略同于我国住宅水池的一般高度） |

（续）

| 标号 | 名　称 | 尺寸范围/mm | 说　明 |
|---|---|---|---|
| C | 储物柜底高度 | 1750~1850 | 基本依据：小身材的女子伸手取物不困难。兼顾：不挡住高身材男子的水平视线。前者依据为女子10百分位数的"双臂功能上举高"1766（GB/T 13547—1992《工作空间人体尺寸》），加穿鞋修正量20，得1786。后者依据为男子95百分位数的"立姿眼高"1664，加穿鞋修正量后约为1690。综合两个因素后，酌取1750~1850 |
| D | 水池台进深 | 550~650 | 让小身材的女子开关窗户无困难。可参考的数据是：女子10百分位数的"上肢功能前伸长"619（GB/T 13547—1992）；但人体略微前倾便可加大功能前伸的距离，并不费力 |
| E | 人体厚度需要 | 250 | 男、女50百分位数胸厚的平均值（212+199）/2=206，加穿衣修正量，再加一点空当，以躲开水池避免弄湿衣服 |
| F | 通道者的体宽 | 650 | 男子95百分位数的"最大肩宽"469，加穿衣修正量21，再加端菜盘两肘略张开的尺寸80+80=160 |
| G | 人行侧边余裕 | 50~100 | 酌情选取 |
| H | 厨房总宽度 | 1550~1750 | $D+E+2G+F$ |

### 示例4　住宅　淋浴间（图8-4）

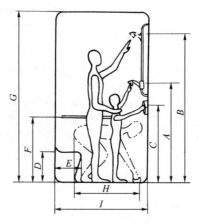

图8-4　淋浴间

| 标号 | 名　称 | 尺寸范围/mm | 说　明 |
|---|---|---|---|
| A | 喷头最低高度 | 1200~1380 | 一般6~7岁孩子在家里开始独立淋浴，由国标知其身高均约为1200，则手上举功能高约为（1200×7）/6≈1400，因此多数孩子能轻松地够着1380的高度。若考虑方便老年人坐在高约350的低凳上淋浴，则此尺寸的下限应降低至1200左右 |
| B | 喷头最高高度 | 1950~2000 | 男子50百分位数的"双臂功能上举高"是2003（GB/T 13547—1992），可作为考虑的参照 |
| C | 水门开关高度 | 900~1000 | 成年人肘高左右，6~7岁的孩子也容易够着 |
| D | 坐位高度 | 300~360 | 低于工作椅的椅面高度。过低起坐不便、不安全，过高则洗脚不便 |
| E | 坐位进深 | 400~450 | 与普通椅子进深差不多即可 |
| F | 扶杆高度 | 800~1000 | 成年人肘高左右或略低 |
| G | 淋浴间高度 | 2600~2500 | 参考尺寸，取决于建筑。非人机学关键数据 |
| H | 淋浴活动范围 | 1050~1100 | 值得研究的一个尺寸。图8-4细双点画线所画为俯身拣拾掉落在地面上肥皂的情景。初步以此为"淋浴活动范围"的参照。在图中所画姿势下，头顶到臀部的距离基本与人体尺寸中的"坐高"很接近。男子95百分位数"坐高"是958，加余裕量，取1050~1100 |
| I | 淋浴间总进深 | ≥1200为宜 | 必须大于H |

**示例 5** 学生公寓 双层床（图 8-5）

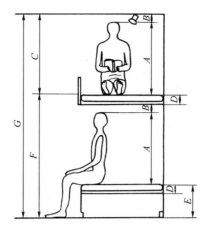

图 8-5 学生公寓中的双层床

| 标号 | 名 称 | 尺寸范围/mm | 说 明 |
|---|---|---|---|
| A | 坐高 | 965 | 男子 95 百分位数的"坐高"958，加穿衣修正量 7 |
| B | 头顶余裕空间 | 50~100 | 可以认为是消除压抑感而加的心理修正量；也是避免碰撞的安全需要 |
| C | 每层床上净空 | 1015~1065 | A+B |
| D | 床板褥垫厚度 | 80~120 | 参考数据，一般情况 |
| E | 下层床面高度 | 400~500 | 参考数据，一般情况 |
| F | 上层床面高度 | 1495~1685 | E+C+D |
| G | 公寓室内层高 | 2510~2750 | F+C。实际上现在学生公寓的下床床底空间还要加以利用（常用于储物），下层床面一般超过 450 的高度，因此室内总层高不宜低于 2600 |

**示例 6** 办公室 个人办公单元（图 8-6）

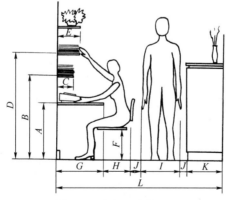

图 8-6 个人办公单元

| 标号 | 名 称 | 尺寸范围/mm | 说 明 |
|---|---|---|---|
| A | 办公桌高度 | 720 左右 | 参看第三章的分析。个人专用办公桌宜按身材定制或调整到适宜高度，既有利于健康，也有利于工作效率 |
| B | 吊柜下层高度 | 1050 左右 | 吊柜下层用于搁放随时取放的文件文稿。坐着的办公者（包括小身材的女子）拿放轻松方便。吊柜底下桌面上方还有高度近 330 的空间，能够放置各种办公用品 |
| C | 吊柜下层进深 | 220 左右 | 略大于 A4 打印纸的宽度 |

（续）

| 标号 | 名　　称 | 尺寸范围/mm | 说　　明 |
|---|---|---|---|
| D | 吊柜上层高度 | 1250~1350 | 吊柜上层用于搁放不需经常取放的文件和物品。若取较低的高度（如1250），办公者臀部不离开椅面就能较方便地够着（分析计算略去，读者可分析验证）；但吊柜下层的净高就较小了。若取较高的高度（如1350），则优缺点颠倒过来。设计时酌情处理 |
| E | 吊柜上层进深 | 300 左右 | 略大于 A4 打印纸的长度 |
| F | 办公椅面高度 | 360~480 | 参看第三章的分析。个人专用办公椅宜按身材定制或调整到适宜高度，既有利于健康，也有利于工作效率 |
| G | 办公桌进深 | 550~700 | 参考数据，一般情况 |
| H | 椅背桌沿距离 | 440~560 | 这是坐定之后、办公中的尺寸数据。但在入座进出过程中需将椅子拖开，这个尺寸需达到 600 以上 |
| I | 通道者的体宽 | 650 | 同示例 3 中的 F |
| J | 人行侧边余裕 | 50~100 | 同示例 3 中的 G |
| K | 文件柜进深 | 350~500 | 参考值，非人机学的关键数据 |
| L | 办公单元进深 | 2090~2610 | G+H+2J+I+K |

### 示例 7　超市　货架与通道 1（图 8-7）

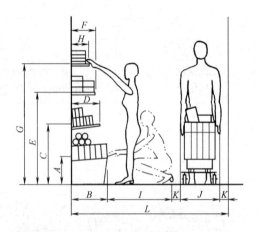

图 8-7　超市里的货架与通道（1）

| 标号 | 名　　称 | 尺寸范围/mm | 说　　明 |
|---|---|---|---|
| A | 最底层货架高度 | 350 左右 | 不宜为利用空间而进一步降低高度，否则站立的顾客看不清货架上的商品，弯腰或蹲下取货也很困难 |
| B | 最底层货架进深 | 480 左右 | 大于上层货架的进深，便于顾客拿取 |
| C | 次底层货架高度 | 750 左右 | 方便拿取的高度。给最底层货架较充裕的高度空间，因为较大较重的商品常放在最下层 |
| D | 次底层货架进深 | 400 左右 | 比最底层货架有缩进，第一不遮挡观看最底层货架上商品的视线，第二能让弯身到最底层货架取物者更安全便利 |
| E | 次高层货架高度 | 1100 左右 | 方便拿取的高度。给次底层货架上仍留有近 350 的空高 |
| F | 次高层货架进深 | 350 左右 | 比它的下一层货架再缩进一点 |
| G | 最高层货架高度 | 1400 左右 | 仍不超过小身材女子能拿取的高度 |
| H | 最高层货架进深 | 300 左右 | 比下一层再略微缩进。最高层货架多放较轻较小的商品，进深可以小一些 |

（续）

| 标号 | 名 称 | 尺寸范围/mm | 说 明 |
|---|---|---|---|
| I | 蹲姿取物空间 | ≈850 | 蹲姿取物的姿势如图8-7中细双点画线所画。这类姿势的人体尺寸在国家标准等资料中查不到。但解决这个问题并不难，第一，可以通过实际演习测量得到一个初步数据；第二，观察实际姿势，画下来，再按人体尺寸数据进行几何分析计算，又得到一个初步数据。将两个数据对照验证后，获得的数据就有参考价值了。例如从图8-7可知，这个尺寸可取男子95百分位数的"臀膝距"595，加穿衣修正量15，加大半个手长（例如180），再略加余裕量（如60），共约850 |
| J | 通道者的体宽 | 650 | 同示例3中的 F |
| K | 人行侧边余裕 | 100～150 | 宜略大于示例3中的 G。因为超市里人比较多 |
| L | 货架通道总宽 | 2250～2350 | B+I+2K+J |

### 示例8 超市 货架与通道2（图8-8）

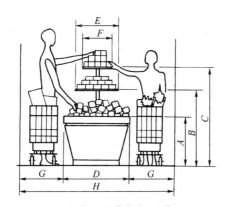

图8-8 超市里的货架与通道（2）

| 标号 | 名 称 | 尺寸范围/mm | 说 明 |
|---|---|---|---|
| A | 下层货架高度 | 600～700 | 宜略低于中等身材者的立姿"手功能高"，使放在货架上的商品便于拿取。男、女50百分位数"手功能高"的均值为（741+704）/2 = 723，加穿鞋修正量后约为750，故取600～700 |
| B | 中层货架高度 | 1000 左右 | 拿取方便的高度 |
| C | 上层货架高度 | 1300 左右 | 拿取方便。不会阻挡大部分成年人的视线，使超市内视野开阔，保持良好的空间通透感 |
| D | 下层货架宽度 | 900 左右 | 让推着小车的顾客拿取货架中部的商品不困难 |
| E | 中层货架宽度 | 600 左右 | 比下层货架略有缩进，方便拿取。不挡观看下层货架商品的视线 |
| F | 上层货架宽度 | 450 左右 | 比中层货架略有缩进，方便拿取 |
| G | 通道的宽度 | 750～800 | 等于示例7中的 J+K |
| H | 货架通道总宽 | 2400～2500 | D+2G |

### 示例9 公厕 蹲位隔间（图8-9）

| 标号 | 名 称 | 尺寸范围/mm | 说 明 |
|---|---|---|---|
| A | 蹲姿前后距离 | ≥850 | 应以身材高大的男子为考虑的依据。参照示例7中对 I 的分析说明 |
| B | 隔间的进深 | 1250～1350 | A 加上人前和人后的余裕量。这里取前后余裕量之和为400～500，其中包括安全的需要和消除压抑感的心理需要 |
| C | 蹲姿左右宽度 | ≥650 | 以大个子男子为分析依据，参照示例3中对 F 的分析说明 |
| D | 一侧的余裕量 | 100 左右 | 参考数据，一般情况 |
| E | 另一侧余裕量 | 300～350 | 这一侧应留有挂包、挂外衣的空间 |
| F | 隔间的宽度 | 1050～1100 | C+D+E |

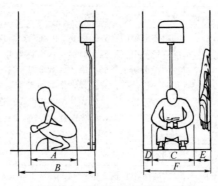

图 8-9　公厕的蹲位隔间

**示例 10**　影院、候车室等公共场合　排椅与条椅（图 8-10）

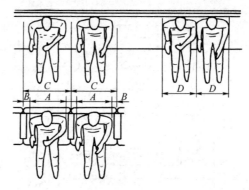

图 8-10　公共场所的排椅和条椅

| 标号 | 名　称 | 尺寸范围/mm | 说　　明 |
|---|---|---|---|
| A | 坐姿人体宽度 | 520 | 男子 95 百分位数的"坐姿两肘间宽"489，加穿衣修正量 31 |
| B | 体侧余裕量 | 50~80 | 体侧余裕量的作用是避免与邻座发生接触，包括略微活动身体时也不发生接触，可以看成是心理修正量 |
| C | 排椅座位宽度 | 620~680 | A+2B。这个数字适合于正规的影院、剧场。在候车室、候诊室等场合，可以减小到 620 以下；而在高档、豪华、讲究礼仪的场合，则需要增加到 680 以上 |
| D | 条椅平均座宽 | 宜≥480 | 通常把有扶手隔开的称为排椅，无扶手隔开的称为条椅。若条件允许，设计条椅时，应按与排椅相同的原则选取其平均座宽（620~680）；例如公园里的条椅，人们同样要求以较随意的姿势就坐而互不干扰。所以公园里的双人条椅宽度宜为 1250~1400。但在人群拥挤的场合，人们会自然产生心理适应，容忍不得已的衣服接触，因此公交车等场合上的座位可以窄一些，但平均座宽也以≥480 为宜 |

**示例 11**　阶梯教室、影院、剧场　阶梯高度与前后排间距

**问题与目标**　确定阶梯的高度 $D$ 和前后排座位的间距 $I$（图 8-11），使后排就坐者观看黑板（或银幕、舞台表演）的视线不被前排就坐者的头顶挡住。

**分析**　设计目标与几个互相影响的因素相关：

1）前后相邻的两排座位上，大个子坐前排、小个子坐后排，或小个子坐前排、大个子坐后排，都是极端情况，差别很大。一般来说，可取"适中"和"兼顾"的原则：以前排坐中等身材的男子、后排坐中等身材的女子为设定条件进行分析。由于阶梯座位前后两排在左右方向上是错开的，后排人的大部分视线从前排人肩部上的空当通过，所以上述"适中"的设定条件能够满足大多数情况下的要求。

2）要求不被遮挡的是水平视线还是水平以下的视线？实际情况是：越靠后的座位上，视线的下斜角度越大，因此前后两排座位的高度差也应该越大。设计时一般可用水平视线来做基础性分析，对后面几排的阶梯高度应逐级适当地给予加大。

3）前后排的间距 $I$ 对阶梯高度 $D$ 也有影响，设计时先确定 $I$，确定 $I$ 的条件是：有人需要横向通行进出时，其他座位上的人不必起立避让，如图8-11中细双点画线画的人那样。

在上述3个条件下，对图8-11中的数据分析见表8-1：

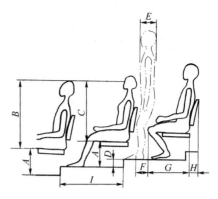

图 8-11 阶梯座位

表 8-1 阶梯座位间距分析

| 标号 | 名 称 | 尺寸范围/mm | 说 明 |
|---|---|---|---|
| $A$ | 座面高度 | $A$ | 只要教室（影院、剧场）里所有座位一样高，则具体高度与本示例讨论的问题无关 |
| $B$ | 前排人的坐高 | 908 | 按上面第1）条的设定，取男子50百分位数的"坐高"（与 $C$ 一样，不附加穿衣修正量） |
| $C$ | 后排坐姿眼高 | 739 | 按上面第1）条的设定，取女子50百分位数的"坐姿眼高"（与 $B$ 一样，不附加穿衣修正量） |
| $D$ | 阶梯的高度 | ≈170 | $D = (A + B) - (A + C) = B - C = 908 - 739 = 169 ≈ 170$ |
| $E$ | 最大人体厚度 | 270 | 男子95百分位数的"胸厚"245加穿衣修正量25 |
| $F$ | 通行避让距离 | 150~180 | 人体最厚的部位是胸部，而从图8-11中细双点画线所画的人形可以看出，进出座位需要别人避让的部位在膝盖附近，所以该尺寸可以小于胸厚，现取150~180 |
| $G$ | 臀膝距 | 610 | 男子95百分位数的"臀膝距"595加穿衣修正量15 |
| $H$ | 靠背深度 | 60~160 | 由靠背厚度和靠背倾斜所占进深两部分构成。教室中基本直立的硬靠背座椅，这个尺寸甚小，而剧场座位的这个尺寸可能比教室座位的大不少 |
| $I$ | 前后座位间距 | 820~950 | $F+G+H$ |

上述11个示例分析的都仅仅是生活空间中的"基本单元"或"最小单元"。连"自由""舒展"都不够充分，更达不到"舒适""宽敞"等进一步要求。因此，大多数情况下，不能作为设计的最终结果。但"生活空间基本单元"的分析，为各种不同要求的生活空间设计提供了基础数据。超出"基本单元"的室内生活空间，不能简单地以人体尺寸作为设计的依据。在不同建筑的室内，个人或人群有不同的行为方式，室内空间设计应与人们的行为方式相适应：住宅卧室、起居室、卫生间、阳台、厨房、餐厅如此，车站售票处、进站口、候车室、出站口更加如此。大型展览馆、体育馆、康乐中心、购物中心、餐饮中心等公共环境中，还要满足人们的心理和精神需求，进一步考虑视觉尺度、人际交往空间等方面，这些成为设计中更为重要的因素。

# 第二节　光环境与采光照明设计

## 一、光环境的一般概念

### 1. 光环境的意义和组成

合适的光环境能保持人们正常、稳定的生理、心理和精神状态，有利于提高工作效率，减少差错和事故。人机学研究各种工作和生活的室内空间光环境。

室内光环境由**天然采光**和**人工照明**两部分组成，分别**简称为采光和照明**。

**2. 基本概念和术语**

**（1）光通量**　单位时间内从光源辐射出来，能引起人眼视觉的光辐射能。

**光通量的单位是流明**（lm）。40W 白炽灯的光通量在 400lm 上下；40W 荧光灯的光通量在 2100lm 上下。但灯泡光通量变动范围大，很难给定准确的数据。这是由于灯泡的质量不同，使用中光通量逐渐衰减，灯泡表面灰尘等覆盖污浊情况不同，电压波动的影响等。

**（2）亮度**　单位面积光源表面在给定方向上的发光强度。

**亮度的单位是坎**［德拉］**每平方米**（cd/m²）。

**（3）照度**　被光源照射的单位面积上的光通量。

**照度的单位是勒克斯，简称勒**（lx，lux）。

注意"亮度"与"照度"的区别：亮度是对光源而言的，是光源发光强度的度量。照度是对被照射面而言的，是单位被照射面积所接受到的光通量。

**（4）一般照明**　不考虑局部特殊需要，为照亮整个场地而设置的照明。

**（5）局部照明**　为满足局部（如工作台面）的特殊需要而设置的照明。

**（6）混合照明**　一般照明与局部照明组成的照明。

**（7）眩光**　在视野中由于光亮度的分布或范围不适宜，或在空间、时间上存在极端的亮度对比，以致引起不舒适或降低物体可见度。

**3. 光环境设计的一般原则**

1）平均照度和照度均匀度适当，不宜过高或过低，空间适度明亮，利于安全，便于活动，但不造成强光刺激。

2）工作区的照度高于非工作区，两者对比适宜。

3）光线的照射方向和扩散合理，避免产生干扰阴影，形成柔和的阴影，以增强设施、器物的立体感。

4）避免光线直接照射人眼，以防眩光晃眼。

5）光源有适宜的"显色性"，能显示设施、器物的颜色特性。显色性差的光源，如汞灯、钠灯、荧光汞灯等仅可用于隧道、广场、厂房顶棚等显色要求不高的处所。

6）地面、墙面和器物的颜色，应能增强清洁明快感，营造良好环境氛围，利于身心健康和愉悦的情绪。

7）节约能源，减少消耗。充分利用天然光，推广使用节能灯具。

**二、天然采光**

天然采光把昼光引进室内，又让人可以通过窗户看见室外景物，有利于心理、生理的健康和舒畅，也是节约能源的基本手段。

**1. 天窗和侧窗**

图 8-12 所示为德国斯图加特建筑展览馆中的天窗，它使展室显得宽敞而明亮。在我国南方"多进"结构的古民居中，前一"进"与后一"进"之间，常设有数平方米到十几平方米的"天井"，在屋宇外墙之内开辟出一个连接外界大自然的通道。因天井口高出屋檐以上，所以阳光对室内直接射达的范围不大，直接照射时间也不长，但采光却充足而自然，还能为厢房卧室在房屋内所开的窗户提供光源。图 8-13 所示为被列为世界文化遗产的皖南徽州古民居中某处天井下的一角。这些民居中，还常在侧窗采光不足处的屋顶安有玻璃"明瓦"（又称"亮瓦"），补充采光效果甚佳。

图 8-12 德国斯图加特建筑展览馆天窗        图 8-13 徽州古民居的天井效果

现代单层厂房、仓库等工业建筑中，仍广泛采用从屋顶采用天然光的方法，常见形式见图 8-14。图 8-14a 为竖直面上的矩形天窗，采光系数低，但眩光小，便于自然通风。图 8-14b 为水平天窗，采光系数高，但正午前后时间段阳光直射室内，会造成眩光和夏季的热辐射。图 8-14c 为锯齿形天窗，其窗口多朝北布置，采集北向的天空漫射光，光照稳定（若向南开，则光照随阳光变化快而剧烈），不产生眩光，常为纺织车间、美术馆、体育馆、超市等建筑采用。图 8-14d 为下沉式天窗，也具有良好的采光、通风效果。

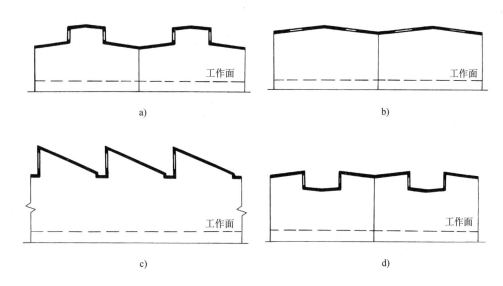

图 8-14 屋顶采光的几种形式
a）矩形天窗 b）水平天窗 c）锯齿形天窗 d）下沉式天窗

现代多层建筑中侧窗是主角。侧窗位置的高或低，窗形是竖高还是横宽，会产生不同的采光效果：横宽窗形视野开阔，临窗采光范围大，但光照进深小；竖高窗形光照进深大，能形成条屏式的室外景观效果；高窗台可减少眩光，使人获得更多的安定感；落地窗可增强与室外环境的沟通联系等。因此，应结合室内环境的实际需要分析选取。我国古民居很讲究漏窗、花格窗的装饰作用，昼光通过各种漏窗、花格窗射入室内的光影变幻，能够在时间的推移中营造出生动、多变的环境气氛。

**2. 采光设计标准**

我国已发布实施国标 GB/T 50033—1991《工业企业采光设计标准》（略）。

日本建筑法规中以最低限度开窗面积为指标，对不同类型建筑物的采光要求做出了规定，使用简便，见表 8-2，可供参考。

表 8-2 民用建筑开窗面积与地板面积的比例（日本法规）

| 建筑物用途 | 居室用途 | 有效采光面积<br>居室地板面积 | 建筑物用途 | 居室用途 | 有效采光面积<br>居室地板面积 |
|---|---|---|---|---|---|
| 住宅 | 起居室 | ≥1/7 | 儿童福利设施 | 主要活动室<br>其他居室 | ≥1/5<br>≥1/10 |
| 旅馆、宿舍 | 卧室、客房<br>其他居室 | ≥1/7<br>≥1/10 | 医院、幼儿园、学校 | 病房、教室<br>其他居室 | ≥1/5<br>≥1/10 |

## 三、人工照明

天然光源取决于昼夜变化和天气变化，无法调控，引入建筑深处也困难，所以人工照明是光环境设计的重点。

**（一）照度与照度分布**

**1. 照度指标**

人眼在 50～75lx 的照度下才有正常视力，因此生活活动场所照度不宜低于 50lx。

GB/T 13379—2008《视觉工效学原则 室内工作场所照明》等国标给出了不同场合照度范围的数值，见表 8-3。

表 8-3 各种不同区域、作业和活动的照度范围（摘自 GB/T 13379—2008）

| 照度范围/lx | 区域、作业和活动的类型 | 照度范围/lx | 区域、作业和活动的类型 |
|---|---|---|---|
| 3～5～10 | 室外交通区 | 300～500～750 | 中等视觉要求的作业 |
| 10～15～20 | 室外工作区 | 500～750～1000 | 相当费力的视觉要求的作业 |
| 15～20～30 | 室内交通区、一般观察、巡视 | 750～1000～1500 | 很困难的视觉要求的作业 |
| 30～50～75 | 粗作业 | 1000～1500～2000 | 特殊视觉要求的作业 |
| 100～150～200 | 一般作业 | >2000 | 非常精密的视觉作业 |
| 200～300～500 | 一定视觉要求的作业 | | |

注：1. 一般采用表中中间值；若视距超过 500mm 产生差错，会造成很大损失或危及人身安全时，采用照度范围的高值；反之，当工作精度及速度无关紧要时，可采用照度范围的低值。

2. 国际照明委员会（CIE）也提出了一个推荐的照度值表，其中后面的 5 条与表 8-3 的后 5 条是基本一致的，但 CIE 提出的前 4 条的照度值与表 8-3 的前 6 条相比，略高一些。国标是设计的一般依据，但 CIE 提出的数值也可供对照参考，故将其前 4 条摘附如下：

室外入口区域　　　　　　　　　　　　　　　　　　　　　　　　　20～50lx

交通区，简单地判别方位或短暂逗留　　　　　　　　　　　　　　　50～100lx

非连续工作用的房间，例如工业生产监控室、贮藏间、衣帽间、门厅　100～200lx

有简单视觉要求的作业，如粗加工、讲堂　　　　　　　　　　　　　200～500lx

**2. 照度分布**

照度分布用照度均匀度定量描述，照度均匀度指区域内最低照度与平均照度之比。

照明设计中照度分布的要求如下：

1）工作区域内一般照明的照度均匀度不低于 0.7，推荐值为 0.8。

2）非工作区的照度应低于工作区，走道和其他非工作区域内一般照明的照度不低于工作区的 1/5（GB/T 13379—2008）。

（二）亮度分布及避免眩光

**1. 亮度分布**

适宜的亮度分布，是室内舒适光环境的必要条件。室内各部分亮度对比过大，会加重眼睛的负担，造成视觉疲劳。适宜的亮度分布用亮度对比值、室内不同表面的反射率等指标来控制，参考数值见表8-4和表8-5。

表8-4　室内不同部分的亮度对比控制值

| 视野内的相关部分 | 亮度对比最大值 |
| --- | --- |
| 视觉（工作）观察对象与临近背景（工作台面、背板等） | 3：1 |
| 视觉（工作）观察对象与周围环境（地面、墙面等） | 10：1 |
| 光源（照明器、窗口）与附近背景之间 | 20：1 |
| 视野中最亮区域与最暗区域 | 40：1 |

表8-5　室内不同表面的反射率推荐值

| 室内的相关表面 | 反射率的推荐值 |
| --- | --- |
| 顶棚 | 80%～90% |
| 墙壁（平均值） | 40%～60% |
| 器物（家具、机器设备、工作台等） | 25%～45% |
| 地面 | 20%～40% |

**2. 避免眩光**

眩光影响视觉效果并引起眼睛的不舒适，强烈的眩光会使眼睛受到伤害。

避免眩光的方法是：使光源（自然光或灯光）不出现在主要、重点视觉对象的视野之内。例如美术馆墙上有窗户又挂着美术作品，应该让窗外投射进来的光线不进入观赏者的观看视野。为此，在铅垂和水平方向应该有不小于14°的"保护角"，见图8-15。照明灯具应该用灯罩形成合适的"遮光角"，将光线遮挡在正常视野之外。

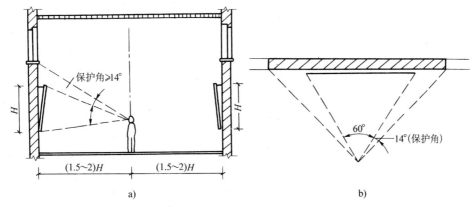

图8-15　避免眩光的方法示例

（三）室内照明与环境的色彩

室内色彩的人机学要求是：有利于人们形成安详、稳定的情绪，符合室内环境的特性。例如餐馆、酒吧和图书馆的环境色彩应该不同，法庭和歌舞厅的环境色彩更应该不同等。有的情况下色彩的心理和生理效应比色彩的美感更重要。例如副食品商店的鲜肉部，如果货架、柜台用橙色或偏红的颜色，肉品会显出腐烂的样子，效果很不好。陈列鲜艳商品或展品，以中性色为背景，能使商品展品被衬托得鲜明突出。白色墙脚下的红玫瑰显得分外鲜艳，白墙角下的黄色花卉却效果不佳。外科医生手术中注视着鲜红的血液，如果手术室墙面为白色，他抬头看到墙面时，墙上会出现暗绿色（鲜红血液的补色）的"负后像"，引起不佳心理反映。所以手术室的墙面做成暗绿色，医生抬望墙面能获得视觉平衡和休息，但家庭卧室却不可采用暗绿色墙面……

各种室内视觉环境基本相同的要求，是上部比下部明亮，正像自然界中天空比大地明亮一样。唯其如此，人们才能在室内处于安定的情绪之中。表8-6是几种场所中室内不同部位的参考色彩方案。请注意其中明度的参考值：天棚多为9级，墙壁上部多为8级，墙壁下部多为6~7级，而地面则在6级以下，符合上明下暗的要求。

表8-6 几种场所中室内不同部位的参考色彩方案（孟塞尔颜色符号）

| 场　所 | 天　棚 | 墙壁上部 | 墙壁下部 | 地　板 |
|---|---|---|---|---|
| 冷房间 | 4.2Y9/1 | 4.2Y8.5/4 | 4.2Y6.5/2 | 5.5YR5.5/1 |
| 一　般 | 4.2Y9/1 | 7.5GY8/1.5 | 7.5GY6.5/1.5 | 5.5YR5.5/1 |
| 暖房间 | 5.0G9/1 | 5.0G8/0.5 | 5.0G6/0.5 | 5.5YR5.5/1 |
| 接待室 | 7.5YR9/1 | 10YR8/3 | 7.5GY6/2 | 5.5YR5.9/3 |
| 交换台 | 6.5R9/2 | 6.0R8/2 | 5.0G6/1 | 5.5YR5.1/1 |
| 食　堂 | 7.5GY9/1.5 | 6.0YR8/4 | 5.0YR6/4 | 5.5YR5.5/1 |
| 厕　所 | N/9.5/ | 2.5PB8/5 | 8.5B7/3 | N8.5/ |
| 更衣室 | 5Y9/2 | 7.5G8/1 | 8BG6/2 | N5/ |

# 第三节　声音环境和噪声控制

## 一、人耳的声音感觉与声压级分贝

声波在人耳膜上所产生的压强增量称为声压。人耳对声音强弱的感觉，与声压的大小相关。但人耳能感受到的声压范围非常宽，最高值与最低值之比达一百万。直接用声压的物理单位描述人的声音感觉，计量非常不便，也与人耳对声音感觉的实际差异不相吻合。

目前广泛应用的声音强弱计量值，是声音的声压级分贝（dB）（注意：分贝不是一个物理量单位，而是一个级别数值）。以下两个分贝界限值应该给予关注：

1）人耳刚能感觉到的声压级为 **0dB**。0dB并不是没有声音，而是声音很弱而听不到。

2）对人耳有刺痛感的声压级为 **120dB**。超过120dB的声音对人健康的损伤会更严重，即120dB是人在短时间内能耐受的强音的极限值。

声压级（分贝）、人耳感受及对人体的影响见表8-7。

表8-7 声压级（分贝）、人耳感受及对人体的影响

| 声压级/dB | 人耳感受 | 对人体的影响 | 声压级/dB | 人耳感受 | 对人体的影响 |
|---|---|---|---|---|---|
| 0~9 | 刚能听到 | 安全 | 90~109 | 吵闹到很吵闹 | 听觉慢性损伤 |
| 10~29 | 很安静 | 安全 | 110~129 | 痛苦 | 听觉较快损伤 |
| 30~49 | 安静 | 安全 | 130~149 | 很痛苦 | 其他生理受损 |
| 50~69 | 感觉正常 | 安全 | 150~169 | 无法忍受 | 其他生理受损 |
| 70~89 | 逐渐感到吵闹 | 安全 | | | |

## 二、乐音、噪声与噪声控制

### （一）乐音及其作用

环境中的声音可以分成乐音和噪声两大类。

让听觉舒适、使人感到愉悦的声音称为乐音。乐音有来自自然界的，也有人工制作的。前者如流泉淙淙、鸟鸣啾啾、和风吹拂下枝叶摇曳的沙沙声等；后者便是人们生活中的音乐了。人机学研究的是生活和工作环境中音乐的作用。

**1. 工作场所背景音乐的作用**

为了使工作者精神放松、缓解疲劳、提高效率而在工作场所播放的音乐，称为工作场所背景音乐。播放背景音乐有以下作用：

1）松弛工作中的精神紧张，对女性的效果比男性显著。

2）对单调枯燥的重复性作业有减轻烦躁感的效果。

3）对自由的手工作业，能使工作者减少聊闲天、减少停工时间，提高工作量。

4）选择节奏、曲调、响度合适的乐曲，营造轻松的气氛，能缓解疲劳、提高效率、减少差错率。

5）对有害的环境噪声有遮盖作用。

播放背景音乐可能产生以下正面负面双向效应：

1）对多数人的工作产生正面效果，但对少数音乐痴迷者的工作可能产生负面效果。

2）缓解了上班时间的疲劳感，但可能使工作者在下班以后感到疲劳。

3）若工作场所有不同性质的工种，对一种工作有利的背景音乐可能对另一种工作不利。例如适宜于简单重复性作业的背景音乐，对精细作业和脑力劳动不利。

**2. 背景音乐的选择与播放**

为充分发挥背景音乐的效能，需要选择合适的乐曲和适宜的播放时间。

**（1）乐曲的选择** 对于耗费体力、无须注意力高度集中的工作，宜选择节奏鲜明、速度较快（例如 130 拍左右）、旋律轻松的乐曲。对于单调重复、容易使工作者感到烦闷的作业，宜播放欢快愉悦情调的乐曲。对于精力需要高度集中的工作，特别是脑力劳动，宜播放节奏舒缓、速度较慢（例如 90 拍左右）、意境悠远的乐曲，且音量要小。另外，应该有多支乐曲轮换播放，同一支乐曲播放过于频繁会使人厌烦。

**（2）播放时间的选择** 上班之初，需进行整理、准备投入工作，工作者处于积极的状态，不必播放音乐。通常可在上班半小时后开始播放音乐，每次半小时左右，持续时间不宜过长。夜班播放音乐的时间宜占到 50% 左右；白班占的时间适当减少。

**（二）噪声及噪声的危害**

**1. 噪声**

从物理学上说，声波频谱与强弱杂乱无章、强度过强或强度较强且持续时间过长的声音，称为噪声。从人的主观感受而言，凡是干扰人们工作、学习、休息的声音，都属于噪声。前者是噪声的客观标准，后者是噪声的主观标准。客观标准的噪声一定也是主观标准的噪声，但反过来却未必。譬如，家居装修中在地面、墙面上开凿或钻孔的声音是客观标准的噪声，它不但对邻居，同时对户主、装修工也是主观标准的噪声；而一段戏曲、歌曲、音乐或播送的故事，虽然不是客观标准的噪声，但对于正想睡眠或正专心致志学习与思考的人，在此时却是"噪声"了。

**2. 噪声的危害**

**（1）对人体的危害** 轻噪声影响休息、影响睡眠；重的、持续的噪声，使人精神烦躁、情绪不安，甚至损伤听力，直至造成耳聋；持续的、超过 90dB 的强噪声可能会引起人体肾上腺分泌增加，导致血压上升，肠胃功能失调，进一步伤害神经和心血管系统。当噪声达到 95dB 时，人的视觉敏感性下降，在弱光下识别物体困难等。

**（2）对工作的影响** 超过 70dB 的噪声使人注意力涣散、反应时间加长、记忆困难、计算能力受到干扰，因此工作效率降低，差错率上升。上述影响对精细工作和脑力工作尤其显著。

**（3）对语音信息传播的影响** 噪声直接影响语音的传播，例如环境噪声达到85dB，电话交谈无法进行，学生也无法在教室正常听课。

现今，噪声污染成为日益突出的城市公害。有关部门估计，我国约有20%～30%的工人暴露在损伤听觉的强噪声环境之下，超过1亿人的生活中存在噪声的干扰。

噪声有危害，但并非环境越安静越好。过分寂静或突然寂静会使人感到孤独和紧张，从而影响身心健康。从事单调的、重复性的工作，在略有噪声的环境中比在很安静的环境中易于保持较高的效率。

### （三）噪声防治法规和控制标准

#### 1. 噪声防治法规

不少国家已经通过立法来进行噪声防治。我国除《中华人民共和国环境保护法》的有关条款以外，全国人大常委会还通过了《中华人民共和国环境噪声污染防治法》。该法规内容包括：环境噪声污染防治的监督管理、工业噪声污染防治、建筑施工噪声污染防治、交通运输噪声污染防治、社会生活噪声污染防治、法律责任、附则。

#### 2. 噪声控制标准

为了控制噪声的危害，我国已制定出一批不同环境下的噪声控制标准，包括城市区域、工业企业厂界等，参看表8-8、表8-9。

**表8-8　城市5类区域环境噪声限值**（摘自 GB 3096—2008）$L_{eq} |dB（A）|$ ⊖

| 类别 | 区　　域 | 昼间 | 夜间 |
|---|---|---|---|
| 0 | 康复疗养区等特别需要安静的区域 | 50 | 40 |
| 1 | 以居民住宅、医疗卫生、文化教育、科研设计、行政办公为主要功能，需要保持安静的区域 | 55 | 45 |
| 2 | 以商业金融、集市贸易为主要功能，或者居住、商业、工业混杂，需要维护住宅安静的区域 | 60 | 50 |
| 3 | 工业生产、仓储物流区 | 65 | 55 |
| 4 | 城市交通干线，内河航道和铁路主、次干线的两侧和穿越区（指非车船通过所临近处的背景噪声） | 70（70） | 55（60） |

注：昼间指6：00～20：00，夜间指22：00～次日6：00。

**表8-9　工业企业厂界噪声排放限值**（摘自 GB 12348—2008）$L_{eq} |dB（A）|$

| 类别 | 昼间 | 夜间 |
|---|---|---|
| 0 | 50 | 40 |
| 1 | 55 | 45 |
| 2 | 60 | 50 |
| 3 | 65 | 55 |
| 4 | 70 | 55 |

### （四）噪声控制方法简述

噪声形成的环节是：声源→传播→接收者。因此噪声控制有以下三种方法：①降低声源的强度；②在传播中加以阻隔或吸收使之衰减；③对受噪声伤害的人实施个体防护。第三种方法在前两种方法不能充分有效时采用。

---

⊖ 人耳感觉响度相同的声音，因频率不同而有不同的声压级。为使噪声的测量结果能与人们的感觉一致，在噪声测量仪器中设置了某种功能的滤波装置，这种仪器测得的结果为噪声的"dB（A）"。表8-8、表8-9中的符号"$L_{eq} |dB（A）|$"称为"等效A声级"，是指一定时间段内的dB（A）平均值。

**1. 降低声源的强度**

改进机器设备以降低运行噪声，如重视减振、润滑，选用摩擦与撞击声小的零部件材料，选用低噪声工艺流程等。

**2. 控制噪声传播途径**

让声源远离人群，例如机场、高噪声的工厂车间多建在城市远郊。隔声的方法中，直接封闭声源是高效简便的措施，例如将高噪声机器封闭在机房里，或用罩子罩起来等。还有适用于各特定情况的隔声消声方法，例如交通干线两侧用绿化带隔声、某些生产设备采用管道消声隔声、建筑里采用吸声材料作墙面等。墙面材料的吸声效果差别很大，表8-10选列了几种墙面材料的吸声效果以供参考。

表 8-10　几种墙面材料的吸声效果（吸声比例约值）　　　　　　　（%）

| 墙面材料 | | 声波频率/Hz | | |
|---|---|---|---|---|
| 吸声效果 | 材料名称 | 125 | 500 | 1000 |
| 较差 | 上釉的砖 | 1 | 1 | 1 |
| | 不上釉的砖 | 3 | 3 | 1 |
| | 表面油漆过的混凝土块 | 10 | 6 | 7 |
| | 钢 | 2 | 2 | 2 |
| 中等 | 混凝土上铺软木木地板 | 15 | 10 | 7 |
| | 抹了泥灰的砖或瓦 | 14 | 6 | 4 |
| | 胶合板 | 28 | 17 | 9 |
| 较好 | 粗糙表面的混凝土块 | 36 | 31 | 29 |
| | 覆有25mm厚的玻璃纤维层的墙面 | 14 | 67 | 97 |
| | 覆有76mm厚的玻璃纤维层的墙面 | 43 | 99 | 98 |

**3. 实施个体防护**

给人佩带耳塞、耳罩、头盔等。此类防护用具对频率在1000～4000Hz声波的防护作用较好。

**4. 建筑噪声控制方法举例**

例1　楼板的消声隔声　图8-16a是在楼板上铺设弹性的柔软面层，如胶皮、塑胶、编织物等。图8-16b为在弹性柔软面层再加一层面板，称为浮筑楼板。图8-16c为悬吊平顶隔声结构，提高消声隔声的措施有消除板层间的缝隙、在板层间填充吸声材料、减少吊杆数目和降低吊杆刚性等。

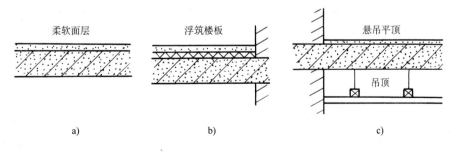

图 8-16　楼板的消声隔声结构

例2　门窗的隔声　用隔声吸声材料将门窗的缝隙填堵严实，见图8-17。由于门窗常要滑动，隔声吸声材料必须有较好的弹性、减摩性和耐磨性。

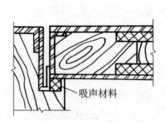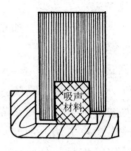

吸声材料

图 8-17　门窗隔声：用隔声材料填堵缝隙

### 三、室内声环境设计的概念

**1. 室内声场：直达声、近次反射声、混响声和回声**

室外开阔空间，声源发出的声波能无阻碍地向四周辐射出去，称为自由声场；在单声源的自由声场中，各处声压值与该处到声源的距离成反比，关系简单。而在室内，声音会在各个界面（墙壁、顶棚、地面、室内器物与人员等）上被反复地反射和吸收，并逐渐衰减下来，所以精确分析室内声场是复杂而困难的。但现代建筑声学建立起一套近似的分析方法，能够满足室内声环境设计的一般要求，这里介绍一点初步知识。

室内某声源发声后，室内任一点所接收的声音，可以分为直达声、近次反射声、混响声等几种类型，传播示意图见图 8-18[一]。

**（1）直达声**　未受任何界面影响的声音称为直达声。

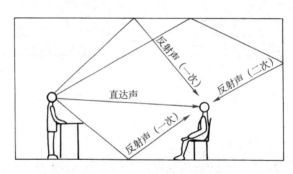

图 8-18　室内声音传播的示意图

**（2）近次反射声**　经过不多于 3 次反射、在直达声到达后 50ms 之内到达的反射声称为近次反射声。由于人耳不能把 50ms 以内到达的声音加以区分，近次反射声能对直达声起到加强的作用，且不影响声音的清晰度，因此近次反射声对语言传达和音乐欣赏有好处。

**（3）混响声**　经过多次反射、在近次反射声以后到达的声音都称为混响声。

混响声对室内声环境有多重影响，可能是正面的，也可能是负面的。比直达声滞后较多且较强的混响声，影响声音的清晰度，对教室、演讲厅之类的室内声环境不利。但混响声能提高声音的丰满度，使音乐产生"余音缭绕"的效果和意境，又是音乐厅设计中所要追求和营造的。

**（4）回声**　只经过一两次反射，但在直达声到达 50ms 以后才到达的反射声称为回声。回声到达时间晚，人耳感觉回声与直达声是两个声音，因此是室内声环境中的有害因素，对语言传达、欣赏音乐，都是令人讨厌的干扰，应该避免。

---

[一] 在图 8-18 中以直线表示声音的传播情况，是一种有实用价值的近似分析方法，称为"几何声学"方法。但这种分析方法不能反映低频声波的绕射、衍射等现象。

因为回声和直达声到达人耳的时间差在50ms以上，以声音速度为340m/s计算，50ms内声波传播的距离为（340m/s）×0.050s＝17m。这说明：经过一两次反射的回声行进距离比直达声多17m以上，这在较小的室内是不可能发生的。

**（5）声聚焦、声影** 若室内有较大的凹曲面（侧墙或顶棚）把声波集中反射到某一局部小区域，在此形成很强的声音，称为声聚焦。若存在种种阻隔，使室内某区域声音太弱而让人听不到，称为存在声影。声聚焦和声影都是室内声环境中的不良因素。

**2. 室内声环境设计的一般原则**

室内声环境设计除了避免噪声外，教室、演讲厅等室内要求各处均有良好的语音清晰度，音乐厅、剧场等室内要求能获得优美悦耳的音质。室内声环境设计的一般原则为：

1）采用消声隔声措施防止室外噪声传入室内。

2）使室内各处存在必要的近次反射声。例如不使用扩音器的室内，其空间容积与预定使用功能相吻合（表8-11）。

3）避免回声、声聚焦、声影等室内声缺陷。

4）使室内具有与使用目的相适应的混响声。

**表8-11 自然声室内的最大空间容积**

| 室内用途 | 最大室内空间容积/m³ |
| --- | --- |
| 授课 | 600~800 |
| 演讲 | 2000 |
| 话剧 | 6000 |
| 独唱、独奏 | 10000 |
| 大型交响乐 | 20000 |

# 第四节 室内热环境

## 一、热环境及其对人体、对工作的影响

**（一）人们对热环境的感觉**

室内热环境就是室内的微小气候环境。人们对热环境的感觉不仅取决于空气温度，还与相对湿度、风速等参量有关。例如在同样的热辐射条件下，下列3种不同的环境中，人们有相同的热环境感觉：

1）气温17.7℃，相对湿度100%，风速（即空气流速）0m/s。

2）气温22.4℃，相对湿度70%，风速（即空气流速）0.5m/s。

3）气温25.0℃，相对湿度20%，风速（即空气流速）2.5m/s。

这里情况3）比情况1）的空气温度高了7.3℃，但由于情况3）相对湿度低、空气流速大，使人们有与情况1）相同的热环境感觉。

空气的相对湿度简称相对湿度，指空气中的水蒸气含量与该温度下空气中水蒸气饱和含量的百分比。

**（二）人体散热的方式及影响因素**

**1. 体温及人体向环境散热**

人体能维持体温基本稳定，是由于人体内有复杂的热调节系统。大致可以把人体看成由"外壳"和"内核"两部分组成："外壳"指身体表层厚度不超过25mm的部分；包括内脏的其余部分算是"内核"。人体能维持"内核"温度基本稳定在37℃±1℃的范围内。正常环境

下，"外壳"与"内核"间的温度差约为4℃；在严酷恶劣的环境下，这个温度差可以达到约20℃。

人体的热调节系统在大脑神经中枢，而感温细胞则在皮肤、肌肉、肠胃等各处。根据感温细胞获得的温度信息，神经中枢控制新陈代谢热量的生成与排出，并通过血液循环使人体各部分的温度保持稳定。人从食物获取的化学能，约有25%消耗于做机械功（生活中的活动、工作、劳动），约有75%在新陈代谢中以热量的形式供给人体。大多数情况下，人体生成的热量多于维持体温的需要，多余热量必须向环境不断地逸散出去，否则热量聚集在人体里就会导致人的死亡。人体的热量向环境逸散，简称人体散热或散热。人在热环境里的舒适感、健康、安全、工作效率等问题都与人体散热的情况有关。

**2. 人体散热的方式**

人体向环境散热主要有以下4种方式：

（1）辐射　人体表面时时在向外辐射红外线，辐射速度与人体环境间的温度差及人体体表面积两个因素有关。

（2）传导　人体接触低于体温的物体时，热量向外传导。例如以凉毛巾敷额，热量便由人体传导到毛巾。通常情况下传导在人体散热中占的比例不大。

（3）对流　人体将热量传给温度低的空气，空气流动将热量带走，如此循环继续。对流的速度取决于体温气温差及气流速度。当气温达到34.5℃以上时，对流散热终止。

（4）蒸发　分无感蒸发和发汗两种。无感蒸发指体液中的水分透出皮肤和呼吸道黏膜表面，在未形成水滴前蒸发掉。发汗则称为"可感蒸发"。

**3. 影响人体散热的环境因素**

影响人体散热的因素有空气温度、湿度、空气流速和室内各界面（墙面、顶棚、窗户、炉子等）的温度。为了简便，室内各界面的温度统称为墙温。在气温和墙温都高的条件下，对流和辐射的散热量很少，只能主要依靠蒸发使人体散热；但若湿度也高，蒸发散热也很少，人的体温必然攀升上去，到一定限度将危及人的生命安全。这就是高温又高湿的室内会使人憋闷致死的原因。

**（三）过热过冷环境对人体的影响**

**1. 热应激**

过热的环境会使人体发生一系列生理机能的变化，初始为适应性反应；程度加重和时间延长，则产生不良生理后果，称为热应激反应，发展的严重后果是"中暑"。

**2. 冷应激**

过冷的环境初始促使体表血管收缩，以减少散热。随着程度的加重和时间的延长，冷应激现象将发生和发展：人体反应能力降低，体表血管扩张，使对流、传导、辐射引起的散热量增多，体温加速降低；继而肌肉发生颤抖，心率加快、血压升高；如体温进一步降低，会把人冻僵。

从体温来说，到40℃时，出汗停止，若不采取措施，体温将迅速上升；体温达到43.5℃，人将死亡。体温降到34~35℃时，颤抖停止，若不采取措施，体温将迅速下降；体温降到25~28℃时，呼吸停止，人将死亡。

**（四）热环境对工作的影响**

热、冷环境均对工作产生不良影响。热得不断出汗时，除了产生热应激生理反应外，心理烦躁会使工作注意力分散、反映渐趋迟钝，运动神经机能的警戒性、决断性操作能力下降。低温的影响主要不在脑力和神经机能，而在手指的精细动作。当手部皮肤温度降到15.5℃时，操作灵活性、肌力和肌动感觉反应都急剧下降。

过热、过冷环境对工作影响的表现还有：①效率下降；②出错率升高；③事故增加。

图 8-19a 是"热环境与脑力工作相对差错次数"的研究结果；图 8-19b 是"热环境与作业事故指数"的研究结果。图 8-19a、b 表明：环境温度在 20±5℃ 时工作差错和作业事故都少，温度更高和更低，工作差错和作业事故都上升。

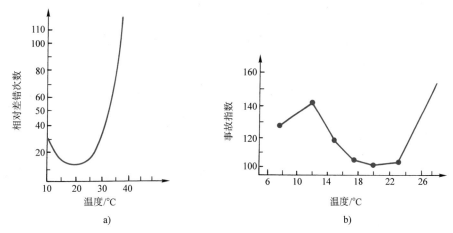

图 8-19 热环境与工作差错、作业事故的关系

a）热环境与脑力工作相对差错次数 b）热环境与作业事故指数

## 二、室内与工作场所的适宜热环境指标

### （一）室内空调至适温度

室内至适温度，即人们感到舒适的温度，其影响因素有很多，例如老中青少不同的人群，因季节而不同的生理适应性、劳作静坐躺卧不同的生活状况、离地面墙面不同距离而不同的辐射对流条件等，比较复杂。GB/T 5701—2008《室内热环境条件》中有详细的论述。

表 8-12 及表注所给出的，是一般情况下室内呼吸道高度（离地面 1.1~1.5m）上至适温度的参考数据与适用条件。

表 8-12 室内至适温度

| 季节 | 气温（干球温度）/℃ |
|------|------|
| 夏季 | 24~28 |
| 冬季 | 19~22 |

注：1. 温度在呼吸道高度测定，对坐姿为离地面 1.1m，立姿为离地面 1.5m。地面上 0.1m 处温度与表列温度之差应小于 3℃。
　　2. 室内风速，夏季不大于 0.6m/s，冬季不超过 0.15m/s。
　　3. 适用的着装条件为：夏季 0.25~0.55clo，冬季 1.2~1.8clo（稍后有有关着装影响及服装热阻值单位 clo 的解释）。
　　4. 适用于室内工作人员劳动强度较低的条件，随着劳动强度增强，气温适当降低。

### （二）不同劳动强度下的适宜热环境指标

表 8-13 以空气温度、相对湿度和风速三个参量为指标，表示了不同劳动强度下适宜的热环境，适用于不存在热辐射的室内。

表 8-13 不同劳动强度下适宜的热环境指标

| 劳动类别 | 空气温度 /℃ | | | 相对湿度 （%） | | | 风速 /(m/s) | 附 注 |
|------|------|------|------|------|------|------|------|------|
| | 最低 | 最佳 | 最高 | 最低 | 最佳 | 最高 | 最大 | |
| 办公室工作 | 15 | 21 | 24 | 30 | 50 | 70 | 0.1 | 室温与周围物体及墙壁表面的温差不大于 2℃ |
| 坐姿轻手工劳动 | 16 | 20 | 24 | 30 | 50 | 70 | 0.1 | |
| 立姿轻手工劳动 | 16 | 18 | 23 | 30 | 50 | 70 | 0.2 | |
| 重劳动 | 14 | 16 | 21 | 30 | 50 | 70 | 0.4 | |
| 极重劳动 | 12 | 15 | 18 | 30 | 50 | 70 | 0.5 | |

**（三）服装与舒适热环境的关系**

**1. 服装的热阻值**

**服装的保温性能用热阻值来表示，热阻值的单位是 clo⊖。**

靠近人体的服装内表面和在环境中的服装外表面间的温度差，表示服装的保温性能，就是服装热阻值。

表8-14是部分服装热阻值的摘录。因服装的材料、类型、式样非常多，应用时仅可根据资料上的数据做出大致的估测。

**表8-14　部分服装的热阻值**　　　　　　　　　　　（单位：clo）

| 服装 | 热阻值 | 服装 | 热阻值 | 服装 | 热阻值 |
|---|---|---|---|---|---|
| 汗背心 | 0.06 | 薄外套 | 0.17～0.22 | 薄连衣裙 | 0.22 |
| 汗衫 | 0.09 | 厚外套 | 0.37～0.44 | 厚连衣裙 | 0.70 |
| 短内裤 | 0.05 | 薄工作服 | 0.20～0.25 | 女薄裤子 | 0.1 |
| 长内裤 | 0.1 | 厚工作服 | 0.30～0.40 | 女厚裤子 | 0.44 |
| 短袖衬衫 | 0.14～0.25 | 薄绒线衫 | 0.17～0.38 | 布鞋 | 0.03 |
| 长袖衬衫 | 0.22～0.29 | 厚绒线衫 | 0.37～0.38 | 凉鞋 | 0.02 |
| 厚薄马夹 | 0.15～0.29 | 领带、乳罩 | 0.02 | 皮鞋 | 0.04 |
| 男裤子 | 0.26～0.32 | 短裙 | 0.1～0.22 | 靴子 | 0.08 |
| 帽子 | 0.05 | 长袜 | 0.1 | 短袜 | 0.04 |

穿着多件服装的总热阻值略小于这些服装热阻值的和，计算方法参阅相关书籍。

**2. 服装与舒适热环境的关系**

服装与舒适热环境感觉的关系如下：衣着每增加热阻值0.1clo，相当于环境空气温度增加0.6℃。

图8-20表示服装与舒适热环境的关系。

**（四）不同人群的热感觉差异**

**（1）年龄差异**　40岁以上的人舒适温度比年轻人平均要高0.55℃左右，老年人要求更高些。

**（2）性别差异**　女性平均比男性要高0.55℃左右。

**（3）地域差异**　炎热潮湿地区的人群较为耐热耐湿；寒冷干燥地区的人群较为耐寒耐干燥。

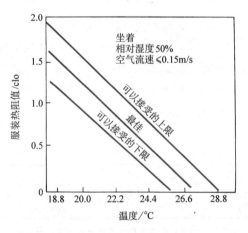

图8-20　服装与舒适热环境的关系

# 第五节　振动环境

工矿企业、交通运输等部门中，环境振动对人体和工作的影响不容忽视，在以提高"工效"为目标的人机学里，环境振动问题占有一定地位。

## 一、环境振动及人体的振动响应

**1. 环境振动的来源**

环境振动多由机械动力源引起。发动机使机械零部件发生旋转或往返运动，把振动作

---

⊖ 1clo = 0.155（℃·m²）/W。

用于环境和人体。有些环境振动是随机的，例如车辆在不平的路面上行驶引起的振动；有些环境振动相对稳定，例如稳态运转中的空气压缩机、压力机、振动剪、纺织机械等引起的振动。

**2. 对人体有影响的振动因素**

频率和振幅决定了振动强度，是影响人体的重要因素；此外还有以下影响因素：

**（1）振动对人体作用的部位** 作用部位不同，可能形成人体全身振动或局部振动两种不同后果。例如工作台的振动、车辆车厢底板的振动，作用于立姿人体的足下或坐姿人体的臀部，都会引起人体全身振动。使用振动剪、小型钻机、小型凿岩机、手持砂轮机等会引起手部、手臂到肩部的振动；使用大型的凿岩机、风镐等引起的振动会扩展到全身。

**（2）振动相对于人体的方向** 对全身而言，沿躯干的上下、左右、前后方向的振动后果是不同的。对身体局部，例如对手和手臂系统而言，沿手臂方向或手掌—手背方向、拇指—小指方向的振动后果也是不同的。

**（3）暴露时间** 环境振动作用于人体持续的时间称为暴露时间。暴露时间长则对人体造成伤害的程度加重。

**3. 人体的振动响应特性**

**（1）振动在人体中的传播** 弱振动使皮肉组织和器官受压，引起位移，影响其功能；强振动会造成人体的损伤。

振动在人体中传播及其后果因作用部位不同而不同。极端而言，作用在大腿或臀部的振动，与作用在太阳穴或腰眼的振动，对人体伤害程度的差别就非常大。

**（2）人体振动传递率的频率特性** 低频振动的传递率大，高频振动的传递率小。40Hz以上的振动大部分能被皮肤和皮下组织所吸收，传播到内脏的很微弱。

人体对躯干（头—足）方向的环境振动最敏感，频率3~5Hz的尤为突出；其次为胸—背方向的振动；而对左—右方向的振动则不敏感。这与日常生活的感受相符合：前后晃动对人们的影响小于上下方向的晃动，左右的晃动对人们的影响则更小。

**（3）人体各部位的固有频率** 任何结构体及其组成部分都有它的固有频率，当外界环境振动的频率与固有频率相等、接近、成倍时，该结构或组成部分将发生强烈响应，这就是"共振"现象。人体可分成各个部分，各部分的"固有频率"见图8-21。需要指出两点：第一，人体各部分的固有频率与体态有关，高矮胖瘦、骨架大小甚至脖子粗细长短等，个体差异很大，即使同一个人，肌肉紧张或松弛也有影响，所以图上的"固有频率"数据有不小的波动范围；第二，各个部分的固有频率均与振动方向有关。

## 二、振动对人体及工作的影响

**（一）振动对人体的影响**

**1. 全身振动的影响**

全身振动对人体的生理效应见图8-22。

0.1~1Hz的低频会引起部分人群晕车，表现为头晕、头疼、恶心、呕吐、脸色苍白、出冷汗，直至危及心脏的正常功能。大部分内脏器官的固有频率为2~3Hz，因拖拉机座位的振动频率一般在这个范围上

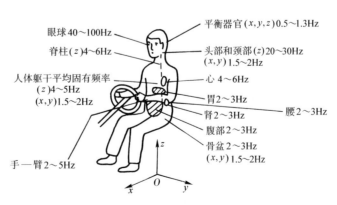

图8-21 人体各部分的固有频率参考值

（不同资料给出的数据有一些出入）

下，所以拖拉机手患消化不良、胃下垂、胃病、肾炎的比例较高。有的拖拉机座位包含较强的4~6Hz振动分量，这是脊柱的固有频率，相应的拖拉机手中脊椎病患者就比较多。

**2. 局部振动的影响**

手持电动工具作业，或手握操纵杆操作农业机械、工程机械等，会造成手和手臂损伤。掌心是手掌受力的敏感部位，血管和神经末梢丰富，且处在皮下浅层。凿岩机之类的强振电动工具手把或拖拉机的操纵杆头的形状不合理，使手掌掌心长期受振动压迫，阻碍正常的血液循环，刺激和损伤神经，会引起"白指病"：手指指尖缺血发白，指尖触觉迟钝，有麻木感、针刺感；若掌心的外界振动持续较久，"白指"的范围向指根延伸，症状加重，甚至使手指活动和工作都很困难。手臂振动综合征的症状包括手与前臂感觉迟钝、疼痛、肌力减退、活动能力失调以及引起肘部、腕部的关节炎。

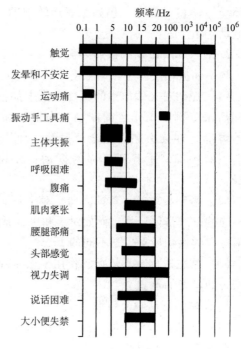

图 8-22　全身振动的生理效应

（二）振动对工作的影响

1）振动造成工作者视觉模糊，仪表认读及刻度分辨困难，使跟踪操作的准确度降低，手眼动作协调的时间加长。

2）使大脑神经中枢机能下降，注意力分散，烦躁感和疲劳感提前出现。

3）振动使发音颤抖，语言失真和间断。6~8Hz环境振动对语言的影响尤其明显。

# 第九章 工作空间与工作岗位设计

## 第一节　工作空间人体尺寸

### 一、GB/T 13547—1992《工作空间人体尺寸》简介

GB/T 13547—1992《工作空间人体尺寸》给出了3组、17项与工作空间有关的中国成年人人体尺寸的数据，简介如下。

**1. 工作空间立姿人体尺寸**（6项）

GB/T 13547—1992给出的工作空间立姿人体尺寸有6项，其名称、意义及数据见图9-1与表9-1。

表 9-1　工作空间立姿人体尺寸　　　　　　　　（单位：mm）

| 测量项目 | 男（18~60岁） | | | | | | | 女（18~55岁） | | | | | | |
|---|---|---|---|---|---|---|---|---|---|---|---|---|---|---|
| 百分位数（P） | 1 | 5 | 10 | 50 | 90 | 95 | 99 | 1 | 5 | 10 | 50 | 90 | 95 | 99 |
| 4.1.1 中指指尖点上举高 | 1913 | 1971 | 2002 | 2108 | 2214 | 2245 | 2309 | 1798 | 1845 | 1870 | 1968 | 2063 | 2089 | 2143 |
| 4.1.2 双臂功能上举高 | 1815 | 1869 | 1899 | 2003 | 2108 | 2138 | 2203 | 1696 | 1741 | 1766 | 1860 | 1952 | 1976 | 2030 |
| 4.1.3 两臂展开宽 | 1528 | 1579 | 1605 | 1691 | 1776 | 1802 | 1849 | 1414 | 1457 | 1479 | 1559 | 1637 | 1659 | 1701 |
| 4.1.4 两臂功能展开宽 | 1325 | 1374 | 1398 | 1483 | 1568 | 1593 | 1640 | 1206 | 1248 | 1269 | 1344 | 1418 | 1438 | 1480 |
| 4.1.5 两肘展开宽 | 791 | 816 | 828 | 875 | 921 | 936 | 966 | 733 | 756 | 770 | 811 | 856 | 869 | 892 |
| 4.1.6 立腹厚 | 149 | 160 | 166 | 192 | 227 | 237 | 262 | 139 | 151 | 158 | 186 | 226 | 238 | 258 |

表9-1中的6个尺寸项目与很多工作情况有关。例如，在第二章第四节中所举计算公共汽车顶棚扶手横杆杆心线高度的例子中，用到的"手上举能抓握的横杆高度"，便可由表9-1中的4.1.2查得。

**2. 工作空间坐姿人体尺寸**（5项）

GB/T 13547—1992给出的工作空间坐姿人体尺寸有5项，其名称、意义及数据见图9-2与表9-2。

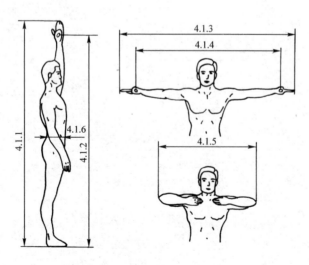

图 9-1　工作空间立姿人体尺寸

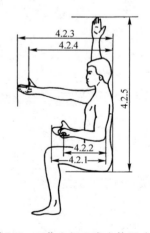

图 9-2　工作空间坐姿人体尺寸

表9-2　工作空间坐姿人体尺寸　　　　　　　　（单位：mm）

| 年龄分组<br>百分位数(P)<br>测量项目 | 男（18~60岁） | | | | | | | 女（18~55岁） | | | | | | |
|---|---|---|---|---|---|---|---|---|---|---|---|---|---|---|
| | 1 | 5 | 10 | 50 | 90 | 95 | 99 | 1 | 5 | 10 | 50 | 90 | 95 | 99 |
| 4.2.1 前臂加手前伸长 | 402 | 416 | 422 | 447 | 471 | 478 | 492 | 368 | 383 | 390 | 413 | 435 | 442 | 454 |
| 4.2.2 前臂加手功能前伸长 | 295 | 310 | 318 | 343 | 369 | 376 | 391 | 262 | 277 | 283 | 306 | 327 | 333 | 346 |
| 4.2.3 上肢前伸长 | 755 | 777 | 789 | 834 | 879 | 892 | 918 | 690 | 712 | 724 | 764 | 805 | 818 | 841 |
| 4.2.4 上肢功能前伸长 | 650 | 673 | 685 | 730 | 776 | 789 | 816 | 586 | 607 | 619 | 657 | 696 | 707 | 729 |
| 4.2.5 坐姿中指指尖点上举高 | 1210 | 1249 | 1270 | 1339 | 1407 | 1426 | 1467 | 1142 | 1173 | 1190 | 1251 | 1311 | 1328 | 1361 |

**3. 工作空间跪姿、俯卧姿、爬姿人体尺寸（6项）**

GB/T 13547—1992 给出的工作空间跪姿、俯卧姿、爬姿人体尺寸共6项，其名称、意义及数据见图9-3与表9-3、表9-4。

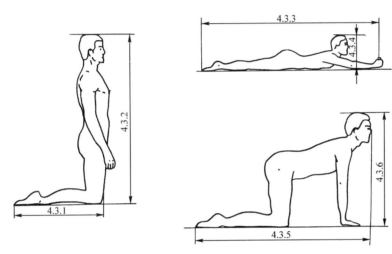

图9-3　工作空间跪姿、俯卧姿、爬姿人体尺寸

表9-3　工作空间跪姿、俯卧姿、爬姿人体尺寸（男子）　　　　（单位：mm）

| 年龄<br>百分位数(P)<br>尺寸项目 | 18~60岁 | | | | | | |
|---|---|---|---|---|---|---|---|
| | 1 | 5 | 10 | 50 | 90 | 95 | 99 |
| 4.3.1 跪姿体长 | 577 | 592 | 599 | 626 | 654 | 661 | 675 |
| 4.3.2 跪姿体高 | 1161 | 1190 | 1206 | 1260 | 1315 | 1330 | 1359 |
| 4.3.3 俯卧姿体长 | 1946 | 2000 | 2028 | 2127 | 2229 | 2257 | 2310 |
| 4.3.4 俯卧姿体高 | 361 | 364 | 366 | 372 | 380 | 383 | 389 |
| 4.3.5 爬姿体长 | 1218 | 1247 | 1262 | 1315 | 1369 | 1384 | 1412 |
| 4.3.6 爬姿体高 | 745 | 761 | 769 | 798 | 828 | 836 | 851 |

表9-4　工作空间跪姿、俯卧姿、爬姿人体尺寸（女子）　　　　（单位：mm）

| 年龄<br>百分位数(P)<br>尺寸项目 | 18~55岁 | | | | | | |
|---|---|---|---|---|---|---|---|
| | 1 | 5 | 10 | 50 | 90 | 95 | 99 |
| 4.3.1 跪姿体长 | 544 | 557 | 564 | 589 | 615 | 622 | 636 |
| 4.3.2 跪姿体高 | 1113 | 1137 | 1150 | 1196 | 1244 | 1258 | 1284 |
| 4.3.3 俯卧姿体长 | 1820 | 1867 | 1892 | 1982 | 2076 | 2102 | 2153 |
| 4.3.4 俯卧姿体高 | 355 | 359 | 361 | 369 | 381 | 384 | 392 |
| 4.3.5 爬姿体长 | 1161 | 1183 | 1195 | 1239 | 1284 | 1296 | 1321 |
| 4.3.6 爬姿体高 | 677 | 694 | 704 | 738 | 773 | 783 | 802 |

## 二、工作空间人体尺寸数据的应用原则

GB/T 13547—1992 指出，本国标工作空间人体尺寸数据使用的注意事项如下：

1）表列数据为裸体测量的结果，使用时需附加穿着修正量。

2）表列数据为在挺直、标准姿势下测量所得，使用时需附加姿势修正量。

3）与 GB/T 10000—1988 配套使用。姿势修正量、心理修正量及百分位数的选择等均应遵循 GB/T 12985—1991 指出的原则。

4）需要其他静态姿势人体尺寸项目数据时，可在小样本测量的基础上，建立回归方程进行间接计算。

## 三、通过小样本测量建立人体尺寸回归方程的方法

### 1. 小样本测量与人体尺寸回归方程

我国几个主要的人体尺寸国标所列出的是最基本人体尺寸项目，不能包含实际工作中需要用到的所有人体尺寸。国标中的基本人体尺寸数据，是通过大样本测量得到的，测量的个体数为几千甚至几万个，这样大的工作量只能由国家专门机构来完成。

工作中需要用某项人体尺寸，国标及文献中却没有数据，怎么办呢？GB/T 13547—1992 建议：通过小样本测量建立人体尺寸回归方程的方法来获取其数值。一般进行几十个个体的人体尺寸测量，经过数据处理即可。

通过小样本测量建立人体尺寸回归方程的理论基础是：各人体尺寸之间具有线性相关性。把国标中没有的某项人体尺寸作为因变量 $y$，把国标中已有的某基本人体尺寸作为自变量 $x$，则两者之间的一次方程关系（线性关系）为

$$y = ax \pm b$$

上式中的 $a$ 和 $b$ 是表示两者线性相关的常数。通过小样本测量并进行数据处理，可以确定 $a$、$b$ 这两个常数。有了这两个常数，即可从自变量 $x$ 得到因变量 $y$。

### 2. 建立回归方程以及自变量的选取

通过小样本测量的数据建立线性回归方程，是数理统计的基本内容之一。现在用数据处理软件来做，快捷简便。通过示例说明如下。

目标任务：假设国标等文献里查不到男子跪姿体长 $G_C$ 这个人体尺寸（图 9-3 中的"4.3.1"），我们希望求得 $G_C$ 与国标里基本人体尺寸身高 $H$ 的线性回归方程 $G_C = aH + b$。

问题归结为：通过小样本测量的数据，确定方程中的两个常数 $a$ 和 $b$。

简要说明工作步骤如下：

1）所谓"小样本"，并没有明确的数目规定，一般可取 40~50 个"正常"的个体。

2）对每个个体进行自变量（身高 $H$）和因变量（跪姿体长 $G_C$）的测量，得到以下的数据列表：

| 序号 | 1 | 2 | 3 | 4 | 5 | 6 | … |
|---|---|---|---|---|---|---|---|
| 身高 $H$ | … | … | … | … | … | … | … |
| 跪姿体长 $G_C$ | … | … | … | … | … | … | … |

3）采用相应的数据处理软件，将数据按要求输入计算机，就可得到回归方程中的常数 $a$ 和 $b$。假设计算机软件输出的结果为 $a = 0.362$，$b = 18.8$，于是得到需要的回归方程为

$$G_C = 0.362H + 18.8$$

讨论 建立回归方程时如何选取自变量

通过小样本测量建立人体尺寸的回归方程，正确选取自变量是关键环节。上面例子中因

变量是跪姿体长 $G_C$，选取了身高 $H$ 为自变量，这是因为跪姿体长与人体高矮相关。如果我们要求的因变量是俯卧姿体高 $F_{WG}$（图 9-3 中的"4.3.4"），该如何选取自变量呢？由于这一尺寸显然与人体胖瘦即人的体重相关，就应选取体重 $W$ 作为自变量。又例如手指的长度可表达为手长的回归方程，而指关节宽、掌厚等则可表达为手宽的回归方程。如果自变量选取不当，将不能通过小样本测量获得可靠的人体尺寸回归方程，对此应予以充分注意。

**3. 回归方程应用示例**

由国标查取基本人体尺寸数据，代入回归方程，即获得所需人体尺寸的相应百分位数。

例 1　用回归方程"$G_C = 0.362H + 18.8$"计算男子跪姿体长 $G_C$ 的 50 百分位数。

1）从 GB/T 10000—1988 中查得男子身高 $H$ 的 50 百分位数为 1678mm。

2）将 $H$ 值代入上式即得到男子跪姿体长 $G_C$ 的 50 百分位数为

$$G_C = (0.362 \times 1678 + 18.8)\text{mm} = 626\text{mm}$$

例 2　假设通过小样本测量建立了回归方程"$F_{WG} = 1.048W + 314.5$（$W$ 的单位：kg）"，式中 $F_{WG}$ 为"女子俯卧姿体高"、$W$ 为"女子体重"，试求女子俯卧姿体高的 5 百分位数。

1）从 GB/T 10000—1988 中查得女子体重 $W$ 的 5 百分位数为 42kg。

2）将 $W$ 值代入上面对应的回归方程即得到女子俯卧姿体高 $F_{WG}$ 的 5 百分位数为

$$F_{WG} = (1.048 \times 42 + 314.5)\text{mm} = 359\text{mm}$$

# 第二节　工作空间设计

## 一、工作空间设计的一般原则

在 GB/T 16251—2008《工作系统设计的人类工效学原则》中，给出了工作空间设计的以下一般性原则：

工作空间和工作站的设计应同时考虑人员姿态的稳定性和灵活性。

应给人员提供一个尽量安全、稳固和稳定的基础借以施力。

工作站的设计应考虑人体尺寸、姿势、肌肉力量和动作的因素。例如，应提供充分的作业空间，使工作者可以使用良好的工作姿态和动作来完成任务；允许工作者调整身体姿势，灵活进出工作空间。

避免可能造成长时间静态肌肉紧张并导致工作疲劳的身体姿态。应允许工作者变换身体姿态。

## 二、工作高度的安排布置

成年男子人体尺寸第 50 百分位，在未加穿鞋修正量的条件下，立姿正视、侧视手臂活动及手操作适宜范围见图 9-4。图中粗实线所画为最大握取范围，是以肩关节为中心，以臂长（到手掌掌心）为半径所确定的区域；虚线所画小圆是以手臂自然下垂时的肘关节为圆心，以前臂长（到手掌掌心）为半径所确定的区域，是最有利的握取范围。图中阴影部分为手操作的最适宜区域。图 9-4b 中细实线所画的大圆弧为指尖可达的范围。图 9-4 中的数值是在腿脚与躯干挺直不动的条件下所得到的数据，虽然人体通过膝、腰等关节的转动即可明显扩大手的操作范围，且工作中偶尔转动关节、移动躯干是容易做到的，但多次转动关节、移动躯干将增大工作强度、影响工作效率。人机学一般只给出操作者标准姿势下的数据资料，应用时可根据实际情况灵活掌握。

立姿下工作高度的安排可参照表 9-5。

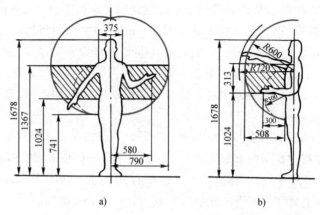

图 9-4　立姿手臂活动及手操作的适宜范围

a）正视　b）侧视

表 9-5　立姿下工作高度的安排

| 高度/mm | 工 作 类 型 | 操 作 特 性 |
|---|---|---|
| 0~500 | 脚踏板、脚踏钮、杠杆<br>总开关等不经常操作的手动操纵器 | 适宜于脚动操作<br>很不适宜于手动操作 |
| 500~900 | 一般工作台面、控制台面<br>轻型手轮、手柄，不重要的操纵器、显示器 | 脚操作不方便，手操作不太方便也不特别困难 |
| 900~1600 | 操纵装置、显示装置<br>操纵控制台面、精细作业平台 | 立姿下手、眼最佳操作高度<br>对手操作，900~1400mm 更佳 |
| 1600~1800 | 一般显示装置，不重要的操纵装置 | 手操作不便，视觉接受尚可 |
| >1800 | 总体状态显示与控制装置、报警装置等 | 操作不便，但在稍远处容易看到 |

### 三、水平工作面

图 9-5 所示为水平面内手臂活动及手操作范围的描述，对于立姿工作和坐姿工作均适用，此为中等身材中国成年男子的数据。图 9-5 中已有文字和尺寸标注，不再另加解释。

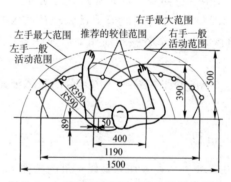

图 9-5　水平面内手臂活动及手操作的范围

### 四、脚的工作空间

脚操作的灵敏度、精确度比手操作差，但操纵力大于手操作。脚操作多在坐姿下采用。坐姿下由臀部支承身体，必要时两脚均可进行操作。立姿下只能由单脚进行操作。坐姿下侧视与俯视脚的工作空间范围见图 9-6a：脚的操作区域在坐面以下的前方，图中深影区为操作灵便的区域，画斜线区域为臀部不需移动的可达操作区域。从俯视图可知，正中矢状面左右两侧各 15°的方向适宜于脚的操作。图 9-6b 中的数据为立姿侧视单脚操作需要的空间尺寸。

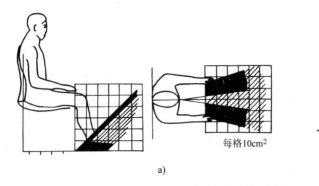

图 9-6 脚的工作空间范围

a）坐姿侧视与俯视　b）立姿侧视

# 第三节　工作岗位设计

## 一、工作岗位的类型与选择

根据人体的工作姿势，工作岗位分为三种类型：坐姿工作岗位、立姿工作岗位和坐立姿交替工作岗位。对三种工作岗位的特点和适用范围说明如下。

**1. 坐姿工作岗位**

（1）**特点**　全身较为放松，不易疲劳，身体稳定性好，易于集中精力进行思考和精细的操作。手和脚可同时参与工作。但活动范围小，手和手臂的操纵力也小。

（2）**适用范围**　操纵范围和操纵力不大，精细的或需稳定连续进行的工作。

**2. 立姿工作岗位**

（1）**特点**　能进行较大范围的活动和较大力量的操作。只有单脚可能与手同时操作。长时间站立使人感到疲劳，在生理和心理上都对精细工作不利。

（2）**适用范围**　操纵范围和操纵力大，不是长时间连续进行的工作。

**3. 坐立姿交替工作岗位**

（1）**特点**　能够交替发挥坐姿和立姿工作岗位的优点。与单一的工作姿势对比，交替变换工作姿势对身体和精神是有益的。

（2）**适用范围**　操作动作、操纵力等工作形式较为多样的工作。

## 二、工作岗位的尺寸设计

在 GB/T 14776—1993《人类工效学　工作岗位尺寸设计原则及其数值》中，对三种工作岗位都给出了具体尺寸数据。图 9-7、图 9-8、图 9-9 所示为三种工作岗位的尺寸。图中尺寸符号代表的含义在表 9-6、表 9-7 里做了注明，可互相对照。

GB/T 14776—1993 按两种条件给出三种工作岗位的尺寸数据。第一种是仅以人体尺寸为依据而不细分作业的类型，见表 9-6。

第二种是把作业分为以下三种类型，分别给出了工作岗位的尺寸，见表 9-7。

Ⅰ类：使用视力为主的手工精细作业。

Ⅱ类：使用臂力为主，对视力也有一般要求的作业。

Ⅲ类：兼顾视力和臂力的作业。

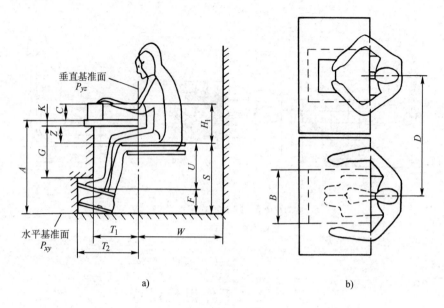

图 9-7　坐姿工作岗位的尺寸

a）侧视　b）俯视

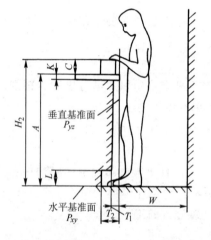

图 9-8　立姿工作岗位的尺寸

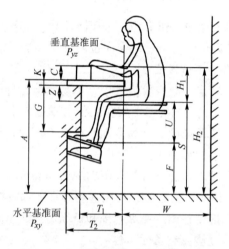

图 9-9　坐立姿交替工作岗位的尺寸

表 9-6　以人体尺寸为依据的工作岗位尺寸　　　　　　　　　（单位：mm）

| 尺 寸 符 号 | 坐姿工作岗位 | 立姿工作岗位 | 坐立姿工作岗位 |
|---|---|---|---|
| 横向活动间距 $D$ | ≥1000 | | |
| 向后活动间距 $W$ | ≥1000 | | |
| 腿部空间进深 $T_1$ | ≥330 | ≥80 | ≥330 |
| 脚空间进深 $T_2$ | ≥530 | ≥150 | ≥530 |
| 坐姿腿空间高度 $G$ | ≤340 | — | ≤340 |
| 立姿脚空间高度 $L$ | — | ≥120 | — |
| 腿部空间宽度 $B$ | ≥480 | — | 480≤$B$≤800 |
| | | | 700≤$B$≤800 |

**表 9-7　不同类型作业的工作岗位相对高度或高度**　　　　　　（单位：mm）

| 类别 | 举 例 | 坐姿岗位相对高度 $H_1$ | | | | 立姿岗位工作高度 $H_2$ | | | |
|---|---|---|---|---|---|---|---|---|---|
| | | $P_5$ | | $P_{95}$ | | $P_5$ | | $P_{95}$ | |
| | | 女(W) | 男(M) | 女(W) | 男(M) | 女(W) | 男(M) | 女(W) | 男(M) |
| I | 调整作业<br>检验工作<br>精密元件装配 | 400 | 450 | 500 | 550 | 1050 | 1150 | 1200 | 1300 |
| II | 分检作业<br>包装作业<br>体力消耗大的<br>重大工件组装 | 250 | | 350 | | 850 | 950 | 1000 | 1050 |
| III | 布线作业<br>体力消耗小的<br>小零件组装 | 300 | 350 | 400 | 450 | 950 | 1050 | 1100 | 1200 |

不同的作业类型，对人体操作有不同的要求：精细作业的工作对象离头部要近，以便能看得仔细；重作业操作中要挥动手臂，甚至借助腰的力量，工作对象位置宜低于肘高；较轻作业的工作高度则介于两者之间。所以立姿下工作台面的高度因作业类型不同而与立姿肘高有不同的相对关系，具体尺寸可参照图 9-10。

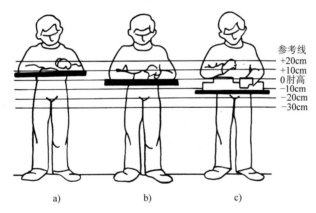

图 9-10　立姿不同作业工作台面的适宜高度
a) 精细作业　b) 轻作业　c) 重作业

# 第四节　工作姿势与肢体施力

## 一、工作姿势对工效的影响

### 1. 工作姿势

图 9-11 所示为从低处抬起重物时两种工作姿势的对比，每个图的右上角画出了该姿势下脊椎骨之间压力分布情况的示意图。在图 9-11a 的弯腰姿势下，脊柱中各椎间盘的内侧（腹侧）压力大大超过外侧（背侧）压力，抬重靠脊柱外侧肌腱的收缩力完成，既困难，也容易致伤。在图 9-11b 的直腰姿势下，椎间盘上的压力维持基本均匀的正常状态，主要靠腿的力量由身体胳膊带起重物，因此容易、安全得多。关于这段论述，读者可以联想电视里的举重比赛，运动员提抓杠铃全都采用图 9-11b 所示姿势，否则腰椎必伤无疑。

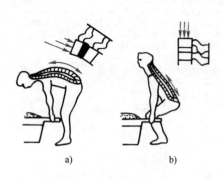  

图 9-11　两种抬重姿势的对比　　　　　　　　图 9-12　两种播种姿势的对比

　a）弯腰抬重　b）直腰抬重　　　　　　　　　　a）弯腰播种　b）直腰播种

再看图 9-12 的两种播种姿势。图 9-12a 中种子放在篮子里用左手提着，已经让左手比较累，同时篮子里种子的位置低，右手抓取种子得弯腰，形成弯腰播种姿势。图 9-12b 中的篮子挂在肩胛上，比手提轻松，篮子位置高了，可以直腰播种，劳累程度减轻。两种姿势下的测试显示，后者的心率搏动次数明显少于前者。

### 2. 工作体位

工作中肢体施力时的身体姿态称为工作体位。

图 9-13 所示为在不良的体位下用手提砂轮机给铸造工件清砂、打磨毛刺和浇口的情况。工件放置位置太低，操作者在大幅度弯腰的强迫体位下工作，工作劳累，很难持久。改变这种不合理的操作体位并不难，把工件改放在高度合适的工作台上即可；或者在地面开一条沟槽，工人站在沟槽里操作，效果也一样。企业中不良体位工作时有可见，例如在"现代化"的流水生产线上，一长排工人坐在案台一侧，产品一个个从案台上自动传过去，操作工们依次埋头于本人的工序，细看她们个个都深深地拱着背、弯着脖，下班后个个都叫颈脖胸背难受。实际上只要把案台适当倾斜，就能使她们的不良工作体位得到改善，使工人的工作更加人性化，也有利于提高生产效率。

图 9-13　在不良的体位下清砂

表 9-8 列出了中等身材成年男子部分工作施力点的适宜高度。

表 9-8　中等身材成年男子施力点的适宜高度示例

| 说明 | 双手提起重物 | 用手振动杠杆 | 向下施加压力 | 手摇摇柄手轮 | 向下锤打 | 水平方向锤打 | 水平方向拉拽 | 向下拉拽 |
|---|---|---|---|---|---|---|---|---|
| 图示 |  |  |  |  |  |  |  |  |
| 适宜高度 H/mm | 500～600 | ≈750 | 400～700 | 800～900 | 400～800 | 900～1000 | 850～950 | 1200～1700 |

### 3. 动态施力和静态施力

肌肉放松休息时，消耗小，需血量小，供血量也小，供需平衡，见图 9-14 的左图。动态施力时，肌肉要收缩做功，需血量增大了，但在收缩和舒张的轮替中，血液供需仍可平衡，见图 9-14 的中图。所以动态施力可以坚持比较长的时间。静态施力时，肌肉持续收缩紧张，需要大量供血以补充养分和氧气，但肌肉持续紧缩着，阻碍了血液循环，供血不足，见图

9-14的右图，也阻碍代谢废物的及时排出，它们在肌肉中积聚起来，引起酸痛、颤抖，所以静态施力必难持久。用手持续地紧握钳子，或持续地提举着重物等，都是典型的静态施力。

静态施力在工作和生活中难以完全避免，但应设法减少。生活、工作中的静态施力，往往是在起某种支撑的作用，常可避免或减少。例如图 6-10 中改进手工具的握把形状，可避免用手持续紧握把手；图 1-11 中用弹性带把工具悬挂起来，以避免用手持续提拿重物，都是避免静态施力的示例。

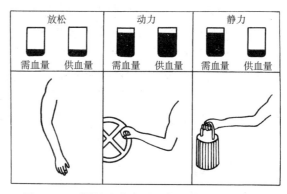

图 9-14 不同施力状态下肌肉的需血量和供血量

**4. 改善搬运工效的示例**

改善工作姿势、工作体位和减少静态施力有时可以通过产品设计来实现。图 9-15 和图 9-16是通过正确设计包装箱改善搬运工效的示例。

图 9-15 所示为单人搬运包装箱的搬运情况对比。图 9-15a 中箱侧手提槽孔的位置偏高，行走时需要弯肘抬起包装箱，前臂肌肉静态施力，很费劲；箱体紧靠大小腿，行走不便，尤其有害的是腰椎弯曲承受箱重。将包装箱改进设计成图 9-15b 所示，能以直臂、直腰的体位承受箱重；手提槽孔开在离箱底≤150mm 的高度，则箱子的下部不妨碍行走；手提槽孔上部尺寸≤550mm，则不阻挡行走时的视线。这样的包装箱搬运起来方便多了。

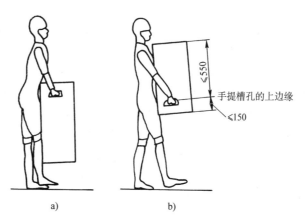

图 9-15 两种单人搬运包装箱的搬运情况对比
a）提拿行走困难 b）提拿行走方便

较重较大、需要多人共同搬运的包装箱，更要注意多人间的协调。图 9-16 所示为四人搬运包装箱的抬行情况，行走比较便利，这是因为把手提槽孔位置等尺寸都做了合理的分析设计。

表 9-9 列出了几种搬运方式的能量消耗及对比。测试的条件为：受试者体重 50kg，搬运

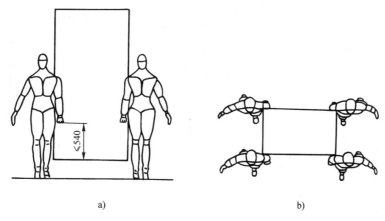

图 9-16 便于四人搬运的大包装箱
a）正视 b）俯视

30kg 的重物行走 1000m。凡将重物分为两部分时都是对半均分。从表列数据可以看出，最左一种搬运方式能耗最小，自左向右能耗递增，最右一种用两手左右提着重物行走能耗最大，这是因为手提重物是典型的静态施力，且行走时大腿还受到手提物的妨碍。

表 9-9 几种搬运方式的能量消耗及对比（负重 30kg，行走 1000m）

| 搬运方式 | 一前一后跨肩负荷 | 头顶 | 背包在背 | 背包带套挂前额 | 用手拽住背包 | 扁担挑 | 双手提 |
|---|---|---|---|---|---|---|---|
| 图示 | | | | | | | |
| 能量消耗/kJ | 23.5 | 24 | 26 | 27 | 29 | 30 | 34 |
| 相对值 | 100 | 102 | 111 | 115 | 123 | 128 | 145 |

注：另有文献指出，用扁担肩挑行走时能具有较好的节奏性，因而有利于减少能耗，缓解疲劳。

## 二、肢体施力的合理方法

肢体施力的合理方法，除与上述工作姿势、工作体位相关外，还有以下结论应予重视。

**1. 双手协同工作**

几乎人人都是单侧优势者，右利或者左利。学习技能时只惯于用优势手，"忽略"非优势手的效能，这是不好的。养成习惯以后，改变相当难。应该在学习技能的开始，让非优势手尽量参与协同工作。学习初期非优势手不那么灵敏，有一个克服生理、心理障碍的过程。但研究证明，通过一段练习，非优势手是能很好地协同工作的。人们操纵计算机键盘、弹琴吹笛，不都是双手并用吗？江南水乡湖汊水道的小船上，吴越村民们双手并用推桨摇橹，何其自得？满眼碧绿的山坡上，茶姑们的双手在嫩芽尖头如彩蝶纷飞，何其欢快？这些都是非优势手发挥效能的证明。双手协同工作与优势手单手工作，工效的提高有时不是一倍，而可能是很多倍。旧时我国店铺里的"账房先生"，都会左手打算盘、右手写字（学徒时师傅严格要求"必须这么练！"），双手协同进行；否则放下笔去拨动算珠，又离开算盘拿起笔，来回不断交替，效率就低得无法相比了。

**2. 增强动作的节律性**

操作动作有良好的节律性，对情绪、缓解疲劳和提高工效都有显著效果。"节律性"包含动作的"周期循环"特征，还包括动作时人体的全身协调。只有在人体协调中完成的动作，才可能让动作的徐疾、强弱在流畅的变换中形成节奏感。江上船工摇桨全身动作很大用力也大，但在那优美的一舒一张中，似乎就把劳苦化解掉了。舞台上表现劳动的舞蹈总是那么优美而有节奏感，那是现实情景的升华。长期劳动使动

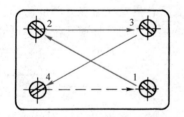

图 9-17 装配工按顺序拧紧螺钉

作熟练，熟练必然伴随着协调和节律。举个简单的例子（图 9-17）：工序是拧紧产品底板上的 4 个螺钉，装配工每次都按图中所示的顺序去做，便可逐渐形成节律性，会比杂乱无章的操作更为高效。

**3. 轮换和交替**

长时间重复同样的操作必感单调乏味，使工效降低、差错增多，应该尽可能使操作轮换和交替。可以是人员岗位的轮换，或同一岗位上不同操作工序的交替。精细脑力的、粗重劳累的工作，适时与随意、轻松的工作交替轮换，效果尤佳。为此，应让操作者有机会得到培训，了解和掌握多项技能。

**4. 身体的安稳与支靠**

人的头部重量约占体重的 7.3%，一条手臂和一条腿分别占体重的约 4.9% 和 16.1%。工作中头部后仰、抬臂举腿，躯干前倾侧偏，凡需要持续一定时间的，都应该设置安稳的支撑或垫靠。把头靠、臂托、脚支、背垫、坐垫等安置妥当，操作者在安稳、舒适、放松中工作，效能倍增。这符合"磨刀不误砍柴工"的道理。何况关注健康、安全更是现代企业文明的首要之义。

**5. 重力的利用**

要尽可能让地心引力给工作帮忙，而减少它制造的麻烦。例如使器物甚至让工作者身体的重量压住（固定）工作对象，而不是用手脚的静态施力来压紧或固定；用倾斜的滑槽使物件靠重力向所要求的方向移动；仰头举臂在顶棚安装、焊接、刷漆、旋拧螺钉都太劳累，应尽量改在地面做好后一次吊装；改刷漆工艺为喷漆工艺等。

**6. 动作的均衡与顺畅**

肢体施力的轨迹和力量最好对人体左右对称或接近对称，这样对人体神经系统和运动系统最有利。图 1-5 所示双肩背书包就是例子。操作动作尽量平稳连续，圆弧轨迹运动比直线转折好，应减少直线操作动作的方向突变。回旋运动优于直线往返运动。工具有固定导向（如导向槽、孔）的运动，比需要手控方向、控制运动位置的运动轻松便捷。

关于肢体施力的合理方法，此外还可以列出一些来，例如应该使"用力与控制分离"，应该减少精细控制的操作，将操作进行尽可能的简化与合并等。

# 第十章 人机工程CAD软件及应用简介

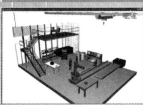

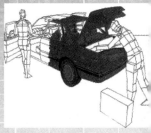

## 第一节　人机工程 CAD 系统的组成和功能

人机工程 CAD 系统（Computer Aided Ergonomics Design System，CAEDS），由计算机硬件和能协助人进行人机工程设计的软件共同构成。

如今的 CAD 人机工程软件可以在 PC 上流畅运行，并降低了售价，使人机工程 CAD 系统的桌面化和普及成为现实，近年呈加速发展的趋势。

### 一、人机工程 CAD 软件的基本功能

人机工程 CAD 软件，一般具有工作空间及产品建模、三维人体建模、人体活动范围生成与分析、视听觉分析等人机工程功能。所建立的人体模型，是在计算机生成空间（虚拟环境）中人的几何与行为特性的表示，也称为虚拟人（Virtual Human）。设计者可以对产品或工作空间进行人机分析，考察评估其适宜性，调整设计，使它符合安全、舒适、高效的要求。

### 二、人机工程 CAD 的优越性和目前的局限

#### （一）节约时间和成本，提高设计效率

人机工程设计的基本理论、方法和常用资料，包括人体尺寸数据、肢体活动范围，以及人的视觉、听觉、肢力、体力特性等，都已经包含在人机工程 CAD 软件之内，可以作为基本 CAD 数据嵌入到数字设计流程中去，大大提高设计效率，缩短产品开发周期，节约成本。

由于提供了一个进行人机工程设计的工作平台，使工作负担减轻，节省了很多查找数据资料、核对技术标准等繁杂的工作。

#### （二）计算机模拟方法能降低人机测试经费，避免人员和设备的事故

一些重大设计项目常需投入巨额人机试验经费，且涉及人身和设备的安全，例如载人航天、核反应堆维护、新武器系统设计研制、多兵种军事演练、医疗手术的模拟与训练、交通车辆事故分析等。传统方法是用真人实物进行实验测试，获取生存空间、技术参数与人身安全、工作效率的关系，为此要耗费巨额人力、物力及时间，而且可能造成设备损毁、人员伤亡的后果。采用计算机模拟方法研究这些问题，利用虚拟的产品"模型"和"虚拟人"进行"实验测试"，则安全、快捷、经济，可从根本上避免真人实物不幸事故的发生。对中小型的产品、设备、设施与工作生活空间设计，人机工程 CAD 的这一优越性同样是明显的。

#### （三）人机工程 CAD 软件的发展目前还处于相对初始阶段

人机工程中涉及的人体解剖学问题、心理学问题（感知、记忆、认知、情绪、爱好、个性……）、体力体能的耐受时间等重大问题，在已经面世的相关软件中还没有或没有足够的反映，这是目前人机工程 CAD 存在的局限性。这个问题肯定会在发展与提高中逐步解决，但道路还比较漫长。

### 三、几个较知名的人机工程 CAD 软件

#### （一）SAMMIE 软件

SAMMIE 软件是国外最早的商品化的人机系统仿真软件，由英国诺丁汉大学的 SAMMIE 研究中心开发，现更名为 SAMMIE CAD。SAMMIE CAD 公司从 1986 年开始，就为世界上超过 150 家公司提供人机咨询服务，涉及 300 多个各行各业的项目。SAMMIE 软件具有产品和工作空间 3D 建模能力，也可以导入利用其他 CAD 软件建立的模型。SAMMIE 软件含有不同种族、年龄、性别人群的数据，能进行工作范围测试、干涉检查、视野检测、姿态评估和平衡计算，

以及生理和心理特征的分析。SAMMIE 软件是目前畅销的商品化人机分析系统软件之一，被广泛应用。图 10-1 所示为使用 SAMMIE 软件建立的轿车驾驶室和行李箱人机模型，图 10-2 所示为轨道车辆乘员舱的人机模型。

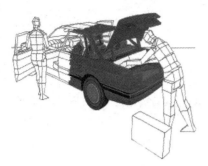

图 10-1 轿车驾驶室和行李箱人机模型

图 10-2 轨道车辆乘员舱的人机模型

**（二）Jack 软件**

Jack 软件由美国宾夕法尼亚大学的人体建模和仿真中心开发。它形成一个三维交互环境，主要工作方式为：用户从外部 CAD 系统输入几何图形生成工作空间，并在其中加入一个或多个人体模型，然后进行各种人机学分析。此软件投入商用市场后，被波音、福特等许多飞机、汽车制造商用于驾驶室的设计。

利用 Jack 软件可以建立机器和交通工具的部件模型，还可从所建的工具库中直接调用多种基本工具，如锤子、钳子、梯子、锯、扳手等工具，以及桌子、椅子等家具。图 10-3 所示为用 Jack 软件工具库建立的模型。

Jack 软件的人体模型尺寸数据源自 1988 年美国军方人体测量的结果，建立的人体模型见图 10-4。

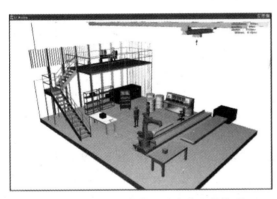

图 10-3 用 Jack 软件工具库建立的模型

图 10-4 Jack 软件中的人体模型

Jack 软件具有"虚拟人的操作"功能：调整人体模型的某一部位时，相连关节的运动不超越 NASA（美国国家航空航天局）研究的角度限制；在人体模型中移动某一部位时，软件将计算出相连的关节和部位的运动位置。图 10-5 所示为 Jack 软件中的人体姿态调整。

最新版本的 Jack 5.2 软件还具有虚拟现实（VR）功能（图 10-6），包括光学动作捕捉系统、电磁式位置跟踪系统、5DT 数据手套和数据头盔等。

**（三）SAFEWORK 软件**

SAFEWORK 软件由加拿大蒙特利尔 Ecole 理工大学开发，是 Windows 环境下的人机系统分析软件。SAFEWORK 软件的人体模型有 104 个人体尺寸变量、99 个人体部位分段、149 个人体自由度，能模拟关节、脊柱、手等人体关节的复合运动。SAFEWORK 软件的功能还包括姿态分析、力量和舒适性评价、碰撞检查、视觉分析、机构运动分析等。

图 10-5　Jack 软件中的人体姿态调整

图 10-6　Jack 软件的虚拟现实功能

### （四）RAMSIS 软件

RAMSIS 软件是用于乘员仿真和车身人机工程设计的 CAD 工具。该软件提供了精细的人体模型，用以仿真驾驶员的驾驶行为。利用 RAMSIS 软件可在产品开发过程初期进行各种人机工程分析，从而避免在产品开发的较晚阶段进行昂贵的修改。RAMSIS 软件已经成为全球汽车工业人机工程设计的实际标准，目前为全球 70% 以上的轿车制造商采用。

RAMSIS 软件可以作为独立软件使用，也可移植到其他软件（如 CATIA 等）中去。利用 RAMSIS 软件还可以创建车体模型，通过任务定义与车体模型建立联系，经软件计算使人体模型处于预设的驾驶姿态。

### （五）UG NX 的人机工程模块

目前，西门子公司主要有 NX Human、Classic Jack、PS Human 和 Vis Jack 人机工程软件，其中只有 NX Human 软件是集成于 UG NX 设计环境的人机工程模块，也是最容易获得的设计平台，主要功能是支持人机工程设计，增强设计人员能力，在设计阶段发现人机工程方面的问题。

在 UG NX 软件的人机工程模块中，主要有人体构建菜单、可接触区域、舒适评估和预测姿势 4 个主菜单。其中，舒适评估中又分为舒适设置和舒适性分析，对已创建的人体进行编辑，以确定人体骑乘动作或姿势。这些动作有一部分可从标准库中调取，另一部分是设计者根据人体骑乘动作调整的。也可以将设定好的人体姿势保存下来，用于不同车型的人机工程分析。

### （六）CATIA 人机工程模块

CATIA 软件是法国达索公司开发的 CAD/CAE/CAM 软件，它使用简单，界面精美，功能强大，目前应用非常广泛。除美国通用公司外，大多数汽车公司及美国波音、欧洲空客等飞机公司都采用它作为骨干建模和分析的平台。达索公司和国内多家高校有合作，许多高校购买或获赠了其正版软件。

广泛使用的 CATIA 软件有两个系列——V5 和 V6（新版本）。其中 V5 为 PC 版，可运行于 32 位或 64 位的 Windows 操作系统，常用的有 R20、R21 两个版本；与 V5 系列相比，V6 系列增加了云存储功能。

本书将重点介绍 CATIA 软件的人机工程模块，并运用它完成一个人机工程的应用示例，以此向读者展示人机工程 CAD 软件及其应用方法的概略全貌。

CATIA 软件是多语言版的，而语言和操作系统需要一致。本书在介绍中采用简体中文版的 Windows 7 为操作系统，CATIA V5 R20 软件作为平台。

若软件版本不同，菜单显示会有少许不一致，但这对所介绍的操作方法并无影响。另外，人机工程学一些专业术语的汉译，在我国的书籍和文献中存在一些差异，为方便读者的学习和操作，除个别专门做出注释的术语以外，本书行文中采用的专业术语与现行 CATIA 软件版本基本保持一致。

## 第二节　CATIA 软件人机工程模块简介

CATIA 软件中的 Ergonomics Design & Analysis（人机工程设计与分析）模块，由 4 个分模块集成，分别是：

1）Human Builder（人体建模）模块，缩写为"HBR"。

2）Human Measurements Editor（人体尺寸编辑<sup>⊖</sup>）模块，缩写为"HME"。

3）Human Posture Analysis（人体姿态分析）模块，缩写为"HPA"。

4）Human Activity Analysis（人体行为分析）模块，缩写为"HAA"。

本节依次对 4 个分模块的功能与操作方法进行简单介绍。

### 一、人体建模（Human Builder）模块

打开 CATIA V5 软件，在菜单栏中逐次单击下拉式菜单中的选项"Start（开始）→Ergonomics Design & Analysis（人机工程设计与分析）→Human Builder（人体建模）"，由此进入人体建模设计界面，如图 10-7 所示。

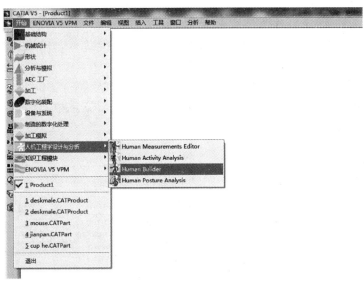

图 10-7　进入人体建模设计界面

运用人体建模模块可以实现的以下功能。

（一）建立标准人体模型

在菜单栏中，逐次单击"Insert（插入）→New Manikin（新建人体模型）"菜单（图 10-8），或在"Manikin Tools（人体模型工具）"工具栏（图 10-9）中单击"Insert a New Manikin（插入新人体模型）"按钮 ⁺⯅，弹出图 10-10 所示的"New Manikin（新建人体模型）"对话框。该对话框中有两个选项卡，分述如下。

**1."Manikin（人体模型）"选项卡**

（1）Father product（父系产品）　要求用户选择新建人体模型时的位置、地面、设施等元素，这些元素一般要求事先建立，在树状目录中点选。

---

　　⊖　我国的人机学书刊中，将 Human Measurements 译成"人体测量"较为常见。本书认为，译成"人体尺寸"更能体现其专业含义，也符合中文习惯。期待与业内同仁商榷。

205

图 10-9　人体模型工具栏

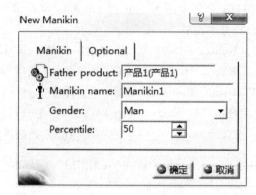

图 10-8　新建人体模型菜单

图 10-10　"New Manikin（新建人体模型）"对话框

（2）Manikin name（人体模型名称）　用户可以自定义人体模型名称。模型的默认名称是 Manikin1、Manikin2、Manikin3 等。

（3）Gender（性别）　可选择 Man 或 Woman。

（4）Percentile（百分位）　由用户确定人体模型的百分位数，供选择或输入的范围为 1%~99%。

**2.　"Optional（选择）"选项卡**

（1）Population（人群）　用户可在图 10-11 所示的下拉菜单中选择设计所针对人群的国籍。

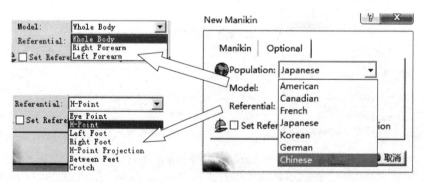

图 10-11　"Optional（选择）"选项卡

（2）Model（模型）　选择所要建立的模型类型，如 Whole body（全身）、Right Forearm（右前臂）、Left Forearm（左前臂）等，见图 10-11。

（3）Referential（参考点）　选择人体模型的基准点，如 Eye Point（眼睛）、Left Foot（左脚）、Right Foot（右脚）等，见图 10-11。

（二）设置人体模型姿态

处理某些人机工程问题，需预先设定人体模型的姿态，此时可用"Manikin Posture（人体姿态）"工具栏（图 10-12）实现。

在树状目录中选择人体模型，单击"Posture Editor（姿态编辑）"按钮![icon]，弹出"Posture Editor（Manikin

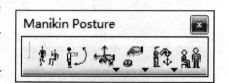

图 10-12　"人体姿态"工具栏

1)"对话框，见图10-13。在该对话框的"Segments"下拉列表框内选择人体模型部位，并选择相应部位的自由度，在"Value"项设置百分位数，即可对人体模型选中的部位进行姿态编辑。

在"Manikin Posture"工具栏中单击"Forward Kinematics（向前运动）"按钮，在人体模型上选择要分析的肢体，按住鼠标左键，前后拖动，则选中的肢体就会沿着箭头方向绕相应关节前后摆动。软件中的人体模型与人体骨骼关节结构的实际情况一致，各肢体的运动均有其极限位置。如果需要左右摆动，首先在人体模型的某一肢体上（例如左臂）单击鼠标右键，在弹出的快捷菜单（图10-14）中选择"DOF2<sup>⊖</sup>（abduction/adduction）"，按照上述操作方法即可实现左右摆动。

单击"Standard Posture（标准姿态）"按钮，在树状目录中选择人体模型，随后弹出图10-15所示的"Standard Pose（标准姿态）"对话框。

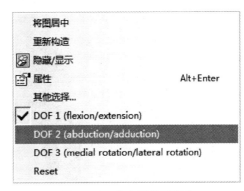

图 10-14 自由度快捷菜单

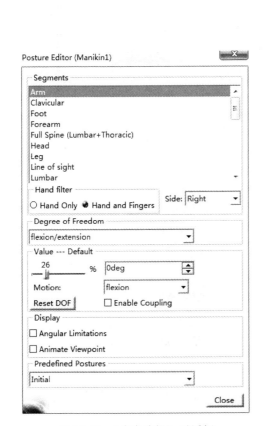

图 10-13 "姿态编辑"对话框

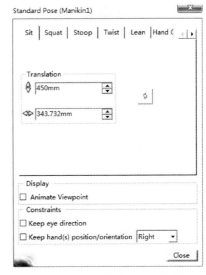

图 10-15 "标准姿态"对话框

对话框中列出7种标准姿态供用户选择，每种姿态都有高度和角度的调整栏。图10-16所示为常用的5种标准姿态。

（三）人体模型的属性编辑

关于人体模型的属性编辑，仅以改变部位颜色为例进行说明，其余属性设置方法相同。

---

⊖ 在CATIA软件中，默认DOF1（Degree of Freedom 1，自由度1）上的操作。对于肢体部位，DOF1为前后摆动，DOF2为左右摆动，DOF3为外旋和内旋，见图10-14。不同版本的软件默认的自由度可能会有所差异，但不影响其使用。

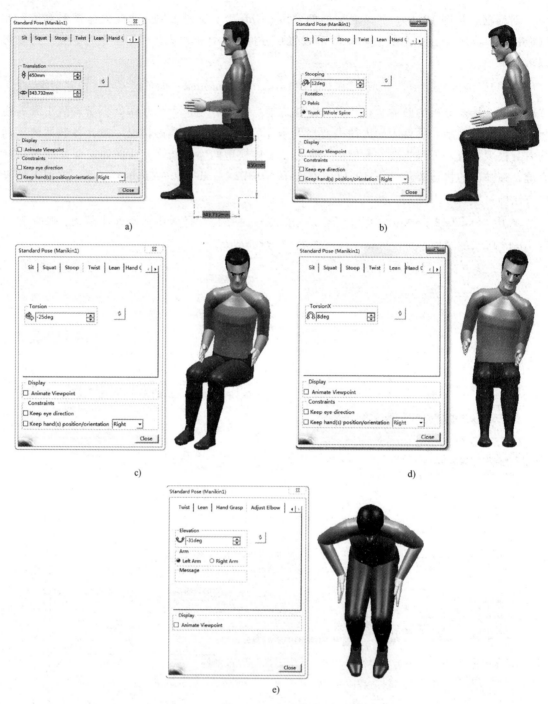

图 10-16　标准姿态

a）Sit（坐姿）　b）Stoop（弯腰）　c）Twist（扭腰）　d）Lean（侧弯）　e）Adjust Elbow（肘部调整）

选中要改变颜色的部位（按住<Ctrl>键可同时选中多个部位），在菜单栏中逐次单击"Edit（编辑）（或在所选部位用鼠标右键单击）→Properties（属性）"菜单，见图 10-17。在弹出的"属性"对话框（图 10-18）内，单击"Surface Color"后的下拉箭头，下拉列表框显示各种颜色，选定颜色后单击"确定"按钮。

（四）人体模型的高级设置

**1.干涉检验和终止干涉**

人和机器在空间各占据一定位置，二者不得互相干涉；为避免产生干涉，需要进行检验。图 10-19 所示的"Clash Detection（干涉检验）"工具栏有此项功能。

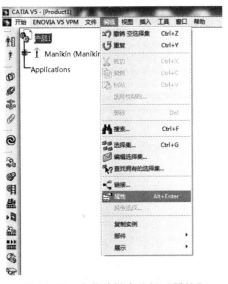

图 10-17 在菜单栏中选择"属性"

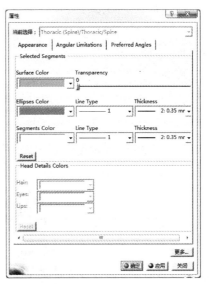

图 10-18 "属性"对话框

图 10-19 "干涉检验"工具栏

注：此 CATIA 版本中，将 Clash Detection 译为"碰撞模式"

　　检验前要进行相应的设置。在主菜单逐次单击"Tools（工具）→Options（选项）"，弹出"选项"对话框。在左侧树状目录中选中"Digital Mockup（数字化装配）→DMU Fitting（DMU 配件）"，然后在"DMU Manipulation（DMU 操作）"栏的"Clash Feedback（碰撞反馈）"选项中激活"Clash Beep（碰撞鸣笛）"，见图 10-20。

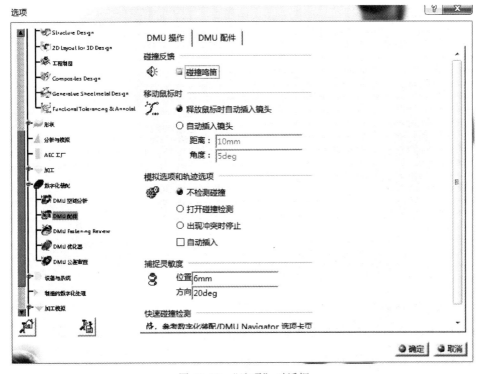

图 10-20 "选项"对话框

设人体模型和设备间有一定距离。双击"Clash Detection On（干涉检验）"按钮 ▣，使其高亮。用罗盘⊖拖动人体模型，当人体模型与设备出现重合干涉，则干涉部分变成高亮轮廓（图10-21）。

欲使人体模型和设备避免干涉，则双击"Clash Detection Stop（终止干涉）"按钮 ▣，使其高亮。用罗盘拖动人体模型向设备靠近，一旦人体与设备接触，人体即停止向前移动。继续拖动罗盘，只显示干涉部分的高亮轮廓，见图10-22。

如果不需要再进行干涉检验，可双击"Clash Detection Off（关闭干涉检验）"按钮 ▣，此时再重复上述操作，干涉问题不再显示，读者可自行体验。

图 10-21　干涉检验

图 10-22　终止干涉

**2. 放置人体模型**

设人体模型原来站在地板的一角（图10-23，参考点在左脚），操作者可将人体模型转移放置到任意位置。

在"Manikin Posture"工具栏内单击"Place Mode（放置模式）"按钮 ▣，将罗盘移至需要的位置（图10-24），在树状目录中单击人体模型，则人体模型自动移至罗盘所在的位置（图10-25）。拖动罗盘可使人体模型沿各个方向移动或转动（图10-26）。再次单击按钮 ▣，人体模型放置完毕。

图 10-23　地板上的人体模型

图 10-24　移动罗盘

**3. 视野**（直接视野）

设空间中有人体模型和物体，欲显示人体模型视野中的图像，操作过程如下：单击

---

⊖　"罗盘"的默认位置在软件界面的右上角。将鼠标放在罗盘的红色方块上，鼠标形状发生改变，此时可将罗盘移动到操作对象上，对操作对象进行平移、旋转等操作。罗盘的直边用于平移，圆边用于旋转。

图 10-25　放置人体模型

图 10-26　转动人体模型

"Manikin Tools"工具栏中的"Open Vision Window（打开视野窗口）"按钮👁，弹出的视野窗口见图 10-27。用鼠标右键单击视野窗口，弹出视野窗口菜单（图 10-28）。图 10-28 中的"Capture（捕获）"选项，即可用来对视野窗口以图片的形式进行删除、保存、打印、复制等操作；单击"Edit（编辑）"菜单，弹出"Vision window display（视野窗口显示）"对话框，见图 10-29。激活其中不同的选项，可实现不同的功能。单击"View modes"按钮，弹出图 10-30 所示的"Customize View Mode（定制视野模式）"对话框，其中不同的选项对应视野窗口不同的显示图像。

物体　　　　　　人体模型　　　　　　视野窗口

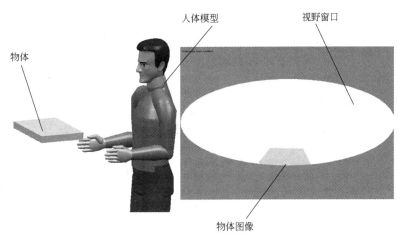

物体图像

图 10-27　视野窗口

图 10-28　视野窗口菜单

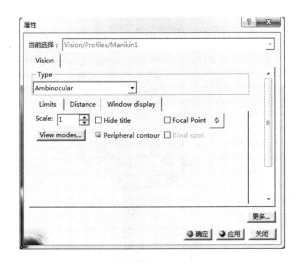

图 10-29　"视野窗口显示"对话框

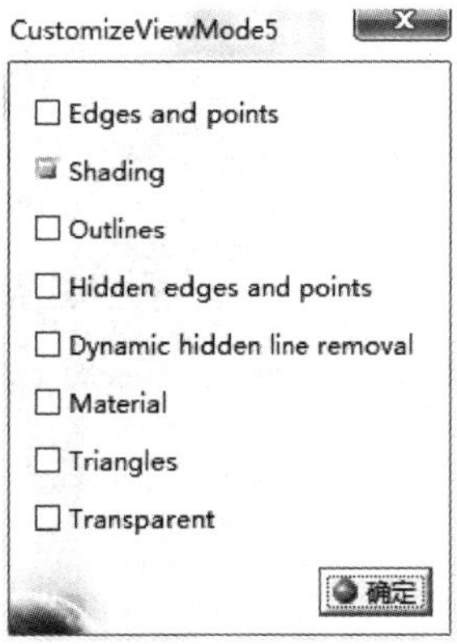

图 10-30　"定制视野模式"对话框

在属性菜单（图 10-31）的树状目录上用鼠标右键单击"Vision"项，然后在弹出的菜单上选择"属性"菜单，弹出"属性"对话框（图 10-32）。该对话框中"Type"下拉列表框中列出了 Binocular（双眼）、Ambinocular（左右合一）、Monocular right（右眼）、Monocular left（左眼）、Stereo（立体）5 种视野类型可供选择。此外还有"Field of view（视野范围）"选项、"Distance（距离）"选项提供相应选择。"距离"选项中常用的是 Focus distance（焦点距离）。

**4. 上肢伸展域**

上肢伸展域是工作空间设计的基本依据。

在"Manikin Tools"工具栏内单击"Computes a Reach Envelop（计算伸展域）"按钮，再单击人体模型的手或手指（只限于手或手指），例如左手，则展现左手的伸展域（图 10-33）。接着可对人体模型进行姿态编辑，伸展域将随人体姿势的变化而移动，图 10-34 所示为人体姿态编辑后的左手伸展域。在伸展域上用鼠标右键单击，并在菜单中逐级选择"Left Reach Envelope object（左手伸展域）→Delete（删除）"命令，则伸展域被删除。

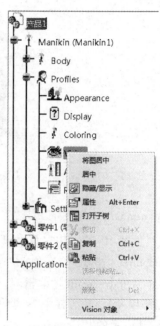

图 10-31 属性菜单

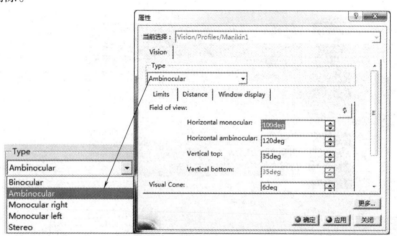

图 10-32 视野窗口属性对话框

图 10-33 左手伸展域

图 10-34 人体姿态编辑后的左手伸展域

## 二、人体尺寸编辑（Human Measurements Editor）模块

在菜单栏中逐次单击下拉菜单"Start（开始）→Ergonomics Design & Analysis（人机工程设计与分析）→Human Measurements Editor（人体尺寸编辑）"命令（图10-7），进入人体尺寸编辑界面，见图10-35。

### （一）编辑人体尺寸变量

单击"Anthropometry Editor（人体尺寸编辑）"工具栏（图10-36）中的"Display the Variable list（显示变量列表）"按钮，弹出图10-37所示的"变量编辑"对话框。选择任一变量，即可激活该变量，显示该变量的数值，它在界面上的颜色由黄变紫。

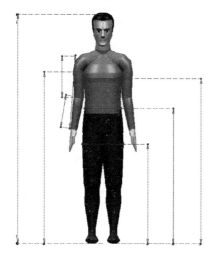

图10-35 人体尺寸编辑界面

图10-36 "人体尺寸编辑"工具栏

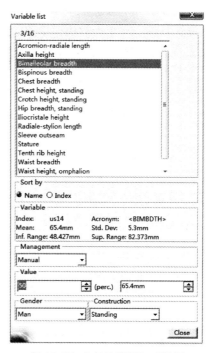

图10-37 "变量编辑"对话框

例如选定身高变量，显示的尺寸编辑界面见图10-38。

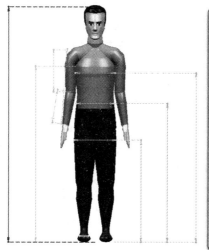

图10-38 身高变量尺寸编辑界面

（二）输入新的数值

进行变量编辑时可手动修改人体尺寸数值。在图 10-38 所示的"Management（操作）"下拉列表框中选取"Manual（手动）"，见图 10-39，可用如下几种方法修改人体尺寸数值。

1）在"Value（数值）"选项的"perc.（百分位）"文本框中输入一个新的百分位数，该变量即自动设置为相应的数值，见图 10-40。

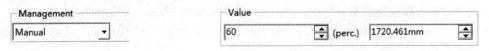

图 10-39　选择手动编辑变量　　　　图 10-40　通过修改百分位数值来编辑变量

2）直接在后面的文本框中输入新数值，前面的百分位数也会发生相应变化。

3）通过鼠标左键单击数值栏中的上下箭头，可逐步增加或减小数值大小。

4）直接操纵 3D 视图中的红色箭头来编辑人体尺寸的数值。

（三）更改人体模型性别

在"Gender（性别）"选项的下拉列表框中选择"Man"或"Woman"，见图 10-41。

（四）恢复初始设置

单击"Anthropometry Editor"工具栏中的按钮 ，可将手动修改后的人体尺寸恢复为初始设置。

（五）预设人体姿态的应用

人体尺寸模型有三种预设的姿势：Stand（立姿）、Reach（前平举）和 Span（侧平举）。可在"Anthropometry Editor"工具栏中单击倒三角箭头展开"Postures"工具栏（图 10-42），进行人体姿态的选择和更改。

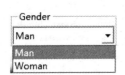 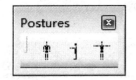

图 10-41　修改人体模型性别　　　　图 10-42　"Postures"工具栏

（六）人体尺寸过滤器的应用

在"Anthropometry Editor"工具栏中单击"Filter（过滤器）"按钮 ，弹出"Anthropometric Filter（人体尺寸过滤器）"对话框，见图 10-43。对话框中显示了与当前分析相关的人体尺寸变量。通过点选可以过滤掉不需要的尺寸变量。单击图 10-43 中的"Reset"按钮可返回初始的默认设置状态。

## 三、人体姿态分析（Human Posture Analysis）模块

在菜单栏中逐次单击下拉菜单"Start（开始）→Ergonomics Design & Analysis（人机工程设计与分析）→Human Posture Analysis（人体姿态分析）"命令（图 10-7），再单击要编辑的人体模型任意部位，进入人体模型姿态分析界面，见图 10-44[⊖]。

人体模型姿态分析有以下 4 种功能：①姿态的编辑；②自由度的选择与编辑、角度界限的编辑与显示；③首选角度的编辑；④姿态评估与优化。

---

⊖　图 10-44 中同时显示了人体模型的肢节和视线，可通过设置人体模型的显示属性来将其隐藏。单击"Change the display of manikin（更改人体模型显示属性）"按钮 ，取消对应选项即可。

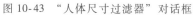

图 10-43　"人体尺寸过滤器"对话框　　　　　图 10-44　进入人体模型姿态分析界面

## （一）姿态编辑

单击工具栏中的 "Posture Editor" 按钮，选中要编辑的部位，打开 "Posture Editor
（姿态编辑器）" 对话框，见图 10-45。该对话框提供了 5 个选项：Segments （部位）、Degree
of Freedom （自由度）、Value （数值）、Display （显示）、Predefined Postures （预设姿态）。

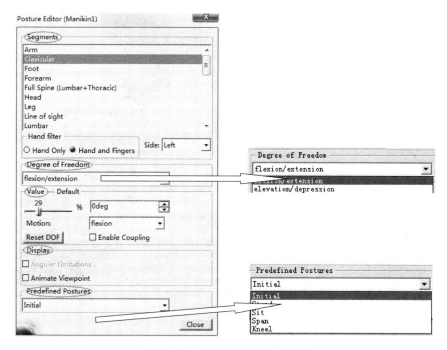

图 10-45　"姿态编辑器"对话框

"Segments" 选项中列出了所有可以编辑的部位。其中具有对称结构的部位，可以在
"Side" 项中选择 "Right" 或 "Left"。

"Degree of Freedom"（DOF）选项包含屈/伸、外展/内收、外旋/内旋 3 个下拉选项。选
中后，拖动 "Value" 选项中的数值滑动器，可对选中部位进行姿态编辑。

"Value" 选项：可用来精确定位人体某一部位转动的角度。

"Display" 选项包括 2 部分：Angular Limitations （角度界限）和 Animate Viewpoint （动画
视角）。勾选 "Angular Limitations"，可使每个自由度在隐藏（默认状态）或显示角度界限间
转换，图 10-46 所示为角度界限的显示状态。其中，绿色箭头表示旋转角度的上极限，黄色
箭头表示下极限，蓝色箭头表示当前位置。

"Predefined Postures" 选项的下拉列表框中有 5 种姿势可供选择，见图 10-45。

**（二）自由度的选择**

以人体模型左臂为例说明操作方法如下。

选择模型左臂，在"Angular Limitations（角度界限）"工具栏（图 10-47）中单击"Edit Angular Limitations（编辑角度界限）"按钮，左臂会显示角度界限，默认显示 DOF1 上的角度界限。在左臂上用鼠标右键单击（图 10-48），可切换至 DOF2、DOF3。系统会分别显示左臂对应自由度的最佳方位，见图 10-49。

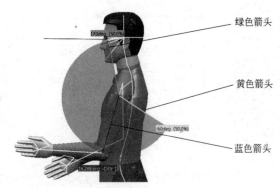

图 10-46　显示角度界限

图 10-47　"角度界限"工具栏

图 10-48　自由度切换

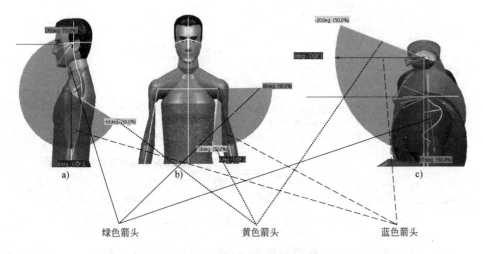

图 10-49　左臂各自由度最佳方位
a）DOF1　b）DOF2　c）DOF3

**（三）角度界限编辑**

在图 10-48 中双击黄色或绿色箭头（或用鼠标右键单击黄色或绿色箭头后在弹出的快捷菜单中选择"Edit"），打开"Angular Limitations（角度界限）"对话框，见图 10-50，对话框显示所编辑部位的名称、自由度形式、极限角度值等。在对话框中单击"Activate manipulation（激活操作）"按钮，激活对话框，即可通过鼠标拖动百分位滑动按钮或调节微调控制箭头来重设角度的上、下限。

### （四）优选角度编辑

人体模型各部位均有一定活动范围，可针对当前的姿态进行合理性评定。

仍以左臂 DOF1 为例，选择模型左臂，单击"Edit Angular Limitations（编辑角度界限）"按钮，系统显示编辑部位的活动范围，见图 10-48 中的灰色区域。用鼠标右键单击灰色区域，弹出快捷菜单，选择"Add"命令，可添加划分区域（系统默认把活动区域按 50% 划分），同时弹出"Preferred Angles（优选角度）"对话框，见图 10-51，在该对话框中可以进行优选角度的编辑。

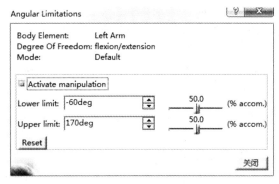

图 10-50　"角度界限"对话框

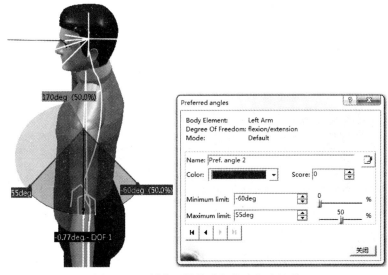

图 10-51　划分区域并进行优选角度编辑

### （五）姿态评估与优化

确定人体模型各部位的优选角度后，即可进入人体模型的姿态分析阶段。例如编辑人体模型左臂、右臂和左肩的优选角度后，在工具栏中单击按钮，打开"Postural Score Analysis（姿态评估）"对话框，见图 10-52。

单击"Find best posture（寻找最佳姿态）"按钮，人体模型即处于最佳位置，各部位处于优选角度分值最高的区域见图 10-53b。图 10-53a 所示为进入最佳姿态前。

## 四、人体行为分析（Human Activity Analysis）模块

在菜单栏中逐次单击下拉菜单"Start（开始）→Ergonomics Design & Analysis（人机工程设计与分析）→ Human Activity Analysis（人体行为分析）"命令，见图 10-7，进入人

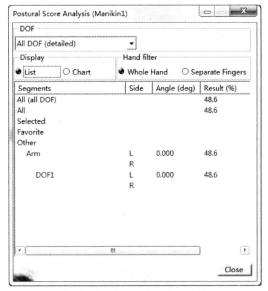

图 10-52　"姿态评估"对话框

体行为分析界面。

在此模块中可进行人体模型多种行为的分析，包括上肢评价、升降分析、推拉分析、搬运分析和生物力学单一动作分析等。

（一）上肢评价

若上肢在某个姿态下承受一定的负荷，本模块能对此给出人机工程的评价。

假设人体姿态见图 10-54，在"Ergonomic Tools（人机工程工具）"工具栏（图 10-55）中单击"RULA Analysis（快速上肢评价分析）"按钮

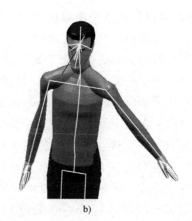

图 10-53　人体模型的最佳姿态优化
a）进入最佳姿态前　b）进入最佳姿态后

，弹出"RULA Analysis（快速上肢评价分析）"对话框，见图 10-56。

图 10-54　人体姿态

图 10-55　"人机工程"工具栏

在"RULA Analysis"对话框中，输入工作负荷参数，如静负荷或循环负荷、负荷的频率（每分钟 4 次以上或以下）、负荷量值（千克数）等，即可得到人机工程分析的得分，并显示在"Score"选项内，同时有彩块直观显示得分情况。1~2 分为绿色，表示可以接受，对话框中提示"Acceptable"；3~4 分为黄色，表示应研究该姿势是否可加以改变，对话框中提示"Investigate further"；5~6 分为橙色，表示要尽快研究和改变姿势，对话框中提示"Investigate further and change soon"；7 分为红色，表示要立即研究并改变姿势，对话框中提示"Investigation and change immediately"。

（二）推拉分析

分析推拉式工作负荷对人体是否适宜并得出结论，称为推拉分析。

在树状目录中选择人体模型，单击"Push-Pull Analysis（推拉分析）"按钮，弹出"Push-Pull Analysis（推拉分析）"对话框，输入推拉的力值（牛顿数）、推拉距离等参数，对话框中的"Score"选项内会给出分析结果，见图 10-57。

（三）搬运分析

分析搬运的重量对人体是否适宜并得出结论，称为搬运分析。

在树状目录中选择人体模型，单击"Carry Analysis（搬运分析）"按钮，弹出"Carry Analysis（搬运分析）"对话框，输入搬运的重量等参数，对话框中的"Score"选项内会给出分析结果，见图 10-58。

（四）生物力学单一动作分析

基于人体生物力学的研究，在人体单一动作方面已经发布了很多数据资料，例如腰椎的合理负荷、人体关节受力和运动的适宜量值等，它们已经存储在 CATIA 软件的 Ergonomics

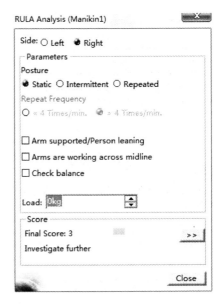

图 10-56　"快速上肢评价分析"对话框

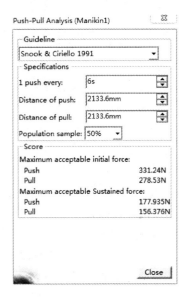

图 10-57　"推拉分析"对话框

Design & Analysis 模块中。因此调出 "Manikin1-Biomechanics Single Action Analysis（生物力学单一动作分析）"对话框（图 10-59），根据给定的姿态，输入工作数据，即可获得评分结论。

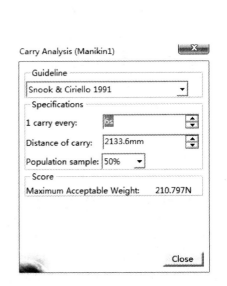

图 10-58　"搬运分析"对话框

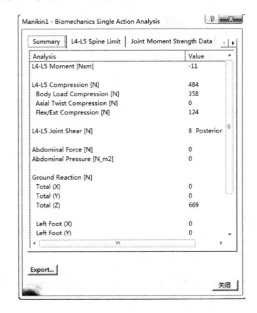

图 10-59　"生物力学单一动作分析"对话框

## 第三节　中国人人体模型的初步创建

国外开发的几个常见人机工程 CAD 软件中，还没有中国大陆人的人体模型库。CATIA 软件的 HBR 模块同样如此，其人体模型库只有 American（美国）、Canadian（加拿大）、French（法国）、Japanese（日本）、Korean（韩国）、German（德国）等几个国家，以及中国台湾地区，见图 10-60。

本书依据 GB/T 10000—1988《中国成年人人体尺寸》，尝试用 CATIA 人体尺寸编辑模块初步创建中国成年男女参数化的 3D 人体模型文件。

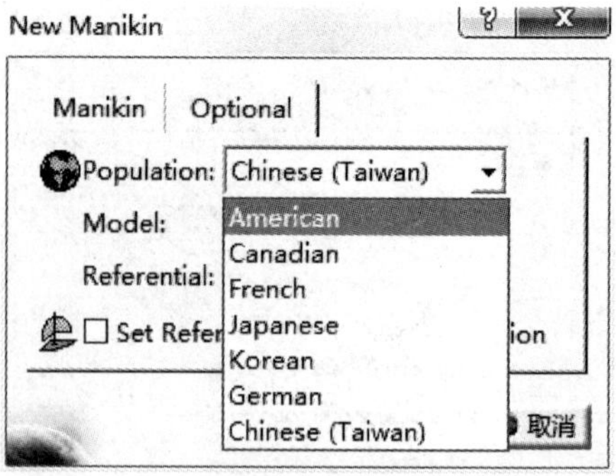

在 CATIA 软件中，人体模型文件名应以".sws"为扩展名，因此本书将所创建的中国成年人人体模型文件名定为"Chinese.sws"。

一个人群的人体模型文件最多可包含四个文件段，分别为：男、女人体尺寸均值和标准差文件段各一，人体尺寸变量间相关性的文件段男、女各一。其顺序和形式如下：

MEAN_STDEV M

MEAN_STDEV F

CORR M

CORR F

图 10-60　CATIA 软件中的人体模型库

注意，MEAN_STDEV 文件段必须出现在 CORR 文件段之前。

如果所分析的问题不需要，有的文件段可以舍弃。例如，只为设计男性用品建立人体模型文件时，女性人体尺寸可以舍弃。又如，为实际设计任务而非研究性课题建立人体模型文件时，CORR 文件段通常也不需要。

在 MEAN_STDEV M/F 文件段中，应给定该人群各人体尺寸变量的平均值和标准差，每个变量独占一行，描述变量的格式如下：

<variable> <mean> <stddev>

其中，<variable>是变量的引用代码，<mean>是变量的均值，<stddev>是变量的标准差。

一个简单人体尺寸变量文件段的示例如下：

```
          ! This is a sample population file
                  MEAN_STDEV M
Us100                167.8                 5.79
                  MEAN_STDEV F
Us100                157.0                 5.19
                      END
```

以上人体尺寸变量文件段中，代码 Us100 变量的均值为 167.8cm（这里是中国男子身高），标准差是 5.79；代码 Us100 变量的均值为 157cm（这里是中国女子身高），标准差也是 5.19。

人体模型文件中的长度以 cm 为单位，质量以 kg 为单位。

遵循上述创建人体模型文件的格式，依据 GB/T 10000—1988《中国成年人人体尺寸》，初步创建的中国人人体模型部分文件见表 10-1。CATIA V5 中部分人体变量代码及相应的变量名称见表 10-2。

表 10-1　中国人人体模型部分文件

| MEAN_STDEV M | | | MEAN_STDEV F | | |
|---|---|---|---|---|---|
| Variable | Mean | Stddev | Variable | Mean | Stddev |
| Us3 | 136.7 | 5.3 | Us3 | 127.1 | 4.68 |
| Us4 | 59.8 | 2.53 | Us4 | 55.6 | 2.23 |
| Us5 | 31.1 | 1.46 | Us5 | 28.4 | 1.37 |
| Us11 | 43.1 | 2.06 | Us11 | 39.7 | 2.15 |
| Us13 | 42.2 | 2.96 | Us13 | 40.4 | 3.35 |

（续）

| MEAN_STDEV M | | | MEAN_STDEV F | | |
| --- | --- | --- | --- | --- | --- |
| Variable | Mean | Stddev | Variable | Mean | Stddev |
| Us24 | 87.5 | 4.08 | Us24 | 90.0 | 4.51 |
| Us27 | 55.4 | 2.36 | Us27 | 52.9 | 2.06 |
| Us28 | 5.7 | 2.15 | Us28 | 43.3 | 1.93 |
| Us33 | 28.0 | 1.63 | Us33 | 26.0 | 1.76 |
| Us34 | 86.7 | 4.51 | Us34 | 82.5 | 4.64 |
| Us37 | 21.2 | 1.97 | Us37 | 19.9 | 1.72 |
| Us50 | 79.8 | 2.96 | Us50 | 73.9 | 2.62 |
| Us51 | 9.6 | 0.41 | Us51 | 8.8 | 0.35 |
| Us52 | 24.7 | 1.03 | Us52 | 22.9 | 0.81 |
| Us58 | 8.2 | 0.35 | Us58 | 7.6 | 0.67 |
| Us60 | 18.3 | 0.46 | Us60 | 17.1 | 0.39 |
| Us66 | 30.6 | 1.42 | Us66 | 31.7 | 1.8 |
| Us67 | 32.1 | 1.59 | Us67 | 34.4 | 2.1 |
| Us73 | 44.4 | 2.11 | Us73 | 41.0 | 2.03 |
| Us74 | 49.3 | 2.23 | Us74 | 45.8 | 2.06 |
| Us87 | 41.3 | 1.87 | Us87 | 38.2 | 2.49 |
| Us88 | 23.7 | 1.33 | Us88 | 1.7 | 1.2 |
| Us94 | 90.8 | 3.09 | Us94 | 1.7 | 1.2 |
| Us100 | 167.8 | 5.79 | Us100 | 157.0 | 5.19 |
| Us105 | 13.0 | 1.09 | Us105 | 13.0 | 1.01 |
| Us115 | 73.5 | 5.46 | Us115 | 77.2 | 7.18 |

表 10-2　CATIA V5 中部分人体变量代码及变量名称

| CATIA 人体变量 | 变量名称 | CATIA 人体变量 | 变量名称 |
| --- | --- | --- | --- |
| Us3 | 肩高 | Us52 | 足长 |
| Us4 | 坐姿肩高 | Us58 | 手宽 |
| Us5 | 上臂长 | Us60 | 手长 |
| Us11 | 肩宽 | Us66 | 臀宽 |
| Us13 | 最大肩宽 | Us67 | 坐姿臀宽 |
| Us24 | 臀围 | Us73 | 胫骨点高 |
| Us27 | 臀膝距 | Us74 | 坐姿膝盖 |
| Us28 | 坐深 | Us87 | 小腿加足高 |
| Us33 | 胸宽 | Us88 | 前臂长 |
| Us34 | 胸围 | Us94 | 坐高 |
| Us37 | 胸厚 | Us100 | 身高 |
| Us50 | 坐姿眼高 | Us105 | 坐姿大腿厚 |
| Us51 | 足宽 | Us115 | 腰围 |

人体模型文件创建后，应嵌入到人体尺寸编辑器中去，操作方法如下：

1）从主菜单上单击"Tools → Options"命令，打开选项菜单。

2）在 Ergonomics Design & Analysis 部分，单击选择"Human Measurements Editor"。

3）在"Anthropometry"选项卡"User-defined populations"区域，单击"Add"按钮，打开"人体模型文件选择"对话框。

4）在文件夹中选择人体模型文件，单击"确定"按钮，返回"选项"对话框，见图 10-61。

5）在 Human Builder Workbench，单击"Create Manikin"按钮 🧍，并且在"New Manikin"对话框中"Population"下拉列表框中选择"Chinese.sws"人体模型库，见图 10-62，即可创建中国人三维人体模型。

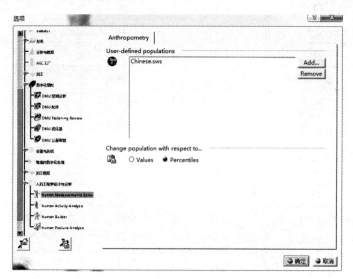

图 10-61 "选项"对话框

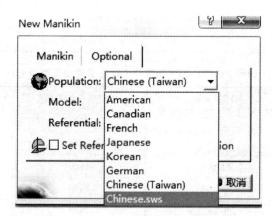

图 10-62 人体模型库选择

# 第四节 人机工程 CAD 软件应用实例

## 一、课题及其条件

**课题** 初步给定办公隔断空间的平面尺寸为 120cm ×150cm，应用 CATIA 人机工程模块，评价是否适宜。

课题条件 1）办公设施及用品至少应有计算机、电话机、文件筐、文具筒（或盒）、工具书、（茶、咖啡或水的）饮具、台灯等。考虑同事交流和简单休息娱乐的需要，桌面与空间应约略留有余地。

2）配置有扶手、可转动、可调节的办公椅。

3）暂且不分男用、女用。

## 二、分析评价步骤简介

### （一）工作空间建模

1）根据 GB/T 14774—1993《工作座椅一般人类工效学要求》的推荐值，在 CATIA 中建立工作座椅模型。

2）根据 GB/T 3326—1997 给出的桌面高度参考值，建立办公桌模型。

3）建立计算机主机、显示器、键盘、鼠标、耳机、电话机、文件筐、文具筒、水杯、台灯等办公用品模型。

4）可初步组装成图 10-63 所示的办公隔断空间，导入 CATIA 人机工程模块。将计算机主机放在桌下。办公桌上各物品摆放位置等细节问题，将在随后逐一分析，并在分析中调整设计。

### （二）引入中国人人体模型

**1. 人体尺寸百分位数的选择**

办公空间是通用型产品，属第二章所述的 III 型产品尺寸设计，即取 50 百分位数的人体尺寸作为设计依据。

**2. 引入人体模型**

在 CATIA 人机工程模块中，引入中国男性、女性 50 百分位数的人体模型。

以男子（50 百分位数的）人体模型作为工作空间适宜性分析的主体，因为只要对男子"够用"，对女子肯定也够用。但也将检视女子人体模型的工作情景。

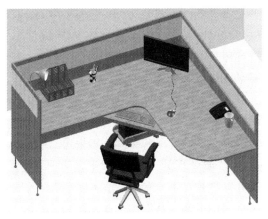

图 10-63 办公隔断空间

### （三）办公桌上物品的摆放

根据人体模型肢体的工作范围、视野特性等，调整办公用品在办公桌上的摆放位置，并对人体姿态进行人机学评估。

**1. 显示器**（以 21in 液晶显示器为例）

**（1）确定显示器位置的依据** 人眼与视屏的适宜距离为：屏面水平和垂直边界的视线夹角≤30°，长宽比 16∶9 的 21in 显示器水平边长约 503mm，可以计算出适宜的视距为 503mm/(2tan15°)≈939mm。取圆整值 940mm，即确定了显示器的位置。

**（2）操作软件，调整显示器位置** 将男子人体模型引入办公空间，双击"Clash Detection Stop"按钮，对人体模型与座椅做干涉停止操作，让人体模型坐在座椅上。应用罗盘操作将座椅和人体模型同时移动靠近办公桌，布置好座椅和人体模型，移动显示器在办公桌上的位置（可以采用罗盘，也可以采用 CATIA 装配模块下的操纵按钮），同时应用测量间距按钮测量人眼与视屏之间的距离，直至将显示器与人眼之间的距离调整至 940mm，显示器的位置即被确定，布置效果见图 10-64。布置好显示器后，单击"Open Vision Window"命令按钮，检验人的视野范围。定制视野模式为 Material，男、女人体模型的视野范围分别见图 10-65、图 10-66。从图 10-65、图 10-66 中可以看出，整个显示器处于人的视野范围之内，位置合理。

图 10-64　调整男子人体模型与显示器的视距

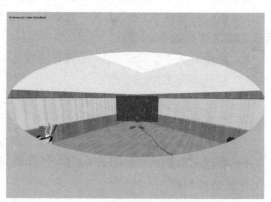

图 10-65　男子的视野范围

### 2. 键盘、鼠标

操作舒适，是确定键盘和鼠标位置的原则。单击"Forward Kinematics"命令按钮，编辑人体模型上肢姿态，将手放置在键盘位置，单击 Human Activity Analysis 模块下的"RULA Analysis"命令按钮对人体模型上肢进行评价。编辑人体模型上肢姿态后，上肢姿态评价结果见图 10-67、图 10-68，上肢评价得分均为"3"，不够满意，需尝试改进。

调整人体模型上肢姿态，仍单击"RULA Analysis"命令按钮进行分析，至上肢评价得分提高到"1"，为"可以接受"，见图 10-69、图 10-70。从图 10-69、图 10-70 中可

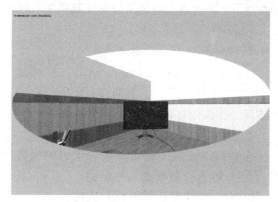

图 10-66　女子的视野范围

以看出，该姿态下人体前臂及手部大体在桌面以下，这就是很多办公桌、计算机桌布置时将键盘放在桌面以下的原因。

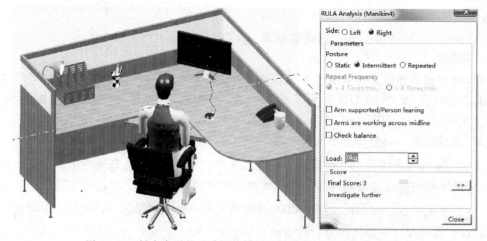

图 10-67　键盘布置的上肢评价结果不够满意（男子人体模型）

### 3. 电话机、水杯、文件筐等

电话机、水杯、文件筐等物品的摆放，要求使用方便，互不干涉，各开关和调节旋钮均在上肢伸展区域内，便于操控。

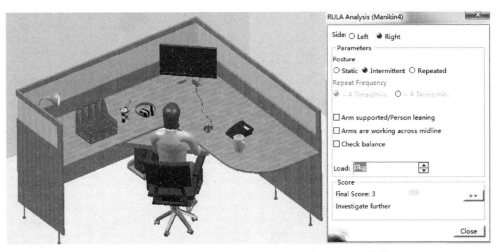

图 10-68　键盘布置的上肢评价结果不够满意（女子人体模型）

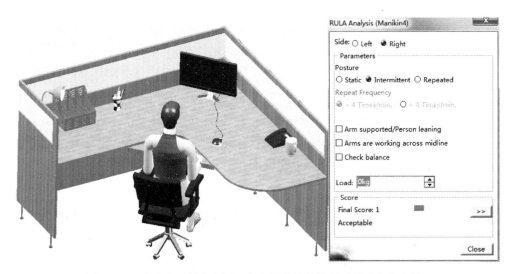

图 10-69　改进后的键盘布置，上肢评价得分提高（男子人体模型）

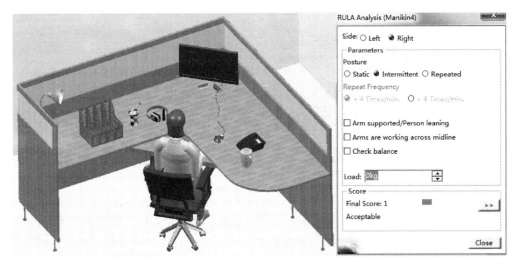

图 10-70　改进后的键盘布置，上肢评价得分提高（女子人体模型）

单击 Human Builder 模块中的"Computes a Reach Envelop"命令按钮 进行上肢伸展域检验，确定上述物品的摆放位置。在调整电话机等的位置前，用"Forward Kinematics"命令将人体模型的上肢调整到极限位置,然后单击按钮 对模型的左、右手伸展域进行分析,结果见图10-71、图10-72。由图10-71、图10-72可见,电话机、水杯、文件筐等办公用品均不在人的上肢伸展域内,使用它们需要起身或移动座椅,不方便。

图 10-71　男子上肢的伸展域　　　　　　　图 10-72　女子上肢的伸展域

因此对这些办公用品的位置进行调整,将它们移动到上肢伸展域内。应用罗盘操作,移动后的效果见图10-73、图10-74。从图10-73、图10-74中可以看出,电话机、水杯等常用物品已调整在上肢伸展域内,使用方便。其实这些用品可按习惯放置,基本在上肢伸展域内即可。至于台灯等备用物品的放置,只要桌面上留有余地就不成问题。

图 10-73　常用物品调整到上肢伸展区内(男子)　　图 10-74　常用物品调整到上肢伸展区内(女子)

### 三、办公隔断空间平面尺寸的分析评价结论

从图10-73、图10-74可见,所有办公用品的摆放已经符合人机工程要求,而办公桌上仍有一定的剩余空间,可满足简单娱乐、休息的要求,也有条件临时放置台灯或其他物品等。

由此得出结论:初始给定的隔断空间平面尺寸 120 cm ×150 cm 是适宜的。

# 第十一章 人机学的其他专题及未来展望

## 第一节　人机工程的设计心理学应用

### 一、综述

#### （一）心理现象及心理过程

**1. 心理现象**

心理现象指人在感觉、认知、记忆、思维、情感、意志、个性等方面的表现形式和特征。心理学研究的是心理现象的形成机制、发生发展的规律。

心理现象虽然不是"物质"，但一切心理现象的根源均源于大脑的机能，即心理现象来源于高度完善的物质——大脑，这叫作心理现象的物质性。心理现象的物质性是心理现象的基本特性。视觉、听觉、触觉、味觉、温热觉、运动觉等感觉的物质基础是感觉器官和神经中枢，这是大家都清楚的；认知、记忆、思维是大脑的活动，大家也清楚，因此，感觉、认知、记忆、思维的"物质性"对人们是不言而喻的。但情感、意志、个性等现象是否也具有物质性呢？回答是肯定的，它们同样是大脑机能的外在表现，在医学上早已确证。例如某些部位的脑组织病变，会引起情感、意志、个性的变化。又如老年痴呆，初期表现为性格、情感的改变，继而思维、记忆减退，再发展成认知、感觉的缺失，也是由脑组织病变区域延伸扩大所致。

**2. 心理过程**

心理现象总体可分为两个形成过程：认识过程和情感、意志过程。

**（1）认识过程**　包括感觉、认知、记忆、思维等阶段。客观事物作用于人的感觉器官，人脑中产生对该事物某属性的特定反映，例如形、色、味等，称为感觉。把类似属性的事物集合成整体称为认知，例如把具有某种形、色、味集合的植物果实认知为苹果。把所认知事物的影像保留在脑中并能够再现，称为记忆。对多种认知的事物（含知识）进行分析、对比、思考，称为思维。通过思维，如果能使认识发展和深化，就能从个别到一般，从具体到抽象，从感性到理性，得到概念、定义，发现规律、定理，进行判断、预测。

**（2）情感、意志过程**　在认识深化的过程中对事物产生的喜好厌恶、期待规避称为情感。在情感驱使推动下对事物的追求是意愿，通常把长期不变的意愿称为意志。而一个人在情感、意志等方面表现出来的综合性特征则称为个性。

#### （二）设计心理学的两类问题

从心理现象的定义来说，本书前面各章讨论的，其中很多内容已经属于心理学范围的问题了，例如人体尺寸应用中的心理尺寸修正量，显示器操纵器的视觉识别，人的自然行为倾向与操纵显示的空间对应关系，操纵显示设计和人机界面，人机交互设计，以及视觉环境、声音环境、热环境等。不过日常生活中，"心理"这个词汇实际上常特指情绪、情感、意志、个性等方面的现象，而较少指向感觉器官的各种感觉。例如人们常说：围棋比赛的胜负与棋手临场"心理状态"关系很大，乒乓球国手们在大赛前要进行"心理素质"的磨练，某某人疑心重、脾气怪僻被认为"心理不健康"等。在这些说法中，心理一词基本不涉及视觉、听觉、触觉等感觉，而仅指情绪、精神状态等方面。与学术上心理一词的本义对比，日常人们所说的心理一词含义较窄，可理解为狭义上的心理。本节的阐述偏重在狭义心理的设计问题，例如认知心理、社会心理、情感与精神需求、创造性思维等。

设计心理学问题包含两个方面：一方面是研究用户（产品使用者）的心理特征和需求；另一方面是研究产品设计者的心理素质和培育。前者回答"用户需要什么？"；后者回答"设计者怎样才能更好地满足用户的需求？"。

**1. 用户心理研究**

产品、设施，推而广之到服务，从社会经济的角度来看都是商品。怎样把握用户心理，开发出产品来予以满足？经济学家、设计师们在消费心理、市场心理、用户心理等名义下展开了广泛的研究。深入阐述这个领域的研究内容超出了本书的范围，本节仅提出若干实例进行探讨，以期对我们认识用户心理问题有一定的启发。

**2. 设计者的心理素质**

设计者的心理素质和培育问题，常在创造心理学的名义下展开探讨。设计者创造心理素质表现在：第一，不满事物现状，敏于发现不足，提出新目标，有不断追求卓越的内在动力；第二，能够突破传统观念和方法的束缚，另辟蹊径解决问题。这两条心理素质所要求的是敏锐的观察力和丰富的想象力，它们主要不来自天赋，而来源于开放和多彩的环境，来源于锻炼和培育。在不通电的深山僻壤里，孩子再聪明，也难想到用饮水机来替代热水瓶，用微波炉来替代柴灶，更不要说改进饮水机和微波炉的设计了。一切心理活动都是外界刺激在人大脑里的反映，创造心理离不开开放、多彩的外界环境的刺激。在同样的环境条件下，创造欲望、创造冲动和创造能力又因人而异，可见创造心理并非自然产生的，需要培育，需要锻炼。日本公司管理较严，员工们多习惯于循规蹈矩地上下班，但有些大公司对设计师却网开一面，每周都给"自由时间"让他们到闹市区、大商场、茶座、咖啡厅或其他他们自选的地方去，没有明确任务，不设预期目标。让他们去干什么？希望他们在多彩、开放的环境中触发创造灵感，点燃创造火花，由此产生产品创新的构思。

## 二、人机工程的设计心理学应用示例

**1. 社会心理**

**例1 公众休闲条椅**（个人空间1）

公众休闲条椅在公园、校园、社区里很常见。有些早年设置的条椅长度在 1.6m 以上，可供4人坐着休息。但是很少看到这种条椅上同时坐着4个人。为什么呢？人们总是要找没有生人坐着的空椅子去休息。倘若条椅上已经坐着生人，哪怕还留有空位，一般也不愿去坐。椅子上如果坐着一对情侣或老夫妻，就更加如此了，见图11-1。情况倒过来也相仿，设想你偕家人、友人在长椅上坐着休息的时候，若有陌生人来坐在近旁的空位子上，也会促使你提前离开。可见4人休闲条椅是不能发挥预期效用的，不符合人们的心理要求。近年设置的条椅多缩短到 1～1.2m 之间，供两人使用，这是合理的。

个人空间，也叫人身空间，表现为：人身近旁一定区域内，不愿有生人、非亲密者进入。否则，尽管未必带来实际干扰或潜在危险，却会在心理上产生被侵犯的潜意识，因而局促不安。

根据人际关系可把个人空间的距离分为以下四个等级：

**（1）亲密距离** 亲近者之间在 0～0.45m 之间相处无心理障碍。

**（2）个人距离** 常联系的熟人、朋友之间在 0.45～1.20m 之间相处无心理障碍。

**（3）社交距离** 相识者、商务、公务交往相距 1.20～3.0m 为宜。

**（4）公共距离** 陌生者、无事务交往者相距 3m 以上为宜。

图 11-1 走，咱那边玩去，别打搅叔叔阿姨

**例 2　公交车座位的向背（个人空间 2）**

公共汽车大部分座位上的乘客朝向同一方向——前方，心理上相安无事。但有些公共汽车前面两侧各有一对相对着的座位，乘客若正常就坐，形成陌生人在 1m 距离内面面相对的情景，像第一章所举阅览室里对坐者目光交接的尴尬那样，也会造成心理的不适。乘客多不愿意坐那几个座位；不得已坐上了，会不自觉地侧身向内或侧脸向外，以躲避目光的不经意交接，这也属于个人空间问题。被他人注视和被怀疑注视他人，都会造成心理不适。

除了人际关系以外，影响个人空间距离的因素还很多。陌生人近距离面对面觉得难受，而公共汽车上陌生人并排靠近坐着却较易安心，这说明侧面个人空间距离小于正面。小孩、普通百姓的个人空间距离小于成人、尊贵者。环境对个人空间距离影响更大：热闹拥挤场合个人空间被压缩；黑夜空旷环境下个人空间扩大，这时十几、几十米外的陌生人都会引起不安。我国的火车座席车厢里，面面相对的座位曾经在较长时期内为人们接受，但是随着我国火车的提速，短途旅行乘车时间缩短，长途车中"夕发朝至"型的比例增大，怎样更合理地安排座席车厢里的座位，已经摆在车厢设计者面前。

**例 3　电话、手机和婴儿喂奶等（隐私）**

保护隐私是社会文明的体现，也是设计师应尽的职责。现在的室内、室外公用电话基本不能提供通话隐私保护；在阅览室、会议室等场合手机响了，可以赶紧到门外、走廊去接听，但在公交车厢、商场超市等场所却无处可以躲避。在公共场合絮絮叨叨谈私事，也干扰他人安宁、令人厌恶。解决电话、手机的通话隐私，是一个有价值的设计课题。

2015 年国内社会曾经热议：年轻母亲在公共场合给婴儿喂奶合不合适？取得的共识是：第一，母乳喂婴的正当性高于其他各种考虑；第二，最佳方案还是能提供适宜的遮掩处所。这又是一个设计课题。

购买某些类型的药品或安全套之类的物品，结账时有人在旁看到，会觉得尴尬，这是人之常情，见图 11-2，应该通过设计解决。

**例 4　邮局营业台及问事窗口（和谐的交往环境）**

图 11-3a 是早年日本邮局窗口柜台的功能尺寸及营业中的交往情景。为了使柜台内坐着的营业员与窗口外站着的顾客视线大体平齐，窗口柜台内外地面有约 260mm 的高度差。但是当柜台内营业员站起来与顾客进行交接的时候，对顾客成了俯视姿势，顾客则需仰视营业员，产生不良心理感受。改进设计的新式样见图 11-3b。窗口柜台内外的地面取平，营业员座椅加高；与加高的座椅配合，设置了高度为 130～200mm 的脚踏小台，营业员坐着、站着都与

图 11-2　此时此地难免尴尬

顾客保持合适的相对位置。新式的营业柜台还取消屏障隔窗，改为敞开式柜台，形成和谐宽松的营业交往环境。这一改进在日本获得广泛的社会好评。这不是一项技术含量高的设计，但其中体现的人性化设计理念值得借鉴。

在某些行政部门的问事窗口、医院挂号窗口以及影剧院和展览馆售票等窗口外，能见到老百姓排队的情景，见图 11-4。窗口很小而且很低，为了问事或挂号，需要哈腰伸脖在那里"坚持"好一阵子。累仅仅是一方面，如果办事不成，更感屈辱而愤然。解决问题的根本方法虽在提高服务者的素质，但拆改掉这种冷漠、倨傲的可厌窗口，创造文明的服务环境实在是必要的前提。

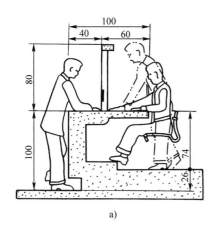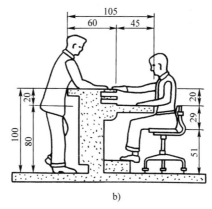

a)                                    b)

图 11-3  日本邮局营业窗口的改进设计（单位：cm）（小原二郎等）

a) 改进前  b) 改进后

**例 5  设计失当的垃圾站**（公众权益）

某省会城市建造了一个垃圾站，为了便于让垃圾车把垃圾运走，垃圾大箱笼下面留有垃圾车能驶入的空间。居民则要上到一层楼高的平台上才能投倒垃圾。垃圾站投入使用后，常有人不愿意爬高去投倒垃圾而把垃圾往附近地面一扔了事，弄得这一带卫生状况比修建垃圾站以前更糟。分析中有人归咎于居民文明素质不高。但这绝不是问题的全部。访谈中不少居民说："投倒垃圾的老年人居多，垃圾较重时爬高台觉得费力，垃圾很少时又觉得爬一趟高不值当"。这不是垃圾站设计的失当吗？公共设施应该人性化，充分顾及公众的实际权益和心理需求。

图 11-4  服务窗口又小又低，冷漠可厌

**2. 情境和情绪**

**例 6  公共小憩设施**（情境需求 1）

在某些大型公共活动场所里，例如展览会、展销会、招聘会等，人多面积大，走累了很需要短暂休息放松一下。这些场所因条件所限不能设置桌椅齐全的休息区，勉强设置了，常被少数人长时间占用，不能解决多数人休息的问题。针对这种情景，有人提出图 11-5a 所示的"小憩设施"方案：不求让人休息得特别舒适，但求让人腿脚和腰部能放松一阵子。设计的关键是：只在墙边占据很小的空间，为客观环境所允许。图 11-5b 所示为旅游景点山腰、山顶小憩设施的一种方案，坐在上面能自由转动 360°，便于惬意地眺望四周景色。

**例 7  靠背正中有凸起浮雕装饰的龙椅和"一分钟按钮"**（情境需求 2）

座椅适合人体解剖学要求，坐着舒适，是生理学方面的要求，并非设计所要求的全部。某些情境下为适应心理需要，生理要求做出一定让步才是好设计。

北京故宫金銮殿上的龙椅很宽大，坐着背部靠不着椅背，手臂也难搁在两边扶手上。显

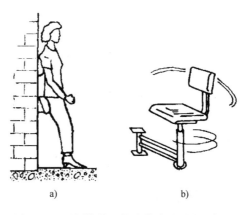

a)                    b)

图 11-5  不同情境下的公共小憩设施示例

然不符合座椅的解剖学准则。对此也容易理解，体现皇帝的尊贵与威严比坐着舒服更重要，反映了精神因素的需要。奇特的是，有的龙椅在靠背的正中部位有一个凸起的小浮雕装饰，倘若皇帝后背靠了上去，就会被硌一下；靠得重了当然很疼。谁胆子这么大，敢戏弄皇帝？原来这是为防止皇帝早朝打瞌睡而专门设置的。五更早朝要起得很早，早朝时皇帝犯困，既有失体统，也令满朝尴尬。皇帝一旦开始犯困，腰部一松，后背碰着那凸起的小浮雕装饰，受到刺激，就能醒一醒瞌睡，恢复常态。

有些国家为防止火车驾驶员打盹造成事故，在操纵台上装设一个"一分钟按钮"：驾驶员每一分钟必须揿一下按钮，否则机车会发出蜂鸣声提起警告；一定时间的警告无效，机车自动实施制动，以确保驾驶员的工作警觉和机车的运行安全。

带凸起浮雕装饰的龙椅和一分钟按钮，一个在古代，一个在现代，一个特意跟皇帝"过不去"，一个偏要给火车驾驶员"添麻烦"，异曲同工之妙均在设计心理学的应用。

设计心理学也应用在公路上。统计数据表明，长距离直路段上的交通事故多于稍有弯曲的路段。原因是长距离的直路驾车中手脚没操作动作，进入视野的景观变化慢而单调，缺少外界刺激，容易使驾车人的"警觉"状态降低，精神松懈。所以公路要避免长距离的直路段，让驾驶员要不时调整转向盘，视野内的景观也较多变化，利于驾驶员保持良好心态和较高警觉水平，减少事故发生。

**例8 熊猫造型的垃圾筒（情境）**

我国各地公园里曾经流行过动物造型的垃圾筒，有的是"熊猫捧竹筒"造型，垃圾投入口设在敞开的"竹筒"上端，见图11-6a。于是便有脏纸、空易拉罐、空塑料瓶、烟蒂之类的脏物，随时通过"竹筒"进入"熊猫"体内。国宝何辜，受此虐待？有的垃圾筒造型甚至是张开大嘴的鲤鱼、小狮、幼虎，它们周身污迹斑斑。设计者本意是让公园环境更接近自然，营造一点野趣，但处理不当，效果适得其反。我国某佛教圣地，山上的垃圾箱居然采用庙宇造型（图11-6b），岂非强制圣洁清净之地藏污纳垢？现在有些景点山路垃圾筒采用树桩造型，比较得体。

图11-6 情境心理应用失当的示例

a）熊猫造型垃圾筒 b）庙宇造型的垃圾箱 c）小丫造型水壶

有一种女孩造型的儿童小水壶，"女孩"的帽子是可以拧开的水壶盖子，见图11-6c。使用时，要用嘴对着这个"女孩"的头顶从壶口吸水，让人产生的心理感受岂不太糟糕了吗？

**例9 轻巧的环卫工人车（情绪）**

城市环卫工人沿街劳作很辛苦，挎背或手提的垃圾桶袋灰暗浑浊，气味刺鼻。媒体不断呼吁公众尊重他们的奉献，这当然应该，但实际上他们能在多大程度上感受到这种"好意"呢？一款比较精致轻巧的环卫工人车出现了，年轻的环卫工人在车上露出了笑容，见图11-7。

切实改善工作条件、工作环境才是提升人们职业自尊的有效方法。

**例10 通透大办公室隔间的局部照明（情绪）**

在大开间的室内用隔板分割的办公隔间，与传统二三人一间、十几平方米的小办公室相比，给人通透开敞的感觉。隔板的高度能阻挡坐姿下人们的视线，三面隔板围成开敞的工作单元，仍维持着个人一定的独立感。这样的办公室通常采用顶棚均匀的环境照明，工作单元另有个人的局部照明，例如台灯。研究表明，改变各单元千篇一律的照明模式，使每个单元都能按本人的意愿设置个人特色鲜明的

图11-7 轻巧的工作车提升了职业自尊

局部照明，工作者来此处便有"人至如归"的良好心理状态，形成安详、愉悦的工作情绪。在图书馆阅览室中，这样的照明用于家具隔开的各个小空间，也能为读者营造温馨的"小天地"。

**例11 高层公寓的窗户（情境与情绪）**

从心理需求来看，低层和高层住户对窗户高度的要求是不同的。对高层住户，景色在下部，高处没什么有趣的东西可看，又有必要降低天空高亮度对室内的眩光，所以窗户应该开得低一些；低层住户则相反，为了远眺一定距离外的环境景观，为了减轻近处嘈杂的骚扰，也为了提高住宅的私密性，窗户应该做得较高。但如今高层低层均采用同一模子的预制板制作，缺乏对高低层住户不同心理需求的关怀。

**3. 认知心理**

**例12 前进图标和上下楼图标（表意易辨）**

在北京地铁的多数换乘站里，前进图标和上下楼图标都是一样的箭头，见图11-8a，常让人不知所措。公共标识除"醒目清晰、通俗易懂"两个要求外，第三个基本要求是"易辨易记"。区别前进图标和上下楼图标的两个参考方案见图11-8b。

a)　　　　　　　　　　　b)

图11-8 地铁站里的前进图标和上下楼图标
a）前进图标和上下楼图标无法辨别 b）改进设计的参考方案

**例13 排椅座位的间隔标识（综合判定）**

例1中个人空间的心理现象，在候诊室、候车室、地铁车厢的长排椅上也可以看到。例如一个原设计供6人坐的长排椅，第一位来者，随便坐在任意位置，见图11-9a。第二位、第三位来了，常在与先来者保持较大距离的位置坐下，见图11-9b、c。第四位、第五位来了，先来者会自动地挪动一下位置让后来者就坐，仍然为了彼此间保持较大的距离，见图11-9d、e。排椅上坐了5个人以后，再有第六位来，大家就不会主动为他腾座位了，因为不愿意彼此靠得太近。如果第六位不好意思主动提出要求，则只能站着，5位先来者心安理得地坐着。6

人排椅不能发挥预期的效能。——现在要说的是：用什么最简便的方法解决这个问题？（读者思考一下你将采用什么方法，然后再看看下文。）

日本东京的中央线和山手线通勤电车上的7人排椅，通常只坐着6个人，情况类似。企业最后采取的解决办法十分简单：将7个座位正中那个座位的颜色稍加改变，譬如，将正中那个座位颜色改浅一些、深一些，或色调略加改变就行了。改动完全达到了预期目标。正中颜色不同处表示一个座位，这很显然，7人排椅的"3·1·3"区段关系一目了然。两侧供3人坐的位置不可能误解为2人座位。两人坐着，来了第三位，先来者自然会主动腾位子，后来者也能坦然就座。这个特别简单的方法里，用到了"综合判定"的认知特性。本来两种略有区别的颜色并不具有什么具体的含义，但在电车排椅上如此应用，其含义就不言而喻了。这是由于周围情境已经提供了很多信息，新增因素扮演"填补缺失"的角色，很容易被定位。采用座位分割，或座位标号等复杂方法，都没有这个简单方法好。

图11-10所示为通过综合判定进行认知的一个示例。上面一行中的"江"字，和下面一行中的数字"12"形象差不多。但左右事物提供的信息可使"它是什么"变得明确无误。利用这种综合判定的心理特性进行设计，能够化繁复为简明，以少胜多。

设计的对象怎样才易于认知，是设计语义学的问题，涉及的内容较广。例如有的产品拿到手，连怎么打开都不容易弄清楚；某新型电动剃须刀机构精细周到，功能"齐全"，但小小剃须刀四周都有开关和不同功能的按钮，还有进行水洗的配件，过于复杂，难以全面发挥效能；某国生产的一种医疗器械销售到很多国家，后来不少国家都反馈说看不懂产品说明书。

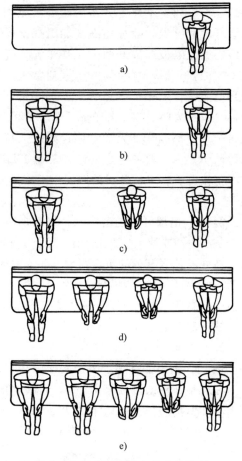

图11-9 人们在长排椅上的入坐过程

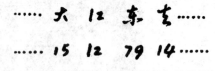

图11-10 通过综合判定进行认知的示例

### 三、心理测试和心理调查

#### （一）心理测试和调查综述

对于设计中特定的心理学问题，如果没有相关的心理学资料可参照，就有必要由设计者进行样本量适宜的心理学调查和测试。因此做一简要介绍。

**心理学研究方法分两大类：实验法与非实验法。**

非实验法中常用的有：观察法、调查法（晤谈法、问卷法）等心理调查法。

实验法与非实验法的主要区别：不在于是否使用仪器与设备，而在于研究过程中是否控制和操纵变量。实验法的特点是在控制无关变量的条件下，在被试身上操纵自变量，根据被试的反应观察因变量，以探求自变量与因变量之间的函数关系。非实验法则不进行变量的操纵控制。

例如电话机、手机的数字按键有两种排列形式：图 11-11a 所示为自上而下的排列，图 11-11b 所示为自下而上的排列。现在要研究哪种排列操作速度快和差错率低。这个问题有一系列的影响因素：操作人群的年龄、按键区域的光照度、按键的尺寸和形状、数字的字体、字符笔画与背景的色彩和明度对比等。研究目标（操作速度、差错率）是因变量，所有影响因素都是自变量（简称变量）。测试某一自变量与因变量的关系时，若控制住其他自变量（一般指让这些自变量固定不变），则这种研究方法是实验法。若不对自变量进行控制，则是非实验法。非实验法只适用于影响因素较少的问题，而且必须进行足够大样本量的测试，还要求样本空间能充分包容各种影响因素。

（二）心理学测试的一些要求和特点

**1. 心理学实验的道德规范**

心理学实验的测试对象，称为被试；实施测试的人称为主试。由于心理学实验的被试是人，必须保护被试的身心不因实验而受到伤害，为此制定了**心理学实验道德规范**，主要有以下内容：

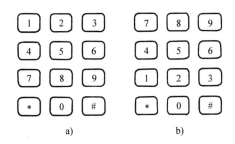

图 11-11　手机数字按键的两种排列形式

1）保证被试的身心不因实验受到伤害。例如，对被试要有礼貌，不用特异刺激引起被试剧痛或恐惧，不说"你反应迟钝""你智商偏低"之类的话，也不允许对被试说谎等。

2）遵守自愿原则。实验前征得被试同意，实验中允许被试离去，实验中对被视履行承诺（不做未征得同意的事情）。

3）实验前和实验后有对被试做必要解释的义务。

4）从被试获得的信息不得无故怀疑。

5）实验报告中对数据来源进行保密，不得披露被试的姓名。

**2. 避免各种"诱导"**

被试的情绪、精神状态、对待实验的态度和期望等，都对实验结果产生影响。为减少这种影响，主试应避免各种不适宜的"诱导"，这对实验结果的有效性很重要。

通过著名的"霍桑效应"（Hawtuorne Effect），可以了解避免诱导的重要性。1924 年在美国芝加哥霍桑发电厂进行过一项实验：改变温度、照明、工作时间、工间休息等条件，研究对工作效率有怎样的影响。结果却是这些因素无论向哪个方向变化，工作效率都很高。而在其他地方进行同样的实验，结果却并不如此。后来弄清楚，原来霍桑厂的员工已经知道出现这些变化是为了进行某种研究（有的文献上的说法是："员工们认为这是厂方研究改善环境，是厂方对员工的关怀"），于是他们的行为偏离了自然的原本状态，实验的结果因此而没有价值。

**3. 指示语**（指导语）

进行心理学实验时，主试通常都要向被试交待实验的目的，并说明被试依照怎样的要求去做。主试进行这种交待所做的说明叫作"指示语"（也叫"指导语"）。心理学实验中使用**指示语必须规范、准确、严格**，否则会对实验结果产生不良影响——这是心理学测试中一个基本和重要的方面。

下面以"反应时、运动时测试实验"为例讨论指示语问题。反应时、运动时是人们操作能力的评测指标，对于车辆驾驶等操作很重要。图 11-12 所示为一种反应时、运动时实验装置。该装置由 4 部分组成：①声、光刺激信号发生器；②反应时、运动时记录显示仪；③（木柄金属头）反应棒；④敲击板。敲击板的中间是一个固定的铜板，固定铜板旁边有显示光刺激信号的小灯泡，两侧的两块铜板可以调整位置，用来改变测试时手的移动距离。

主试向被试做的指示语应该是这样的（语气语调宜平缓、沉稳、清晰）：

"**这是一个测定反应时、运动时的实验**，你现在用优势手拿好反应棒，并点在敲击板中间的金属板上等待；我喊'预备'，你就注意看敲击板中央小板上的红色信号灯（或'注意听'），看到灯亮（或'听到蜂鸣器发出声响'），你立即抬起反应棒去敲旁边的金属板，要求反应和动作又快又准。"

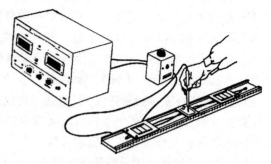

图 11-12　一种反应时、运动时实验装置

如果主试所使用指示语的后面大部分完全相同，只将开头黑体印刷、下画波浪线的那句话稍有改变，说成：

"**本实验是测定你的反应时、运动时……**"

或者"**本实验是测试你的反应快不快，运动快不快……**"

三种指示语的意思好像差不多，但第二种指示语里"你的"两个字，让被试"我正在接受素质测评"的心理感受增强起来；第三种指示语里更含有要拿他与别人对比出高下优劣的意味，被试可能因此被激而产生某种程度的心理失衡，后两种指示语都会影响实验结果。

指示语应该简单、明确、达意，而且标准化。

（三）心理学调查的一些要求和特点

对于设计者的实际工作而言，与必须做心理学测试相比，采用非实验法获取心理问题资料的可能性更多一些，包括观察法、问卷法和晤谈法。

**1. 观察法**

采用观察法进行心理问题研究应注意的事项有：

**（1）一般采用"隐秘性观察"**　即原则上不让被观察者察觉调查者的观察行为。否则，观察结果很难反映真实状况，这是心理调查的特点。

通过下面几个例子，可以说明心理调查的这个特点。

**例1**　冬季公交车乘务员的脚冷得难受，现在想给他们安置一个脚部取暖的小设施。但又顾虑他们坐在那里脚部暖和得不愿意离开，影响走动服务。会不会发生这种情况或许与取暖设施提供的温度有关，为此设定几个温度，放在公交车上试试，通过实际观察，获取适宜的温度数据。不难设想，如果让被观察者了解了观察的意图，观察不可能有效。

**例2**　用相机取横景拍摄时，人们握持相机的手势基本相同，但取竖景拍摄时握持相机的手势却是多样的。为了设计出更便于握持操控的相机造型，要调研人们取竖景拍摄的握持手势。这个调研也只能采用大量隐秘观察的方法，把人们在不知不觉中拍竖景的手势记录下来，通过统计得出结论。如果敞开去询问别人："您取竖景拍摄时怎么握相机？"有的被问者拿着相机演示给你看的时候，自己也说不清平时到底是怎么个握法了，最后摆出的手势，也许和他自然拍摄时的手势并不一致。

**例3**　设计公共垃圾箱时，投口的尺寸、位置是重要的设计元素。为此要调研人们投放垃圾的情景：多大比例的人群、在多远的地方往垃圾箱里投垃圾？怎样的投口最便于投进去？等等。这些问题当然与垃圾箱放置的环境有关，例如在社区、在闹市街边、在胡同里的垃圾箱等可能都不同。解决这个问题也只能到特定环境去进行隐秘观察，倘若让投垃圾的人知道了观察的目的，他的行为将难以保持原有的真实性。

**（2）注意分辨观察的环境条件，应有足够多的观察量次**　一般的实际问题常存在多个影响因素，要用观察法得到可信的结论，既要注意分辨观察的环境条件，又要有足够多的观察量次。例如社区里居民多数会把家里的垃圾用塑料袋装好，走到垃圾箱边上往里投，而在街边、胡同里，路人是在一定距离外直接投掷垃圾。所以关于例3的问题，分辨观察的环境条件是重要的。对例2、例3这类问题，仅仅做几十上百次观察，难以得出可信的结论，观察的次数必须足够多。

**2. 问卷法和晤谈法**

问卷法和晤谈法适合应用于影响因素多、不能或不宜用观察法获取信息的问题，举例如下。

**例1**　火车硬座车厢现行两排座位面面相对的形式好不好？为什么？应该怎样改进？——这几个互有联系的问题不可能用观察法获得信息，且影响的因素也很多，因此适宜用问卷法或晤谈法。影响因素至少有：长途车还是短途车（乘车时间多长）；白天运行还是夜晚运行；被调查者的年龄、职业、经济条件、性别情况、出行的目的（公务、商务、旅游……这涉及乘车人在途中的心态）等。

**例2**　现有公交车站的站牌存在什么不足？有什么改进建议？这也是观察不到的，要用卷问或口问获取信息。影响因素至少有：繁华地区还是人少地区的车站；白天观看还是夜晚观看；被调查者是本地居民还是初来乍到者；被调查者的年龄等个人特性等。

**例3**　针对前面"例5　设计失当的垃圾站"所说的现象，调查"居民们为什么不把垃圾往箱笼里倒？"这个问题更适宜采用晤谈法，无须多加解释。

采用问卷法、晤谈法进行调研，还有一些应该遵循的方法准则。例如：①要周到仔细地设计好问卷或访谈提纲，不能有要素遗漏掉，因为问卷和晤谈都不宜"重新来一次"；②让答卷者、被问者以最简单的方式表达意见，答卷以画圈"○"、画叉"×"来表示肯定、否定，或进行"好、中、差"的择项为宜；答问以简单回答"是、否""好、中、差"为宜，应避免让被调查者写好多字或说好多话等。这些准则在市场调查等类调查的问卷、晤谈中也应该遵循，并非心理调查所特有，因此不做进一步细述。

# 第二节　人机学与新产品的创意开发

## 一、新产品的人机学创意开发

应该怎样进行设计？这是一个大问题，可以有多种多样的回答，例如：

社会学家说：设计要以人为本，创造和引导健康、文明的生活方式。

企业家说：要准确把握市场需求，设计出性价比高、竞争力强的优秀产品。

设计家说：要创造造型美，对人们有用、好用，而且是人们希望拥有的产品。

设计理论家说：成功产品的机会来自把握住"SET因素"（"社会-经济-技术因素"，S—Social，E—Economic，T—Technological）。

……

上面这些说法都正确，而且还可以从其他角度来进行答案表述。

新产品创意开发的人机学阐述是：**广泛审视和检验现有事物中存在的解剖学、生理学、心理学问题，敏锐地发现不足，突破传统束缚，创造更加安全、舒适、高效的新事物。**以前产品的成功改进和升级换代无不由此而来，今后仍需赖此开辟提高生活质量的新绿洲。下面是一些有启发性的案例。

## 二、案例及分析说明

### 例1　随身听的创意故事

从便携CD机、MP3、MP4到手机等，便携式音乐播放器经历三十多年一代代的跨越，功能愈益丰富，而且轻巧、易用。人们也许不知道，它们的"鼻祖"叫"随身听"，即"便携式磁带收录机"。它的出现，是产品创意开发史上的经典案例。20世纪80年代初某日午休时间，日本SONY公司董事长秋雄森田见到一位年轻员工手提一台收录机，头戴笨重的耳机在办公室一边来回踱步一边听着音乐。他立即联想到近二三年在路上、地铁车厢里、公园里，也常见类似的景象，顿时灵感触发，猛然想到应该赶快开发一种不需要手提的超小型（对当时而言）收录机来满足这些人的需求。他立即着手此事，一段时间后在世界上率先推出这种产品，并命名为"Walkman"（随身听）。现在，便携式音乐播放器已成为亿万人的爱物，皆源自这位企业家敏锐的生活观察力。生活节奏加快，年轻人在行路、乘车、健身运动、漫步公园时要听广播、听音乐，社会广泛呈现的这一需求，在多数人对之熟视无睹、"无动于衷"时，SONY董事长能首先捕获，形成产品创意而且大获成功，足令我们深思。

**例2 傻瓜相机的创意故事**

基于数字技术的数码相机，30年来功能和使用便捷性节节跃升：LCD触摸显示屏、多种拍摄模式、完善的曝光与补偿方法、几十种"场景"模式、人脸识别与防抖功能，还可以拍摄视频短片……这些均是当年感光胶片相机时代绝难比拟的。然而，感光胶片相机时代推出的"傻瓜相机"，作为创意开发的后世范例，永远不会"过时"。还没有傻瓜相机的时候，一位设计师发现：在公园拿着相机照相的人，大部分是中青年男子；而老年人、女性、小孩拿相机拍照的相当少。为什么呢？他很快意识到其中的缘由：照相时要根据天气、光照条件对光圈大小和快门速度进行联调，联调中还要考虑景深的要求，又要目测拍摄主体的距离进行对焦，还要顾及取景和构图等。小孩、老人掌握不了，女性多不喜欢为此烦神……一个新产品的创意马上浮现在这位设计师的脑中：赶快研制能自动测光并进行光圈速度联调，能自动测距调焦的相机。经过几年的努力，一个俏皮的名称"傻瓜相机"面市了，很快占据了相机市场的主流，老人、小孩、女性也能轻松玩相机了，中青年男子又何尝不喜欢呢？傻瓜相机是产品升级换代的典型代表，是从产品使用生理学、心理学方面寻求突破的成功范例。

手机是人们总要随身携带的，既如此，为省事，越来越多的人选择免带相机，直接用手机照相摄像。此风兴起不久，手机自拍杆应运而生。自拍，很多情况下很需要、很吸引人，一般相机还没这功能（相信很快会跟上）！于是手机自拍杆迅速走红，大受欢迎！见图11-13。发现显在需求和挖掘潜在需求的界限，在这个案例里模糊不清，但它们都应该在设计师慧眼的视野之中。

图11-13 手机自拍杆迅速走红

**例3 OXO GoodGrips 削皮器**

美国一位企业家的妻子患有关节炎，使用图11-14a所示的普通削皮器时，姿势别扭而感到心理自尊的损伤。于是他想"应该关注残障者的困难和自尊，开发适用新产品"。图 11-14b 所示便是 OXO GoodGrips 公司推出的新型削皮器外观图。

a)
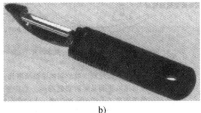
b)

图 11-14 改进前后的削皮器外观
a) 普通削皮器 b) OXO GoodGrips 削皮器

该产品开发中蕴含大量的人机工程研究：关节炎患者使用削皮器的动作与普通人有什么不同？怎样避免使用的不适？研究后采用了大尺寸的椭圆截面手柄，前端两侧有鳍形刻槽，使食指和拇指触觉舒适，抓握自然，控制便利。采用合成弹性氯丁橡胶，表面沾水时仍有足够的摩擦力，还可以在洗碗机里清洗。手柄尾部有大直径的埋头孔，用于悬挂，也增加了美感。图 11-15 所示为该削皮器设计细节的说明，涉及美学、人机工程和加工性能。

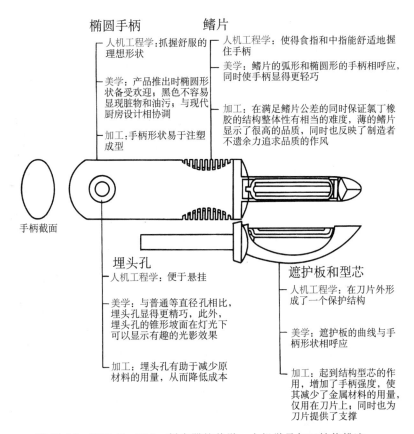

图 11-15 OXO GoodGrips 削皮器的美学、人机学及加工性能描述

瑞典设计师玛丽亚·本克松怀着对残障者的爱心与尊重，也设计出多种优秀残障者用品，见图 11-16。

例 4 SnakeLight 手电筒（蛇形灯）

Black & Decker 公司的设计师在自己家里进行装修时发现，他需要一个便携、易于调整照射方向且无须手持的"手电筒"，以便腾出双手来自由地工作。他确信这不是他个人的偶尔需要，于是建议公司开发具有这种性能的产品。

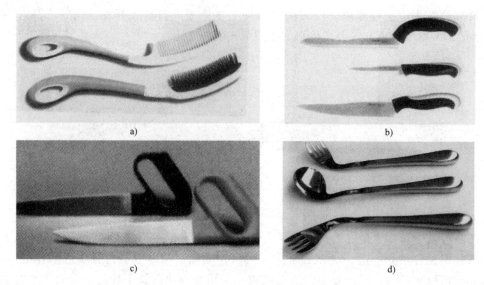

图 11-16　玛丽亚·本克松设计的残障者用品

a) 刷子和梳子　b) E 系列刀具　c) 厨房用刀　d) 餐具

手电筒常用来照大物件遮挡的边角处所，实现此功能的要点是：能在各种环境条件下灵活方便地固定，不必老用手拿着。筛选后的构思是：灯具由一条能弯曲自如的弹性管子构成，即：①可以缠绕在器物甚至人体某部位上；②能弯折成各种形状，可以挂起来，也能放在倾斜的基面上；③头尾插接起来，接近于普通手电筒，可以手握；④把有充分弹性的管子塞卡在某个沟槽或缝隙里，也能固定住。此构思成功、巧妙和富于想象力，但实现它却有不少技术上的困难，如弯管的结构、材料等方面。产品最初被命名为"FlexLight"，最后却以一个"另类"的名称问世：SnakeLight（蛇形灯），凸显功能和形象的标新立异。

图 11-17 所示为 SnakeLight 的外形，图示为把弯管弯折成可以放置在平面上的形状。图 11-18 所示为 SnakeLight 的美学、人机学和加工性能描述。图 11-18 所画是 SnakeLight 头尾插接在一起的形态，这种形态下便于用手抓握。

图 11-17　SnakeLight

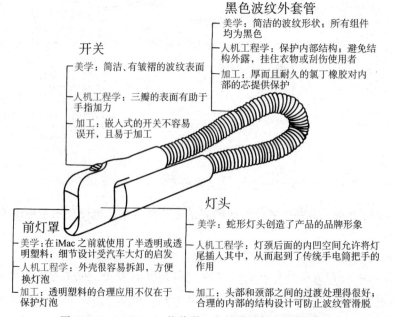

开关

- 美学：简洁、有皱褶的波纹表面
- 人机工程学：三瓣的表面有助于手指加力
- 加工：嵌入式的开关不容易误开，且易于加工

黑色波纹外套管

- 美学：简洁的波纹形状；所有组件均为黑色
- 人机工程学：保护内部结构；避免结构外露，挂住衣物或刮伤使用者
- 加工：厚而且耐久的氯丁橡胶对内部的芯提供保护

灯头

- 美学：蛇形灯头创造了产品的品牌形象
- 人机工程学：灯颈后面的内凹空间允许将灯尾插入其中，从而起到了传统手电筒把手的作用
- 加工：头部和颈部之间的过渡处理得很好；合理的内部结构设计可防止波纹管滑脱

前灯罩

- 美学：在 iMac 之前就使用了半透明或透明塑料；细节设计受汽车大灯的启发
- 人机工程学：外壳很容易拆卸，方便换灯泡
- 加工：透明塑料的合理应用不仅在于保护灯泡

图 11-18　SnakeLight 的美学、人机学和加工性能描述

**例5 Crown（皇冠）公司的 Wave（波浪）升降车**

皇冠公司的副总裁比德威尔曾经在仓库工作过，深知用梯子爬上爬下装卸货物的困难。他和设计师史密斯达成共识：开发新型仓库升降车，使它灵便小巧、安全可靠、易于操纵、美观可亲、蓄电池驱动。这种仓库升降车不仅社会需要，技术条件也已具备。

开发中要将控制技术移植过来，要进行操作宜人性分析，协调结构和造型的关系。一个由工程师、工艺师、设计师及营销员组成的团队，经过艰苦努力，完成了工作。图11-19a所示为 Wave 升降车的照片，图11-19b所示为它在仓储式购物中心工作的情况。

"Wave" 暗含 "Work Asist Vehicle（工作辅助车）" 的意思，又寓意能像波浪一样自如地升降——产品的命名也颇有意思。

a)                                          b)

图11-19　Crown 公司 Wave 升降车及其现场使用情况

a）Wave 升降车　b）Wave 升降车的使用情况

**例6　婴儿挂兜**

看到如今年轻的父母们用着各种款式的婴儿挂兜或背兜（图11-20），老一辈人羡慕不已，也感叹不已：早年没见过这"玩意儿"呀！照料婴儿的同时，要干活、做家务、上街，得抱着婴儿，或者用带子把婴儿捆系在背上，相当费劲、别扭！两者的优劣对比不必说，值得我们思考的是：一代代亿万家庭都存在的问题，我国那么久远的历史，早年怎么就没解决好呢？

**例7　老年人用品**

老龄化社会已经来临，必须更加关注老年人的需求和用品。老年人用品涉及面很广，除前述老年人手机外，下面再举几个示例。

**（1）带门的浴缸和淋浴间的扶杆**　浴缸和卫生间地面滑，浴后跨过半米高的浴缸侧沿，对老年人困难也危险。一款带有小门的浴缸解决了这个问题：把水放掉，推开小门，轻松走出。该设计获得当年的美国工业设计奖。

为了老年人淋浴的安全和省力，在淋浴间适当位置应增设牢靠的座位和扶杆，见

图11-20　婴儿挂兜

图 11-21。

（2）**方便读写的躺椅和躺着看书的眼镜** 很多中老年人希望半躺在躺椅上舒适安逸地读报看书：①灯光投射方向适合，调节方便；②手臂长时间捧举着书报实在劳累，需要有简便、可调节到位的书报夹；③有放茶杯、眼镜盒、圆珠笔的地方，伸手可得；④能方便地随时记录要点、感想、评议等；⑤最好脚部能得到抬靠。这种方便读写躺椅的社会需求已经存在很多年，迄今未见理想的产品问世。

图 11-21 安全的老人淋浴间

"躺着看书的眼镜"从另一方向部分地解决了上述问题，见图 11-22。这是一款"三棱镜"眼镜，原理类似潜望镜，只要书本上的照度够，躺着把书捧在胸前就能正常阅读。

（3）**老人充电发热鞋** 长江流域及以南地区，冬季室内一般没暖气，双脚取暖只能坐着把脚搁在炉子上，离开就不行了。中小学生在教室上课脚也冻得难受，老年人更是要为此愁苦整整一个冬寒。能有"充一次电，热乎一整天"的发热鞋，真是半个中国老年人的一大福音！图 11-23 所示为某生产企业广告词，我们并不清楚这个企业的产品质量如何，再则产品肯定需有一个逐步提高完善的过程。这里的着眼点是：这个老年人的需求抓得准、抓得好。

图 11-22 躺着看书的眼镜

（4）**充电式多功能四折手杖** 图 11-24a 所示手杖的功能有：①需要时可报警，红光闪烁、100dB 报警声；②照明，45°可调节远射程 LED 灯；③FM 调频收音机；④可伸缩调节高度；⑤可 4 段折叠，配防丢手绳，方便携带挂放；⑥用 5V USB 线充电；⑦高强度铝合金杆、橡胶防滑底托，轻便防滑。对老人的出行需求考虑较为周到。图 11-24b 所示为同系列产品——可歇坐手杖。

**充一次电、热乎一整天，远红外线保暖理疗两不误**

# 老人双脚的"保暖舱"
# 国家专利充电发热鞋

图 11-23 这个老年人需求抓得准

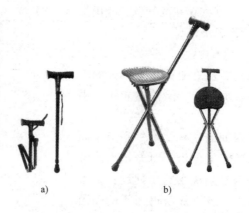

a)                    b)

图 11-24 多功能手杖
a）充电式四折手杖 b）可歇坐手杖

（5）**老年人助行器** 老年人出行有时要携带种种物品或外出购物，图 11-25 所示老年人助行器可满足这种需求。怎样才能更好地"助行"、方便取放物品？需要对老年人生理、心理状态精心调查分析才能做到。

例8 **婴幼儿产品**

图 11-26 所示为几款婴幼儿产品：餐具、牙刷的尺寸、形状适合婴幼儿的生理、心理特性，幼儿坐便护盖则可放置在普通坐便器上，方便成人、幼儿双用。

a)　　　　　　　　　　　　　　　b)

图 11-25　老年人助行器及使用情况
a) 老年人助行器　b) 使用情况

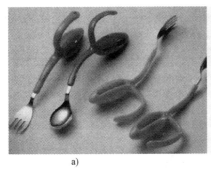

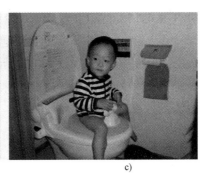

a)　　　　　　　　　　b)　　　　　　　　　　c)

图 11-26　婴幼儿产品
a) 幼儿餐具　b) 幼儿牙刷　c) 幼儿坐便护盖

例9 **左利者用品**

中国左利者占人口的 6%～7%，低于世界平均水平 10%，但左利者总数仍近 8000 万，是个庞大的群体。在欧、美、日等地区和国家的大城市里，左利者用品专卖店是不难找到的，我国在这一领域明显滞后。普通的钢直尺，右手拿着看刻度没问题，见图 11-27a；左手拿着看，刻度数字却是颠倒的，见图 11-27b。再以普通的直尺、三角尺为例，左利者用左手执笔画线时，刻度线总是被左手挡住看不见，很不方便；要让刻度零线在右，刻度值向左递增才适用，见图 11-27c。越来越多的家长意识到，强行要求左利儿童用右手做事写字，不符合儿童"天性"，不可取。设计师和厂家应该顺应这一文明趋势有所作为。

例10 **残障人用品**

关怀弱势群体是设计师应有的担当，是社会文明进步的标志。

图 11-28a 所示为残疾儿童爬行辅助工具（Krabat 公司）。图 11-28b 所示为一款残障

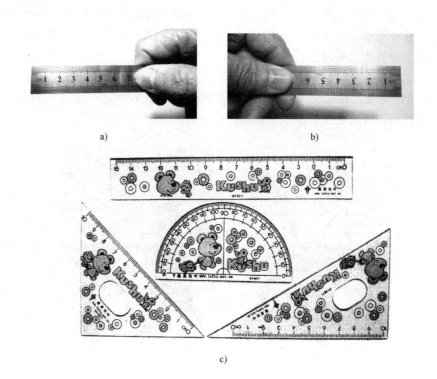

图 11-27　左利者用品

a) 右手拿看普通钢直尺　b) 左手拿看普通钢直尺　c) 左利者适用的直尺、三角尺

人运动平衡轮椅，入选美国 IDEA 设计奖。图 11-28c 所示为韩国设计团队开发的一款盲人智能手环，从图上可以看到，盘面上有 24 个凸出表平面的半球面小凸起，当信息传来时，这些小凸起向上伸出或向下缩回，形成盲文阵列，盲人通过手指触摸，就能阅读短信、得到方向位置的提示指引等，为这一特殊群体共享现代科技生活开启了又一个新通道。

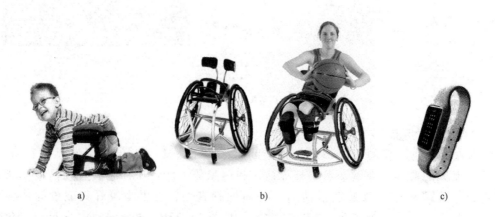

图 11-28　残障人用品举例

a) 残疾儿童爬行辅助工具　b) 残障人运动平衡轮椅　c) 盲人智能手环

**例 11　迷你（mini）型、便携型产品**

为了生活便携，小、轻、便携的产品愈益受到欢迎，几个示例如下。

**（1）可折叠自行车**　折叠后体积很小又很轻的自行车，可以轻松提着上公交车。上公交车前、下公交车后要走不少路的人特别需要，见图 11-29。还可以放在私家车上带到远郊，到目的地后拿下来骑车在景点玩，很惬意。

（2）迷你车　市场细化的时代，有人追求高档豪华车，也有人青睐图 11-30 所示的迷你车。图 11-30a 是埃及开发的可用电瓶或太阳能驱动的迷你休闲车。图 11-30b 所示为四座电动车，图 11-30c、d、e、f 所示为 4 款单人迷你车。

（3）经济卧舱和"胶囊旅馆"　旅游住宿，有人要求住得宽敞也有人只求夜晚充分放松休息，不干别的，特别关注节省开支。"经济卧舱"于是在国外应运而生：除盥洗室、卫生间公用外，在长约 2m、宽

图 11-29　很轻的可折叠自行车

约 1m、高约 1.5m（普通室内可隔成上下两层）的独立空间里，坐、卧、脱空衣服均可自如，行李包挂钩、床头灯、小电视机等也一应俱全，考虑周到。一夜舒适的休息效果与高档宾馆差异不大，但价格非常低廉。

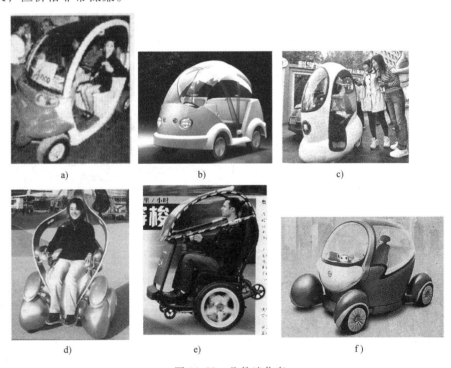

a)　　　　　　b)　　　　　　c)

d)　　　　　　e)　　　　　　f)

图 11-30　几款迷你车
a）埃及产迷你车　b）四座电动车　c）、d）、e）、f）单人迷你车

安徽省某市出现的"胶囊旅馆"，是中国版的经济卧舱一例，见图 11-31。

（4）可折叠头盔　普通头盔体积大，携带不便。图 11-32 所示为一种可折叠的头盔，该设计获得 2013 年日本消费产品设计 G-Mark 大奖。

例 12　护理辅助产品

与医疗器械相比，护理辅助产品与更多人们的日常生活联系密切，有广阔的发展空间。

（1）楼梯用轮椅　图 11-33 所示为德国开发的一种轮椅，可以方便地推行着上下楼梯。还有适合上下楼梯用的担架，前后两人，高位者垂手提着担架把，低位者抬着，能保持担架基

图 11-31　安徽某市的胶囊旅馆

本水平，上下抬行甚为方便。

图 11-32　可折叠头盔

（2）**防疮床褥**　北京一位先生的父亲长期因病卧床，饱受褥疮之苦，广寻能解决问题的床褥而不得，他花两年时间研制出了防疮床褥。防疮床褥由纵横数百个小气囊组成，由电路控制给气囊充气，定时自动轮换充气的气囊组，使卧床者身体支承点适时转换，减缓了褥疮的痛苦。

（3）**按摩椅**　按摩椅、保健椅的种类很多，有以按摩、轻击腰背部位为主的，有能辅助颈、肩、肘、腕、髋、膝、踝各关节活动的等。类似的产品，还有足底按摩滚轮，具有足底按摩功能的足浴盆，对足底穴位有刺激和按摩作用的拖鞋，有利于安眠、能保护颈椎的枕头，能向青少年不良阅读、书写姿势发出警示声光信号的台灯和笔等。然而这一领域仍有广阔的拓展空间。

（4）**单手眼药滴瓶**　给自己滴眼药，想把眼药准确滴到眼睛里很不容易。把眼药瓶装在一个岔口支架中间，见图 11-34，问题及迎刃而解，这一巧妙创意获得了 2014 年德国红点设计奖。

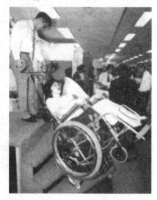

图 11-33　可以上下楼梯的轮椅

（5）**不平体肤创可贴**　人体有很多不平的体肤表面，普通创可贴不能与之顺应贴牢，不方便，易脱落。在创可贴的胶布上做一些不同形状的缺口、缝隙、孔洞，便可在各种不平的体肤表面上贴顺贴牢，见图 11-35，该设计获得了 2012 年德国红点设计奖。

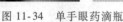
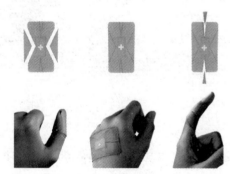

图 11-34　单手眼药滴瓶　　　　　　　　图 11-35　不平体肤创可贴

**例 13　时尚情感产品**

由于 NBA 球星迈克尔·乔丹剃光头，仰慕者们争相模仿，催生了一种新型理发工具：专用的剃光头电推子，见图 11-36。时尚不断演变推移，为新产品开发提供一次次机会。有人预计中小学生蹬滑轮上学，将部分地替代骑自行车上学（对交通安全有何影响另议），那么带有蹬滑轮特色的服装，是否可能成为一种时尚产品呢？

（1）**情侣表**　情侣表的创意是成功的，类推一下，也许可以试试开发情侣伞、情侣背包、情侣鞋、情侣自行车等"情侣系列"产品。

（2）**时尚眼镜**　用鼻梁支托、耳沟钩挂来安置眼镜是个好办法，已经一代代传了上百年。不过眼镜使鼻梁、耳沟难受，闷热季节戴着眼镜尤其不便。改进眼镜佩戴方式可能不容易，但不应放弃这种努力。

图 11-37 所示为一款"没腿儿"的时尚眼镜，由著名国际运动眼镜品牌 OAKLEY 推出，命名为"Over the Top"。据称这种时尚眼镜的镜架与头部贴合甚佳，人活动时不会发生跌落状况，颜色搭配也酷。

图 11-36　剃光头的专用电推子

图 11-37　时尚眼镜 Over the Top

上面这些新产品创意开发的案例，只是生活需求中的九牛一毛而已，但希望读者通过这些案例受到启发，到现实中去发现问题，创新性地解决问题。人们的需求有显的，怕的是设计师视而不见；人们的需求还有潜在的，更要设计师去用慧眼发掘。

## 第三节　人机工程设计的未来展望

### 一、人机学与可持续发展及生态设计

#### 1. 人机学与可持续发展

1992 年，在世界多国元首和政府首脑参加的首届联合国环境与发展大会上，通过了《关于环境与发展的里约热内卢宣言》；2015 年 12 月，在第 2 届联合国气候变化巴黎大会上，195 个国家一致投票通过了《巴黎宣言》。这是人类文明史中的两个历史性事件。国际社会取得共识：无节制的消费已经造成自然资源的过度消耗，垃圾废弃物急剧积累，破坏着地球的生态平衡，造成全球气候恶化，将危及子孙后代的生存和发展。各国承诺，今后经济与科技活动将遵循可持续发展原则，以保护生态环境为前提。我国也在 20 世纪 90 年代制定了国家的"可持续发展"战略，把环境保护提升到了现代化建设国策的高度。

可持续发展观念是对工业文明，尤其是 20 世纪文明进程反思的结果。当年崇尚一次性用品，杯盘碗碟塑料袋等器物均"用毕即弃"，以免除洗净、收放、携带的"麻烦"，后来造成了"白色污染"的恶果。宾馆旅社提供一次性牙刷、牙膏、小香皂、洗发液、沐浴液等，用完没用完全丢掉。这些做法有人机学倡导的"简便""舒适"的影子。正所谓"真理跨越界限一步即成谬误"。美国首先倡导的"商业性设计"，其核心是推行"有计划的商品废弃制"，即利用工业设计的方法，促使消费者在较短时期内进行各种消费品的废弃与更新，包括汽车、家用电器等耐用消费品，以谋求最大限度的商业利润和"国民经济的持续繁荣"。该反省的还有过度的商品包装：几个中秋节月饼，使用了保鲜纸、塑料托、精美铁盒、纸板盒套及礼品提兜等 5 层包装，重量超过月饼本身好几倍，提供垃圾老大一堆……

可持续发展不是科技层面、方法层面的理论，而是高层次上的设计伦理，是文明层面的理念。今后人机学必须遵循可持续发展的理念，以人与自然持久和谐作为理论和方法的前提。

#### 2. 生态设计（绿色设计）的准则和方法简介

符合可持续发展理念的新设计观通常称为"生态设计"或"绿色设计""可持续（产

品）设计"，内涵相同或相近。

德国、丹麦、荷兰、奥地利、瑞典、美国等国家为推行生态设计，已编制了相关的设计手册。西门子公司在欧洲大企业中首先实施了企业环保产品设计准则和材料再生准则。美国福特公司是汽车工业中建立材料再生准则的率先者（1993 年）。

生态设计有以下准则和方法。

**（1）耐用设计与简朴设计** 耐用设计又称为长远设计或**长寿命**设计，要求摒弃流行式样的影响，为用户提供产品长期维修的可能。主张采用模块化结构，使部件容易拆卸、转换。例如，原先功能单一的婴儿床，对其稍做变换，便能同时作为婴儿车使用；当小孩从一二岁长到三五岁时，又可以方便地改换为幼儿床，延长其使用年限。模块化产品的某些部件易于转换为其他用途，以有效削减废弃物。简朴设计引导消费者不追求时尚、华丽的"高档"产品，减少产品繁复和不切实际的功能。此外还倡导人们不追求私人用品的占有，而乐于使用公共设施和用品。为此，国外举办过"大家共用，代替个人独占"的设计竞赛。为此应努力改善公共设施的便捷性、舒适性。例如改善公共交通系统的设计，促进公众乘坐公交车，减少私车等。

**（2）低耗设计与节能设计** 低耗设计与节能设计的主要准则有：减少不可再生资源的消耗量；减少高能耗材料（如铝、水泥等）的用量；使用可循环的再生材料（二级材料）；使用竹子、藤条、芦苇、麻纤维等速生植物原料；简化产品包装。

**（3）环保性设计** 环保性设计直接的目标是减少废弃物，尤其是有害、有毒的废弃物；促进资源的重复利用和再生利用。更重要的是，环保性设计从根本上更新了传统"设计"的观念：设计不再仅仅是创造对人们有用、好用、有市场竞争力的产品，而应是对人类生态系统的规划。在设计好用产品的同时，要全面考虑产品制造、使用和回收处理三大阶段的生态效应。材料选用方面，提倡采用不电镀、不覆盖涂层的单纯金属材料，单一成分的热熔性塑料，并减少同一产品中材料的品种，以利于材料的再生和多次循环使用；结构方面，少用焊接、胶接和密封整体式，改为可拆式、插接式，以便于回收利用。开发利用太阳能等无污染能源的产品，开发诸如家庭多级用水装置之类的产品。图 11-38 所示为一款与抽水马桶连接的小型洗衣机，可以利用洗衣服的水来冲刷马桶。2009 年 3 月在北京的一个节能科技博览会上，有人展示了一台"踏步洗衣机"，人们在家里踏步或跑步健身的时候，就把衣服洗了，不用电源。报废干电池的处理至今仍是难题，有人设计了惯性轮旋转式剃须刀，用一根线拉动三次，剃须刀就能完成一次剃须；还有人设计了发条机构剃须刀，上紧发条就能剃须一次。非洲某些地区电力缺乏，有人为那里设计了称为 FreePlay 的收音机，可用手摇提供电能。这些设计是"复古倒退"，还是正确的发展方向，有待历史来检验和回答。

**二、高技术产品的认知与使用心理**

传统产品的功能相对直观，易于认知。例如不论是军刀、镰刀，还是菜刀都有刀体、刀刃、刀把，一看就知道是刀，知道大体怎么使用。电子科技时代情况大有变化：家用切碎机的刀把在哪里？激光刀就根本没了刀刃的影子。突出的问题是各种电子产品，从小到大，报警器、驱蚊器、光碟机、微波炉以及各种医疗、科教仪器，全是大大小小的"方盒子"。第一，不能从产品外形获知它是什么东西，有什么用，使人对产品产生陌生感、冷漠感；第二，无论要做什么事情，开门关闸、做饭洗衣、报警呼叫直到发射火箭，全是按按钮，产品的使用方法失去了与往昔生活经验、行为体验的联系，使人感到失落。研

图 11-38　连接马桶的
节水洗衣机

究认为，这种趋势无节制地蔓延扩大下去，会对人类的基本生存能力和精神智力产生负面后果。怎样赋予高科技产品良好的认知性和亲和力，让人们易于了解和使用产品是人机工程设计面临的新的重要课题。这一研究领域称为**产品语义学**。

图 11-39 所示为一款电子驱蚊器的设计构思过程。为了使产品形态体现功能，改变冷漠的"方盒子"形象，借鉴图 11-39a 所示唐代"三层五足银熏炉"（陕西历史博物馆藏）的造型，考虑制造工艺及使用等因素后，落实造型见图 11-39b。图 11-39c 所示为产品模型照片。⊖

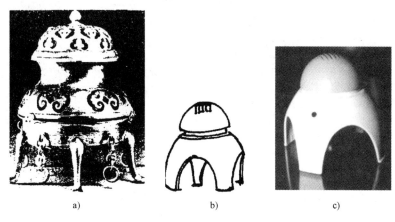

a)                    b)                    c)

图 11-39　电子产品造型体现功能语义的尝试

a）三层五足银熏炉（唐）　b）造型落实　c）产品模型

### 三、坚持健康文明生活方式的导向

#### 1. 为社会变革中的新需求提供设计

城镇化是中国社会历史性的大事件，今后几十年有四五亿人口从农民转为城镇居民，从温饱过渡到小康，但能源、淡水等资源相对不足，应该为他们的衣、食、住、行、用提供怎样的设计？这是一个重大问题，需要有社会责任感的设计师为此倾注心血。

在发达地区，社会发展也给人机学提出了种种新课题。以汽车设计为例，仪表显示、操纵控制、安全、视野、驾驶环境、乘坐舒适性、驾驶者心理、驾驶与道路系统等，这些曾经的汽车人机工程热点，今后将出现明显的变化。随着汽车及公路导航系统、汽车电脑速度控制系统的完善，驾驶汽车时眼睛和手脚将逐步获得解放。由于信息技术的发展和社会生活的网络化，今后"朝九晚五上班族"将渐趋萎缩，有越来越多的人不必到机关、企业去"坐班"，改为在自己家中工作，并实行弹性工作制。于是汽车作为通勤交通工具的功能将下降，用于旅游、休闲、娱乐的比例将提高；汽车不一定需要开得那么快了，而乘坐舒适性却希望更好。作为一个活动的家，车内空间需要加大，更具有家庭的温馨气氛。这些都将是汽车人机工程设计转移的方向。图 11-40 所示为两种发展中的概念车。

未来社会中，家庭小型化、人口老龄化、居所流动化、工作时间缩短、对保健的需求增长等，都为人机工程设计展现了广阔的发展前景。

今天，世界上超过一半的人使用手机与互联网。智能手机与 4G 网络的结合，对人类社会、经济、文化生态和历史文明进程的全局性影响，目前尚无法估量。设计必须紧紧跟进，不可懈怠。我国的"互联网+"战略意义重大。"互联网+"的领域广阔，正深刻改变着通信、物流、商业、金融等社会形态，产品设计的"互联网+"无疑也大有可为。图 11-41 所示为专门为"健忘"老人设计的助行器，由荷兰 Arnhem-Ni jmegen 大学开发，是图 11-25b 中助

---

⊖ 该设计为北京理工大学工业设计系 1993 届硕士生石磊所做。

a)

b)

图 11-40　发展中的概念车

行器的"互联网+"式产品，装备了 GPS 定位系统，利用 WiFi 无线网络定位，输出界面为老年人易懂的简洁图形。它大大缓解了"健忘"老者及其家人为老人外出迷路的担忧。产品"互联网+"为设计师参与"大众创业、万众创新"开辟了广阔前景。

**2. 拒绝导致体魄与智力衰退的"美好生活"**

科技和文明自来就是双刃剑，为人类带来福祉的同时，也可能给人类制造灾难。石化工业在20 世纪合成了塑料，给人们带来的好处说不尽，但在山林河湖里留下的白色污染，要到我们第六七代子孙的时候才可能降解到自然界里去。就人机工程设计的导向而言，拒绝导致体魄与智力衰退的"美好生活"，是一个必须关注、强调的命题。

英国曾经对小学生做了一次调查研究，结果显示：小学生虽然知识面比前辈宽广，但基本生活自理能力和动手能力却明显下降。他们的学具

图 11-41　"互联网+"老人助行器

与玩具越来越"高级"，而能用小刀削好铅笔的孩子却越来越少。计算器过早地交到手中，使他们的计算能力比前辈大为逊色。平日让孩子们的生活舒适有加，假期再安排到夏令营去"磨练"，岂非咄咄怪事？他们通过浏览网络而"什么都懂"，浮浅和"碎片化"的信息却阻断了他们系统深入学习知识的通道。

私家车加装"GPS 车载导航仪"日趋普遍，GPS 以图形的形式给驾车人"指路"，目的地可轻松到达，真方便！但几年过去，惊讶地发现：这些人的"认路"能力比以前大为降低，正逐渐变成生活中不辨东南西北的人！这不值得我们深思吗？

怎样的"美好生活"才有利于人类体魄与智力的健康发展？媒体上对于未来生活有这样的描述："从清晨起床到夜晚入睡，智能化的电子产品为人安排好了一切：定时唤醒人们起床，定时自动做好早餐，自动定购所需物品……"，生活中的一切都由计算机安排得妥妥当当，无须再费心费力。还有智能化的个人交通工具，能让人足不涉地；恒温控制的居室，让人终年生活在"宜人的"温室中，等等。试问：如此的生活是祸还是福？在这样"优裕"的生活中，人类的体力和智力将继续进化，还是会退化衰败？高新技术创造了功能优越的产品，大众觉得产品深奥且操作繁难，于是，科技精英又创造出"傻瓜"型产品，使用非常简便。

科技精英只占人口的少数，他们掌握着创造，也就掌握着左右社会的某种权柄。大众可以不费力、不费脑地"享受生活"，多么"美妙"！但是联想到困扰人类历史千百年的"贫富两极分化"，不免要问：人类未来是否会陷入"智力两极分化"的深渊中去？人机工程未来仍要让人们"安全、舒适、高效"，但应该从更高的视角来把握其含义：生活美好，更要有利于人们德、智、体的全面发展，才是合理的生活方式。历史上曾有部分设计沦为利润的奴隶，走入歧途。设计师必须不忘社会职责，在设计中把社会发展的正确导向、公众健康文明的生活方式和企业利益结合起来。

**3. 现代化、传统文化与文明的多样性**

人机学的原则是设计应符合人们的心理要求，而心理要求除人类共通的方面之外，还包含各国各民族的特有方面。中国的水墨画与欧美的油画既有共同点，又迥然异趣；只有中国人，因为从小在神话传说、诗词文赋、民间艺术耳濡目染中长大，才可能真正体味中国画意趣的三昧，这就是特有民族心理的表现。随着经济全球化进程的加速，跨国公司的产品充斥在各种肤色的人群之中，无所不在。传统文化、传统艺术、多样性的生活方式受到前所未有的冲击和危害。传统文化是地球对人还显得无限庞大的历史条件下，分割在不同地域的族群，一代又一代历经千年万年孕育而成、不可再生的无形珍宝。如今在中国的各大都市里，酒吧和咖啡厅渐成时尚，年轻人热衷于圣诞节、情人节、愚人节的也多起来，对这些都无可厚非，因为不同文化的交融是好事，"萝卜白菜各有所爱"，个人的趣味取向更不应指责。问题在于我们同时不能遗忘茶馆，不能遗忘端午节、中秋节、重阳节……它们实在包容着说不完道不尽的中华千年文化！因此，关心文明走向的学者们不断为文明多样性受到的威胁敲起警钟，各民族的广大公众，在保护本民族文化传统的意识上也空前觉醒。在向现代化迈进的同时，在各种设计中捍卫中华文化的传承性，只能依靠中国的设计师。因此，在设计中传承民族情怀、体现传统文明和生活方式，是人机工程设计未来应予重视的又一个重大课题。

# 附　录

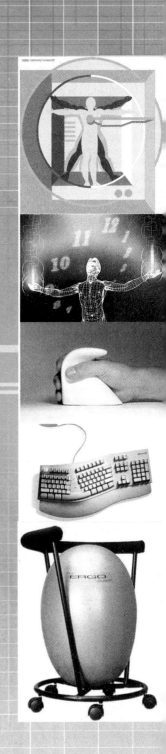

# 附录 A 小作业：读书报告

**1. 小作业的目的**

小作业是为配合课堂讲授而设置的。学生用课后时间完成小作业，不占课内学时。

学好人机学不取决于对知识的记忆，让学生抄书答题，达不到教学效果。

小作业的目的是：使学生结合听课和阅读教材，积极思考，联系实际，从被动"吸收"知识，向主动思考和钻研转化。人机学贴近生活、贴近实际，通过发现生活中的人机学问题，能激发学生对课程的兴趣和学习积极性。

**2. 小作业的布置和形式规格**

1）小作业在开课后不久，例如讲授完第一章第一、二节后向学生布置。在课堂讲授结束和大作业（课程设计、课程论文）开始前收交。

2）采用 A4 规格纸张。要求纲目清楚、文理通顺、表述简要明确。插图可以采用示意图，应认真绘制，不得随手涂鸦。

3）小作业统称为"读书报告"，有两种类型的题目。每个学生选择完成一种类型里的一个题目即可。下面介绍两种类型的题目及作业要求。

**3. 第一类题目及作业要求**

1）作业题

A1 用人机学的眼光审视我们的生活环境

A2 校园中的人机学问题巡视

A3 暑、寒假返家途中曾经感受的人机学问题反刍

A4 寝室、教室、阅览室、绘图室……——人机学问题"室室谈"

A5 文具、寝具、餐具、厨具、洁具……——人机学问题"具具谈"

A6 一次旅游途中的人机学问题对话录

A7 产品开发的几个初步人机学创意

类似的题目还可以列出很多，留给老师和同学们自己补充和选择。

2）作业说明和要求

① 要求同学用自己的眼睛去发现生活中的人机学问题，不得仅仅从文献资料中摘抄。

② 不强调做深入分析或提出完善的解决方案，以发现问题多、独到、深入为优。

③ 作业的字数不做规定。应该简洁表达：发现的问题，直截了当地写出来，不用"开场白""感想""结束语"之类"包装"，把"水分""挤干"。一般来说，一份作业写出七八个自己发现的问题，每个问题用 60～100 个字来叙述，配以必要的插图，就是一份正常的作业了。这只是供参考，不是标准。

**4. 第二类题目及作业要求**

1）作业题

B1 谈谈人机学与工业设计的关系

B2 自学教材第五章第六节的读书报告

B3 自学教材第六章第一节的读书报告

B4 自学教材第六章第二节的读书报告

B5 自学教材第六章第三节的读书报告

B6 自学教材第九章第一节的读书报告

B7 自学教材第九章第四节的读书报告

B8 自学教材第十一章第三节的读书报告

课堂讲授不可能也没必要包含教材的所有章节，凡是没有讲授的章节，大部分可列入这类题目让学生自学。这里列出 8 个题目仅供参考。

2）作业说明和要求

① 通过这类题目，让学生学会用自学的方法去自我拓展，培养自学的习惯。

② 这类作业常包括两方面内容：自学笔记和读后联想，分述如下。

自学笔记一般是提纲式的，要简洁，字数在所阅读篇幅的 1/10 以下。提倡经过思考组织、用自己的语言来写这个提纲。

读后联想要求写出联想到的实际问题。也可以对所阅读的内容提出质疑与补充，或指出不足与错误。总之，自学不应只是吸收，还应该有积极的拓展。

# 附录 B 大作业：课程设计与课程论文

## 一、大作业的目的和一般要求

### 1. 大作业的目的

1）人机工程学是综合性的应用型学科，只有用其理论分析过实际问题，或完成过设计，才能得到收获。大作业让学生经历一次人机学应用实践，引导学生发现问题、调查问题、探索更佳的解决方案，是重要的教学环节。

2）必须做两方面的调研：文献资料的调研和现实情况的调研。这部分工作必须超越课堂、超越教材，到图书馆、资料室、因特网以及问题现场去进行调研。这能激发学生的学习主动性，培养自我钻研、开拓进取的精神。

3）课程设计、课程论文最后要在全班同学参加下进行答辩。同学们分享大家自学、钻研的成果，通过互相质疑评议，得到启发。

### 2. 大作业的布置、答疑和过程检查

（1）布置大作业　课堂讲授全部结束后，教师即向学生讲解大作业的目的、要求、工作步骤和大作业期间的教学纪律。

（2）学生选定大作业题目　本文后面列出了不少大作业题目，任课教师还可以酌情补充。每个学生可任意选定其中的一个。

学生选择大作业题目时会有很多考虑，互相讨论，向教师进行咨询，需要一定时间。但应规定一个期限（例如 3~5 天），学生必须报来选定的题目。

（3）答疑　大作业期间的课内时间，任课教师仍然到课堂给学生咨询、答疑。咨询、答疑中，教师只做原则性、方向性的指导，不对具体问题做具体回答。教师解答具体问题不利于学生锻炼独立工作能力，也难对各种实际问题都有深入具体的了解。

（4）过程检查　前松后紧必影响大作业的质量。临近结束日期才把思路打开，进入情绪高涨、思维活跃的状态，但此时大作业只能"草草收兵"了。关键在于抓紧在开头阶段把"难关"冲越过去。这主要靠学生自己的努力，同时，教师的督促帮助不可或缺。大作业期间学生要到现场去做调研，去图书馆、上因特网查阅资料，可不要求课堂出勤，但必须在规定的时间到课堂接受教师 1~2 次的过程检查。

### 3. 大作业的一般要求

1）解决作业中的问题，依靠教材上的数据资料是不够的，第一，需要检索查阅文献资料，第二，做实际事物的调研。

2）设计、分析或评述，应不脱离科技、经济和社会的实际。不鼓励可望而不可即的"豪华"设计。设计师应该有前瞻性，"为不久的将来进行设计"是可取的。

3）大部分题目适于一个人独立完成；为了调研方便等原因，部分题目可由两人合作；少数可由三人合作；不提倡更多的人合做一个题目。

**4. 课程设计与论文的答辩**

1）同学应认真准备答辩报告，写出发言提纲，简明扼要、突出重点、口齿清楚又从容不迫地进行表述。

2）一人作业报告时限可定为 8 分钟，两人、三人合作作业报告时限为 12 和 15 分钟。报告开始应介绍题目、设计任务或论文核心论题；最后做简要的得失与优缺点评析；中间主体部分，要突出反映本人工作实质的内容，略去细节和众所周知的知识。

3）答辩会由任课教师主持，全班同学参加。同学在答辩会上应专注倾听他人的设计或论文报告，踊跃发言，提出质疑，深入探讨，认真切磋，中肯评议。

## 二、课程设计

课程设计由设计图和说明书组成，分别说明如下。

**1. 设计图**

1）采用三视图或透视图均可。作为人机工程设计，应注意：第一，在技术可行的判断下，不做结构细节设计；第二，应标注必要的三度空间尺寸，表达量化的人机工程几何要素和物质要素。设计图上可附简略的文字说明。

学生如有兴趣，可用形象的效果图作为补充图样，但不可为了"锦上添花"而降低本课程的基本要求。

2）电子版的图样，打印在 A4 纸上即可。手绘图样的图纸尺寸应符合国家标准。答辩时挂出来讲解用的图纸不小于 A2 规格（420mm×594mm）。

**2. 设计说明书**

1）设计说明书一般包含以下几部分内容：

① 设计题目及其说明。

② 调研与分析（包括现况、实物调研、文献资料收集及其分析归纳）。

③ 方案构思、多方案的对比与抉择。

④ 对本设计的说明（尤其是说明设计图未能表达的问题）。

⑤ 设计小结（包括优缺点、应进一步研究的问题、得失与收获等）。

2）设计说明书应纲目清楚、文字简练、表意准确，并注意版式。

3）设计说明书统一用 A4 纸打印或书写，有简朴大方的封面设计，装订成册。

## 三、课程论文

**1. 课程论文的类型与要求**

1）进行文献资料的检索、查阅、研读，并对现有事物进行调研，是撰写论文的基础，应在论文中充分反映。

2）课程论文应有学生独立完成的分析、评论、论点。若有调研，应附调研记录。

3）部分作业题的形式是：《××××问题的人机学评析与改进设计》，介于课程设计与课程论文之间。评析与设计并重，或侧重某一方面，学生可自行掌握。

4）人机学是文理渗透的学科，大作业中有一些用特殊文体表达的题目，如科普小品、电视脚本、相声、杂文等形式，供有兴趣、有特长的少数同学选做。

**2. 课程论文的形式与格式**

1）下面列出学术论文的一般层次结构，供课程论文参考。

① 题目后正文前有摘要（150~200 字为宜），然后列出关键词（不超过 5 个）。

② 正文（这是主要部分，要求已如上述）。

③ 参考文献。

2）以 A4 规格纸张打印或誊写规整。简朴大方的封面设计，装订成册。

3）课程论文的字数无规定。一人完成的论文篇幅一般可能在 3000~8000 字之间。

配合本教材的出版发行，机械工业出版社同时出版发行了教学参考书《人机工程学课程设计/课程论文选编》，可供各校师生选购参考。

## 四、课程设计与课程论文题目

两点说明：

1）由于部分作业题是介于课程设计与课程论文之间的，下面不做明确分列。

2）在少数题目的后面做了简略的解释说明，它们是所有题目解释说明的示例，对其他题目亦可参考。

**A-1** 4 人间本科生公寓房（18m$^2$）的人机学设计

**A-2** 2 人间硕士生公寓房（16m$^2$）的人机学设计

**A-3** 计算机桌的新型人机学设计

**A-4** 某特色景区的公共垃圾箱设计

（"特色景区"可以是历史文化名城、江南水乡、佛道名山、特色民族地区等。垃圾箱设计主要着眼于人机学要求，同时能有独特历史文化风貌的反映。）

**A-5** （北京胡同游）人力三轮车的宜人性设计

（可结合学校所在地的实际情况设计载人人力三轮车。能体现当地历史文化风貌则更好。）

**A-6** 旅游景区双人（三人）休闲自行车设计

**A-7** "夕阳乐"老人人力（锂电助力）小三轮设计

（可结合城市、城镇及不同经济文化发展水平设计。）

**A-8** 自行车婴儿座位的改进设计

（婴儿座位有放在自行车前面大梁上、放在后面书包架上两大类。考虑不同年龄婴儿的生理、心理特性，可做出不同设计。不要求一份作业中要完成多个设计。）

**A-9** 婴儿挂兜或背兜设计

**A-10** 便于转换背驮、提扛方式的旅行箱包设计

**A-11** 附设方便火锅的家用餐桌设计

**A-12** 安乐读写椅设计

（参看第十一章第二节例 7 中"方便读写的躺椅"的说明。）

**A-13** （附带照明的）多自由度床头书夹设计

**A-14** 多用途晾衣架设计（可晾晒上衣、裤子、袜子，可防风吹落。）

**A-15** 老年人便携（可折叠）棋牌台凳设计

（在公园、街头、路边，全神贯注于棋牌的老年人随时可见，观察观察场景，询问询问需求，用设计向他们奉献一份爱心吧！）

**A-16** 我校（院）学生公寓盥洗室的改进设计

**A-17** 我校（院）学生浴室中部分设施的人机学改进设计

**A-18** 我校（院）学生用床及相关器物的人机学改进设计

**A-19** 解决学生公寓中晾衣问题的几种设计方案

**A-20** 邮局胶水盒的改进设计

（各地邮局都有胶水盒之类的器具，改进设计一个，让人们使用胶水方便卫生一些。）

**A-21** 公交车站的人机学设计

（随所在地区繁华程度的不同，同一车站公交线路多寡的不同，面对的问题会有很大差异，可自行决定所针对的环境条件。）

**A-22** 一（两、三）种新型社区健身设施的方案设计

**A-23** 家用点滴（输液）装置设计

（应对接受点滴的患者及护理人员两方面进行需求调研。）

**A-24** 服装商场的试衣间设计

**A-25** 医院（地铁站、长途汽车站等）中部分公共标志的改进设计

**A-26** 邮局营业单元和窗口设计

**A-27** 储蓄所营业单元和窗口设计

**A-28** 公园、社区休闲椅系列设计

**A-29** 商场收款台工作空间设计

**A-30** 教室里多媒体讲台及教师工作空间的（改进）设计

**A-31** 公共厕所隔间单元设计

（公厕的宜人性、人性化设计正受到社会广泛关注，隔间单元应该是其中的基本部分。）

**A-32** 我校（院）的路标系统设计

（每种规格的路牌应有一块按 1∶1 的实际尺寸绘制，其他的可缩小比例绘制在 A4 纸上。另需绘制一张表示各路牌放置位置的校园平面图。）

（建议与学校总务部门联系，索取资料，听取意见，作为真实可用的课题进行设计制作。）

**A-33** 设计四个禁止标志，按 **GB 2894—2008**《安全标志及其使用导则》要求绘制出指定应用条件下的基本图样（可参照图 6-71、图 6-72 及相关说明）。

①禁止随地吐痰；②禁止随意刻画，图样适用的观察距离为 $L=5m$；

③禁止大声喧哗；④禁止使用手机，图样适用的观察距离为 $L=4m$。

**A-34** "清除'白色污染'青年志愿者"标志设计

① 整个标志应由图形和文字构成。

② 标志设计以画在方格纸上的"基准图"的形式提供（参看图 7-12b 和图 6-73），基准图的幅面尺寸 $\geq 0.2m^2$。

**B-1** 关于计算机操作者健康问题的调查报告

**B-2** 鼠标、键盘人体工程设计产品的现状与分析

**B-3** 市场上办公桌椅功能尺寸（对国人）适宜性的调查报告

**B-4** 市场上办公桌椅的人机学评析

（与 B-3 题的区别是：不局限于功能尺寸的评析，还涉及其他人机学问题。）

**B-5** ××小学（×年级）学生课桌椅适宜性的调查报告

（小原二郎等人在日本所做的类似调查报告曾成为日本政府文部省制定相关政策的依据。做这个题目者，每人的调查量至少为两个班。）

**B-6** ××儿童游乐场人机学状况的评析

**B-7** 火车硬座车厢中人机学问题的调研报告

（随着我国客运列车的大幅度提速，乘客对硬座车厢会有新感受、新需求，值得关注。）

**B-8** 火车卧铺车厢中人机学问题的调研报告

（随着百姓经济条件改善及火车提速，乘客对硬卧车厢的新感受、新需求值得关注。）

**B-9** 长途卧铺汽车中人机学问题的调研报告

**B-10** 美容（发）床椅及美容（发）师工作空间中人机学问题的调研报告

**B-11** 老年人用手机的人机学要求调研和设计定位

（2004 年美国有人做过这项工作。选做这个题目的同学务必自己进行认真的调查。）

**B-12** 老年人手杖的人机学调研与评析

**B-13** 我市公共汽车车站的人机学调研与评析

**B-14** 我市城区（部分）过街天桥的人机学调研与评析

**B-15** 公园、社区中某些公用健身设施的人机学评述

**B-16** 超市中拖把的人机学评析

**B-17** 超市中楼房玻璃窗擦拭器评析

**B-18** 超市中饮品用瓶罐开启方式的人机学研究

**B-19** 市场牙刷产品的人机学评析与设计创意

**B-20** 超市中洗涤液与护肤化妆品用瓶罐开启及使用方式的人机学研究

**B-21** ××医院标识系统的人机学调研报告

**B-22** 我校（院）学生公寓中的人机学问题评述

**B-23** 我校（院）浴室中的人机学问题评述

**B-24** 我校（院）校医院中的人机学问题评述

**B-25** 照相机（打火机、电话机、电扇、剃须刀……）发展中的人机学因素

**B-26** 洗衣机（冰箱、电炊具、吸尘器、电熨斗……）发展中的人机学因素

**B-27** 电视机（随身听、MP3、MP4、DVD、复读机……）发展中的人机学因素

**C-1** 我校（院）学生阅览室中的人机学问题与改进设计

**C-2** 我校（院）学生公寓盥洗室的人机学评析与改进设计

**C-3** 我校（院）学生餐厅的人机学评析与改进设计

**C-4** 我校（院）学生餐厅售货工位的人机学评析与改进设计

**C-5** 我校（院）学生食堂炊事班工作环境与器具的人机学评析与改进设计

**C-6** 我校（院）教学楼（办公楼、公寓楼、市内写字楼等）房号排序及标识问题的调研及改进方案

**C-7** 公园、社区中某些公用健身设施的人机学改进设计

**C-8** 我市公交车车站牌认知性的评析与改进设计

**C-9** 手机、电视机、空调遥控器上按键的人机学评析与改进设计

**C-10** 几种电动工具的人机学评析与改进设计

**C-11** ×××书店营业厅的人机学评析与改进设计

**C-12** ×××大型超市收款通道及工位的人机学评析与改进设计

**C-13** ××公园手划式、脚蹬式游船的人机学评析与改进设计

**C-14** ××服装商场试衣间的人机学问题调查与改进设计

**C-15** 超市中各种刷子的人机学评析和创新方案设计

**C-16** 火车车厢中××、××方面的人机学问题与改进设计

（座席车厢或卧铺车厢中都存在多方面的人机学问题：座位或铺位、茶几、行李架、照明、窗户、空调或风扇、播音系统、饮水与食品供应、卫生条件及其改善、盥洗室、厕所……而且上述每一方面又都能派生出不少子问题：卧铺中有尺寸、卧具使用、脱下衣裤的放置、上下的安全与方便等问题；座席中有尺寸与几何形式、结构材料与面料、座位朝向等问题；行李架中有放取的安全与方便、行李的实际防窃和心理防窃等问题。其中每一个子问题也可能需要考虑不少因素。做这个题目的学生，可以自行确定研究、设计其中的某些或某个方面、某几个子问题。建议：宁可涉及面窄些，但求能深入一些。）

D 系列为人机工程 CAD 类型的作业题，供具备以下两个条件的同学选做：①学过相关课程，有用三维工程软件建模的初步能力；②所在学校可以获取 CATIA 资源。学生选做 D 系列的作业题，须获得任课教师认可。

完成 D 系列作业时有三点应予注意：

1) 除给出设计的最终结果外，应有文档描述分析过程和说明工作原理。

2）还应提供在 CATIA 中建立的分析模型（包括人体、产品或空间），用 CATIA 打开，可以读出相关的设计数据。

3）作为学习练习，同学们可以直接采用软件上已有国家的人体尺寸数据完成作业。但我们也将把在 CATIA 中初步创建的中国成年人人体尺寸小模块，附在本书的教学课件中。

**D-1**　单人野营帐篷的内空间设计（含卧具等必备物品）

**D-2**　阅览室双座位单元的尺寸设计（可参考图 B-1a）

**D-3**　阅览室四座位单元的尺寸设计（可参考图 B-1b）

a)　　　　　　　　　　　　　　　　　　　　b)

图 B-1　阅览室的座位单元

a）双座位单元　b）四座位单元

**D-4**　服装商场试衣间的尺寸设计

**D-5**　快餐店双座单元的尺寸设计

**D-6**　咖啡厅双座单元的尺寸设计

**D-7**　缆车双人吊罐的内空间设计（含座位、安全防护装置等物品）

**D-8**　家庭淋浴间的尺寸设计（可参考图 8-4）

**D-9**　公共卫生间蹲位隔间的尺寸设计（可参考图 8-9）

**D-10**　经济卧舱的尺寸设计（关于经济卧舱，参看第十一章第二节的例 11）

**D-11**　女青年合租房中沙发床的尺寸设计（可参考图 B-2）

**D-12**　陪护床（椅）的尺寸设计（可参考图 B-3）

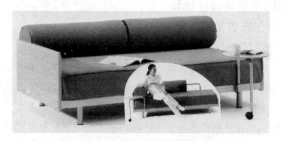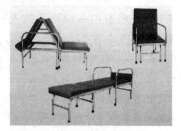

图 B-2　女青年合租房中的沙发床　　　　　　图 B-3　陪护床（椅）

**E-1**　产品与环境的人机工程设计创意集锦

（"创意集锦"的意思是提出"一批"而不仅仅 1~2 个或 2~3 个创意。只重于提出创意，不花时间进行深入设计。）

**E-2**　新概念雨具的创意和方案设计

（现代人类已经做到的很多事情都超过了《西游记》等神话小说里的描述。但现代人类生活中也还存在着不少很原始的事物，雨伞就是一例。倘若存在高度智慧的外星人，他们看到地球人撑伞防雨的窘态也许会捂嘴而笑：一只胳膊弯起肘来费劲地拿着伞，再要带点什么东西就难了；小风淋湿肩膀和裤脚，大风吹来狼狈如舞蹈。他们会说：你们地球人不是挺能吗？咋地啦？几千年来没弄出个好点儿的雨具？——应该勇于在这类事物上寻求突破。这需要独辟蹊径，也许难以很快圆满成功，提出创意和方案，开始迈出你的步伐吧！）

**E-3　情侣伞的创意和方案设计**

**E-4　家庭节水器具的创意和方案设计**

（报载，2004 年初夏北京一个中学生的一项设计获奖，即一个装在洗菜、洗脸池水管下的截门，简单一拧，就实现水的流向切换，进入放在该处的水桶，可以用来冲厕所。这就是一个家庭节水器具。当然还可以做出其他的，也许更好的设计。）

**E-5　家庭节水系统的创意和方案设计**

（与 E-4 题不同，本题着眼于从家庭用水系统来想办法节水。）

**E-6　家庭阳台（厅堂）立体绿化的创意和方案设计**

**E-7　大学生双休日野营旅游装备、器物系列的方案设计**

**E-8　旅客列车饮用水供水系统的创意和方案设计**

**F-1　火车提速带来的人机学问题初探**

（问题有较大的深度和广度，但同学们可以选其中一部分问题进行初步探索，会有收获，也有价值。）

**F-2　长途客车（火车、汽车）旅客座位背向问题的分析研究**

**F-3　关于产品设计人体尺寸应用中"穿着修正量"的研究**

（GB/T 12985—1991 所提供穿着修正量的数据甚为简略，值得做进一步的研究。）

**F-4　关于产品设计人体尺寸应用中"姿势修正量"的研究**

（GB/T 12985—1991 所提供姿势修正量的数据甚为简略，值得做进一步的研究。）

**F-5　关于人的自然行为倾向的一些调研与分析思考**

（有兴趣的同学可以对第五章第六节所述的问题做些进一步的研究。）

**F-6　人机学理论与可持续发展战略**

**F-7　设计伦理：人机学理论与一次性用品**

**F-8　人机学与产品的升级换代**

**F-9　人机学与新产品的创意开发**

**F-10　可持续发展设计与我国竹产品的开发利用**

**F-11　关于左利者产品的调查与设计研究**

**G-1　家具人机工程学概说**（专业科普作品，读者对象：中等及以上文化的相关人士。）

**G-2　人机学与我们的生活**（4~6 篇连载科普作品，读者对象：一般公众。）

**G-3　人机工程学科技漫画系列**

**G-4　豪华包装**（对口相声）

**G-5　人机工程学简介电视脚本**（电视播放时间 10 分钟左右）

**G-6　杂文：筷子、刀叉、人机学与文化**（从人机学谈到中外文化的对比）

**G-7　杂文：茶馆、咖啡厅、人机学与文化**（从人机学谈到中外文化的对比）

**G-8　杂文：设计的文明与文明的设计**

**H-1　学生自拟题目**（欢迎、鼓励学生自拟设计和论文的题目，但需征得教师认可。）

# 附录 C　部分人机工程学方面的国家标准

在我国的国家标准中，属于人机工程学（人类工效学）技术标准的大分类号为"A25"。下面所列的一些人机工程学技术标准，有属于"A25"类的，也有在机械、建筑、轻工、交通、环境等门类技术标准里面而与人机工程相关的。由于国家标准很多，且还在不断地制定、修订更新和发布下去，因此，此处所列是其中的一部分。

GB/T 16251—2008　工作系统设计的人类工效学原则

GB/T 5703—2010　用于技术设计的人体测量基础项目

GB/T 5704—2008　人体测量仪器

GB/T 10000—1988　中国成年人人体尺寸

GB/T 26158—2010　中国未成年人人体尺寸

GB/T 12985—1991　在产品设计中应用人体尺寸百分位数的通则

GB/T 13547—1992　工作空间人体尺寸

GB/T 14776—1993　人类工效学　工作岗位尺寸设计原则及其数值

GB/T 16252—1996　成年人手部号型

GB/T 2428—1998　成年人头面部尺寸

GB/T 17245—2004　成年人人体惯性参数

GB/T 14775—1993　操纵器一般人类工效学要求

GB/T 14774—1993　工作座椅一般人类工效学要求

GB/T 3976—2014　学校课桌椅功能尺寸及技术要求

GB/T 15241.2—1999　与心理负荷相关的工效学原则　第2部分：设计原则

GB/T 13379—2008　视觉工效学原则　室内工作场所照明

GB/T 26189—2010　室内工作场所的照明

GB/T 12454—2008　视觉环境评价方法

GB/T 8417—2003　灯光信号颜色

GB/T 1251.2—2006　人类工效学　险情视觉信号　一般要求、设计和检验

GB/T 1251.3—2008　人类工效学　险情和信息的视听信号体系

GB/T 1251.1—2008　人类工效学　公共场所和工作区域的险情信号　险情听觉信号

GB/T 18978.1—2003　使用视觉显示终端（VDTs）办公的人类工效学要求第1部分：概述

GB/T 5701—2008　室内热环境条件

GB/T 18048—2008　热环境人类工效学　代谢率的测定

GB/T 18368—2001　卧姿人体全身振动舒适性的评价

GB/T 14777—1993　几何定向及运动方向

GB/T 18717.1—2002　用于机械安全的人类工效学设计　第1部分：全身进入机械的开口尺寸确定原则

GB/T 18717.2—2002　用于机械安全的人类工效学设计　第2部分：人体局部进入机械的开口尺寸确定原则

GB/T 18717.3—2002　用于机械安全的人类工效学设计　第3部分：人体测量数据

GB/T 3326—1997　家具　桌、椅、凳类主要尺寸

GB/T 3327—1997　家具　柜类主要尺寸

GB/T 3328—1997　家具　床类主要尺寸

GB/T 15705—1995　载货汽车驾驶员操作位置尺寸

GB/T 13053—2008　客车车内尺寸

GB 23821—2009　机械安全　防止上下肢触及危险区的安全距离

GB 12265.3—1997　机械安全　避免人体各部位挤压的最小间距

GB 18209.1—2010　机械电气安全　指示、标志和操作　第1部分：关于视觉、听觉和触觉信号的要求

GB/T 16902.1—2004　图形符号表示规则　设备用图形符号　第 1 部分：原形符号

GB/T 16901.1—2008　技术文件用图形符号表示规则　第 1 部分：基本规则

GB 21027—2007　学生用品的安全通用要求

GB/T 23702.1—2009　人类工效学　计算机人体模型和人体模板　第 1 部分：一般要求

GB/T 23702.2—2010　人体工效学　计算机人体模型和人体模板　第 2 部分：计算机人体模型系统的功能检验和尺寸校验

GB/T 21051—2007　人-系统交互工效学　支持以人为中心设计的可用性方法

GB/T 18976—2003　以人为中心的交互系统设计过程

# 参 考 文 献

[1] 周一鸣，毛恩荣. 车辆人机工程学 [M]. 北京：北京理工大学出版社，1999.
[2] 丁玉兰. 人机工程学 [M]. 修订版. 北京：北京理工大学出版社，2000.
[3] 陈毅然. 人机工程学 [M]. 北京：航空工业出版社，1990.
[4] Mark S Sanders, Ernest J McCormick. 工程和设计中的人因学 [M]. 7 版. 北京：清华大学出版社，2002.
[5] 阮宝湘. 人机工程学与产品设计 [M]. 北京：中国科学技术出版社，1994.
[6] 阮宝湘. 人机工程 [M]. 南宁：广西科学技术出版社，2000.
[7] 小原二郎. 人间工学かぅの发想 [M]. 东京都：讲谈社株式会社，1986.
[8] 小原二郎. 什么是人体工程学 [M]. 罗筱筠，樊美筠，译. 北京：三联书店，1990.
[9] 赖维铁. 人机工程学 [M]. 武昌：华中工学院出版社，1983.
[10] 闻人军. 考工记译注 [M]. 上海：上海古籍出版社，1993.
[11] 宋应星. 天工开物记译注 [M]. 潘吉星，译注. 上海：上海古籍出版社，1993.
[12] 奥博尼 D J. 人类工程学及其应用 [M]. 岳从风，孙仁佳，译. 北京：科学普及出版社，1988.
[13] 邵象清. 人体测量手册 [M]. 上海：上海辞书出版社，1985.
[14] 于频，王序. 新编人体解剖图谱 [M]. 沈阳：辽宁科学技术出版社，1988.
[15] 龚锦. 人体尺度与室内空间 [M]. 天津：天津科学技术出版社，1987.
[16] 程树祥，张桂秋. 电子产品造型与工艺手册 [M]. 南京：江苏科学技术出版社，1989.
[17] 贾衡. 人与建筑环境 [M]. 北京：北京工业大学出版社，2001.
[18] 刘盛璜. 人体工程学与室内设计 [M]. 北京：中国建筑工业出版社，1997.
[19] 常怀生. 环境心理与室内设计 [M]. 北京：中国建筑工业出版社，2000.
[20] 朱保良，朱钟炎. 室内环境设计 [M]. 上海：同济大学出版社，1991.
[21] 庄荣，吴叶红. 家具与陈设 [M]. 北京：中国建筑工业出版社，1996.
[22] 李风崧. 家具设计 [M]. 北京：中国建筑工业出版社，1999.
[23] 卡洛林 M 布鲁墨. 视觉原理 [M]. 张功钤，译. 北京：北京大学出版社，1987.
[24] 曾宪揩. 视觉传达设计 [M]. 北京：北京理工大学出版社，1991.
[25] 杨公侠. 视觉与视觉环境 [M]. 上海：同济大学出版社，1985.
[26] 严扬，王国胜. 产品设计中的人机工程学 [M]. 哈尔滨：黑龙江科学技术出版社，1997.
[27] Jonathan Cagan, Craig M Vogel. 创造突破性产品——从产品策略到项目定案的创新 [M]. 辛向阳，潘龙，译. 北京：机械工业出版社，2004.
[28] 杨博民. 心理实验纲要 [M]. 北京：北京大学出版社，1989.
[29] 张林. 噪声及其控制 [M]. 哈尔滨：哈尔滨工业大学出版社，2002.
[30] 黄希庭. 心理学实验指导 [M]. 北京：人民教育出版社，1987.
[31] 杨治良. 基础实验心理学 [M]. 兰州：甘肃人民出版社，1988.
[32] 全国十三所高等院校《社会心理学》编写组. 社会心理学 [M]. 天津：南开大学出版社，1990.
[33] 万耀青，阮宝湘. 机电工程现代设计方法 [M]. 北京：北京理工大学出版社，1994.
[34] 石磊. 产品语义学及其在设计中的应用 [D]. 北京：北京理工大学工业设计系，1996.
[35] 全国图形符号标准化技术委员会秘书处. 公共标志图形符号国家标准汇编 [M]. 北京：中国标准出版社，1991.
[36] 郑午，等. 人因工程设计 [M]. 北京：化学工业出版社，2006.
[37] 张成忠，吕屏. 设计心理学 [M]. 北京：北京大学出版社，2007.